# Understanding
# Ordinary
# Landscapes

建 筑 人 类 学 ■ 跨 文 化 的 视 野

# 解平常之景

黄旭 史雨昕 刘昱苇 译

[美] 保罗·格罗思（Paul Groth） [美]托德·W. 布雷西（Todd W. Bressi）主编

清華大学出版社
北京

北京市版权局著作权合同登记号　图字：01-2022-1454

Understanding Ordinary Landscapes
Copyright © 1997 by Yale University
Originally published by Yale University Press

版权所有，侵权必究。举报：010-62782989，beiqinquan@tup.tsinghua.edu.cn。

图书在版编目(CIP)数据

解平常之景 /(美)保罗·格罗思(Paul Groth),(美)托德·W.布雷西(Todd W. Bressi)主编；黄旭,史雨昕,刘昱苇译. -- 北京：清华大学出版社,2025.4. --(建筑人类学·跨文化的视野).
ISBN 978-7-302-68572-2

Ⅰ. TU984.1
中国国家版本馆CIP数据核字第2025CJ1886号

责任编辑：张　阳
封面设计：吴丹娜
责任校对：赵丽敏
责任印制：杨　艳

出版发行：清华大学出版社
　　　　　网　　址：https://www.tup.com.cn, https://www.wqxuetang.com
　　　　　地　　址：北京清华大学学研大厦A座　　　　邮　　编：100084
　　　　　社 总 机：010-83470000　　　　　　　　　　邮　　购：010-62786544
　　　　　投稿与读者服务：010-62776969, c-service@tup.tsinghua.edu.cn
　　　　　质量反馈：010-62772015, zhiliang@tup.tsinghua.edu.cn
印 装 者：三河市东方印刷有限公司
经　　销：全国新华书店
开　　本：154mm×220mm　　　　印　张：21　　　　字　数：269千字
版　　次：2025年5月第1版　　　　　　　　　　　　　印　次：2025年5月第1次印刷
定　　价：149.00元

产品编号：095087-01

# 译者前言

什么是文化景观？我想先讲三个故事。

第一个故事：无人区。一位地学家和一位诗人走进了无人区。他们已经徒步旅行了好几天，最终抵达这里，已然筋疲力尽。他们奋力安置在一个小高坡上，从那里可以俯瞰周围的荒野。一片干旱的高原，就像月球上的风景。他们找不到动物甚至植物等生命的迹象。除了一望无际的沙地，到处都是大小不一、形状各异的岩石，在这里和那里以各种奇特的方式排列在一起。他们坐在一块大石头上，瞭望山谷。

地学家默默地从快见底的补给中拿出一点食物和水，翻开笔记本记录第一次野外观察：这是一条非常有力的河流留下的痕迹，这条河流在几千年前穿越了各种不同的景观。他从山的一侧发现了它的路径，流经下面的山谷，刻下一道深邃的沟壑，同时运送并逐渐改变所有遇到的巨石。他开始审视那些光滑的巨石，以及那些留在河道之外，因而受到不同自然力影响的岩块。这些岩块随着时间的推移，在风、沙和太阳的共同作用下，变成了奇妙的形状。一些较大的家伙岌岌可危地躺在伙伴身上，形成了复杂的结构，其设计令人惊叹。

诗人打断了他："我的朋友，除了记录那些无聊的地质运动，你能否想象自己进入了星系间的一个雕塑花园呢？"然而，诗人的想法对地学家来说是陌生的，他在日常工作中不会有这样的遐想。对他来说，每块巨石的形状和位置都是一份档案，在这些档案中，可以找到千万年来所有物质力量作用于每块巨石和大地景观的痕迹。他的专业任务是准确地解读这些物质力量的档案，并作为重建该地质区自然发展过程的序言。

这个任务要求他拥有一种看待自然现象的方式，不能与看待雕塑相混淆。

"我难以想象，只能感叹一句大自然的鬼斧神工，除此之外，再无其他。"地学家如是说。

"让我来告诉你吧，雕塑是一种解放，是一种使灵魂完全显露出来的手段，而这些灵魂一直隐藏在石头里。因此，雕塑家的伟大天赋是看到石头表面之下的东西，在那里察觉到灵魂的存在，而雕塑能够邀请他们。雕塑因此揭开了一层面纱，揭示了一个真相。雕塑一方面提供了一种有效的自然力量，能够改变石头的表面，如同这个缺口，但同时也是一种象征性的力量，它邀请、欢迎和吟唱，并像访客敲门一样敲打岩石，希望灵魂能够回应它的召唤。雕塑整合了两种截然不同的活动，其中一种是模仿自然力量与自然物质相互作用的物理行为，而另一种则是通过符号的方式，将灵魂的存在召唤出来。"诗人如是说。

"不，不，我的朋友，你说得太玄乎啦，自然的转化过程与雕塑完全不同。在石头上运作的自然力量与缺少的石块是完全可以识别的。这与雕塑家为了创造一个特定的设计而从一块石头上移走大理石时的情况正好相反。在这两种情况下，尽管都是一部分石头被移走，一部分被留下；然而，判断雕塑家的行为是以石头剩下的部分为标准，而自然力的行为则是以改变和去除的部分为标准的。"地学家如是说。

他们无法说服对方，继续沉默，如这荒原。

第二个故事：纪念碑。在另一个时间的同一片荒原，第二个地学家正在行走。也许是考察任务过于繁重，他的眼睛感到疲倦，他的目光呆滞地在风景上停留了片刻。忽然，他不可抗拒地被一个遥远的、不大的、金字塔形的石堆所吸引。这个石堆出现在一块长方形小空地上面，用较小的石子勾勒，在周围的环境中显得格外突出。很难说是什么原因使得这个石堆在一开始就吸引了地学家的目光。也许是小金字塔的规则形状，也许是这块奇怪的长方形空地——在到处都是岩石和砾石碎片的景观中，如此奇特的一块土地。这两个特征使这部分景观从其他景观中脱颖而出，因为地学知识中的自然力量无法解释它们的意义。

地学家合上笔记本，站了起来，他前倾、侧伏，走近土丘和空地，以便从不同角度观察新现象。最后，当地学家开始怀疑长方形空地上的那块小石丘是一个人造物，而不是自然形成的时候，他的态度发生了改变，这是一座人类的坟墓。坟墓从根本上改变了他的观察和理解方式，这里不再只是一片类似月球的荒原。具体来说，他的思路现在转向了埋在这些石头下面的人的可能身份。

"他是一个地学家吗？他的任务失败了吗？他也许是一个行吟诗人？他也许是一个被沙尘暴迷惑的猎人，或者是一个被放逐的远古部落首领，或者是某个古代大屠杀的幸存者，在没有食物和水的情况下，在这片沙漠中度过他最后的日子？他的同伴又是如何搭建这个坟墓的呢？"地学家如是想。

对他人命运的思考，都不可避免地对应着对自我命运的担忧。地学家无法避免地意识到自己的危险处境，他的疲惫，他的孤立无援，食物和水的匮乏。他对这个坟墓和死亡的认知，即使后来会被证明是一种过虑，但此时却唤起了一个"他者"，而这种唤起足以突破地质景观的中立性，突破自然界"它"的单调性——真正的对话出现了。从这个决定性的时刻开始，地学家的思维与他周围的世界进入了一种截然不同的关系。他之前的思维遵循着自然科学叙述的语法，一直被自然地理的因果关系所笼罩，被"它"的世界内部的自然力和物质交换的逻辑所困扰。他的思维现在进入了一个非常不同的世界，从"对自然的沉思"到"对人类纪念碑的沉思"。他的意识现在被四面八方的是非世界、自我和他者的镜像世界、美与丑的审美世界和神圣与亵渎的伦理世界所束缚：由一个主语和一个宾语，由动机和欲望的动词来结构，并由开头的人称和结尾的句号来点缀。

他由此注意到,"他者"历史的、永恒的世界仍然不可避免地与他同在,无论在岁月上多么遥远。只是,墓碑对人的存在,作为地质学研究对象的石头对人的存在,永远无法分享主体间性。

幸运的是,奄奄一息的地学家走了出来。

第三个故事:幽灵。幽灵厌倦了都市的生活,来到荒原。幽灵其实在都市过得不赖,他站在个人和社会的门槛上,贩卖感情和记忆,跨越一个永远不明确、永远不简单开放或关闭的边界。他甚至认识了 Walter Benjamin。在梦中,Benjamin 回忆说,幽灵就在那里,却看不到他。有趣的是,Benjamin 并不害怕。不知何故,恐怖在梦中被转移,远离了可怕的形象。正如 Benjamin 所建议的那样,生活在城市中的人——闹鬼的人——才是鬼,就好像活死人。

幽灵在空间中畅通无阻地漂浮,但同样也在时间中自由漂浮。即便如此,幽灵也没有被卷入历史的平稳流动中,而是有一只脚踏在某个特定的时刻。他跨越历史,超越时间,存在于他自己的"坟墓"中。幽灵打乱了从过去到现在,再到未来的线性时间进程,终于,他无比想念朋友,来到荒原,并在小金字塔找到了他。

"我的朋友,也许我们都错了,这里既不像我说的雕塑那么浪漫,也不像你说的河流侵蚀那么自然,现在是你的坟墓。""诗人"如是说。

"是的,我的朋友,谢谢你来看我,你的生活怎样,那里有天使吗?""地学家"如是说。

"再也没有了,不过人们还是会描绘历史的天使。他的脸是朝向过去的。人们看到的是一连串的事件,而天使看到的是一个单一的灾难,这个灾难不断地把残骸堆积在一起,并把它扔到他的脚下。天使想留下来,唤醒死者,将被打碎的东西恢复原状。但是,都市里正刮着风暴;它暴力地撕扯他的翅膀，以至于天使再也无法合拢它们。这场风暴不可抗拒地将天使推向他所背对的未来，而面前的那堆碎片却在向天空生长。这场风暴就是人们所说的进步。幸运的是，我是一个幽灵，虽然和天使一样，是所有灾难的见证。但幽灵不需要翅膀，并没有被困在进步的风暴中。""诗人"如是说。

"明白了，我的朋友，谢谢你给我垒的石冢，漂亮的金字塔就像你说的雕塑，那你的坟墓是怎样的，也这样美吗？""地学家"如是说。

"不，我的朋友，我很羡慕你，你有自己的墓园，而我的坟墓只是一串代码。""诗人"如是说。

亲爱的读者，不知道您是否喜欢这三个故事？我的第一个故事可以从文化景观的视角进行解读，探讨地学家和诗人在面对无人区景观时的不同理解与观点。其中，地学家代表了理性和科学的角度。他通过记录和分析自然景观的形成过程，试图从地质学的角度解释这片无人区的历史和演变。他将景观看作地质过程和自然力量的产物，关注物质力量的作用、岩石的构成和形态变化。对他而言，每一块岩石都是一份档案，记录着自然演化的过程，他的目标是准确地解读这些档案，还原自然的历史。然而，诗人则代表了审美和想象的视角。他将景观比作星系间的雕塑花园，试图从艺术的角度赋予景观以灵性和意义。他看到的不仅是岩石的形态，更是其中蕴含的灵魂和意义。对诗人而言，雕塑是一种解放，是一种通过艺术手段使景观的灵性得以显现的方式。他关注的是景观背后的象征意义和感性的表达，试图通过诗意的描述来赋予景观更深层次的内涵。

地学家和诗人的对话展现了两种截然不同的观点与理解方式。他们在面对同一片景观时，产生了不同的感受和理解，无法完全理解彼此的观点。这种对话与碰撞反映了人类对自然景观的多样性解读和理解方式，也呼应了文化景观的多元性和复杂性。无人区的景观不仅是地质过程和自然力量的产物,也是艺术和想象的表达。文化景观不仅反映了自然的历史和演变,也承载了人类的审美情感和文化意义。通过对文化景观的不同解读,可以更深入地理解人类与自然的关系以及文化的多样性。

通过第二个故事,我想说的是地学家在发现纪念碑时的内心变化以及对自然景观和人类存在的不同思考。地学家在荒原上偶然发现了一个小金字塔形的石堆,这个石堆位于一个长方形的小空地上,显得格外突出。这个发现打破了地学家对自然景观的原有认识,引发了他对这个人造物的好奇和思考。纪念碑的出现改变了地学家的观察方式,使他开始从人类的角度去思考这片景观,而不仅仅是从地质学的角度。地学家开始怀疑这座纪念碑是一个人类的坟墓,这引发了他对这个被埋葬者身份和命运的思考。他想象着可能的场景,思考着被埋葬者可能是一位地学家、一位诗人、一位猎人,还是一位古代部落的首领,等等。这种对他人命运的思考,也不可避免地引发了他对自己命运的担忧,意识到自己的危险处境以及食物和水的匮乏。纪念碑的发现使得他意识到自然景观不仅仅是地质过程和自然力量的产物,还承载着人类的历史和文化。这种转变使地学家的思维进入了一个截然不同的世界,更加关注人类的历史、文化和存在的意义。

通过第三个故事"幽灵诗人"和"幽灵地学家"的对话,我想从文化景观的角度引发关于时间、个体和存在的思考。幽灵从都市来到荒原,代表了对现代性的不满和对历史的追溯。他自由地漂浮于空间和时间之间,跨越历史的线性进程,存在于自己的"坟墓"中。幽灵的存在凸显了历史的断裂和个体的孤独,他对朋友的思念和对现代性的怀疑体现了对社会与人类命运的关注。"幽灵诗人"和"幽灵地学家"代表了不同的思维方式和理解角度。"幽灵诗人"关注的是文化和精神层面的存在,他认为都市里的人才是真正的幽灵,因为他们活在历史的残骸中,被暴风雨般的进步所推动，而幽灵则是历史的见证者，不需要翅膀也没被困在进步的风暴中。"幽灵地学家"则仍然更关注物质和自然的存在，"他"欣赏诗人为地学家留下的石冢，并对自己的"坟墓"表示羡慕。

在故事的最后，"幽灵诗人"提到了诗人的坟墓只是一串代码，与地学家所拥有的石冢相比，显得更加虚拟和抽象——换言之，数字也许就是肉体的幽灵。我想通过这种表达暗示现代社会中科技和数字化对文化景观的影响。在数字化时代，人们的生活、记忆和文化越来越多地依赖电子设备和网络平台，虚拟空间成了人们交流、表达和记忆的重要载体。当然，诗人的坟墓虽然是虚拟的，但仍然承载着人类的记忆和文化。我们需要关注虚拟文化景观的存在，以及技术与人文之间的交融和互动；需要对文化景观进行重新思考，并对技术对文化的影响展开深入探讨。

希望这三个故事有助于您阅读《解平常之景》。最后，为了便于读者阅读，做一点小小的说明：本书的边码为原书的页码。

是为前言。

黄　旭

2024 年 4 月于南京

# 前言

本文集探讨了文化景观研究的新方向。任何一个希望本文集能对特定的景观研究方法进行汇编,甚至希望能狭隘地定义它的读者都会感到失望。在作者的选择上,为了呈现关于理解文化环境的问题、主题、方法和哲学的广泛的、跨学科的剖面,我们既不要求也不期望有严密的一致性。相反,我们鼓励进行对比和比较,以便发现目前正在进行的工作的局限性,并将这些工作置于早期经典研究的背景中。本文集的一些作者是文化景观研究的批评家,另一些则是正在进行这一努力的核心作家。

文化景观研究的开放性使本文集的几位作者都避免将其称为"领域"或"学科"。事实上,不像英国文学、人类学或建筑史是合理的、独立的项目,文化景观研究还不是一个独立的学科或学部。尽管如此,文化景观研究虽然有开放的知识边界和广泛的研究方法,仍然是一个独特的集体事业。所有这些作者的共同点是对文化环境的热爱和迷恋,以及具有提高公众对文化环境理解的热情。

当作者们被邀请加入这一合作时,编辑们要求他们在其最近的研究背景下,解决以下一个或两个问题:第一,视觉和空间信息作为理解过去和现在的文化来源的可靠性和应用;第二,处理社会和文化多元主义的现实的方法,以及因此而产生的景观中的多元意义。这些问题的背后是更深层次的问题,是任何文化解释的核心。我们的主题是什么?我们应该对他们提出什么问题?我们为什么要关心这些问题?

对于刚接触景观研究的读者来说,前言提供了当前实践所依据的传统、争辩的简略历史。本文集的下一部分在"景观研究"标题下收集了

10个研究和方法的例子。最后6章"评论和未来方向",对前面的章节和文化景观研究进行了总体上的评论。我们鼓励这些作者不仅要讨论已经做了什么,而且要讨论在不久的将来应该做什么。

本文集的出版得到了加州大学伯克利分校景观建筑系贝娅特丽克丝·法兰德(Beatrix Farrand)基金会的慷慨资助。1990年春天,本文集的作者们在伯克利参加了一个为期两天的公开研讨会,名为"视觉、文化和景观"——美国从事文化景观研究的人们的第一次大型聚会。这次研讨会和对本文集的资助都是景观设计系七十五周年纪念活动的一部分。

一些作者选择更新了他们文章中的注释或细节,但大多数章节都代表了作者在研讨会召开时的想法。1996年9月,约翰·布林克霍夫·杰克逊(John Brinckerhoff Jackson)以86岁高龄去世时,本文集已进入最后制作阶段。研讨会的召开并不是为了向杰克逊先生表达敬意(如果是这样的话,他会拒绝参加),也没有计划将这本文集作为纪念册(事实上,在杰克逊的敦促下,研讨会和本文集都包括了他的一些批评者)。尽管如此,编辑们希望这本文集能展示出杰克逊所激发的对景观的兴趣的范围和强度。

编辑们要感谢该系主任麦克尔·劳瑞(Michael Laurie)和伦道夫·赫斯特(Randolph Hester),以及《地方》(*Places*)杂志的编辑唐林·林登(Donlyn Lyndon)的支持。波莱特·吉隆(Paulette Giron)、路易丝·莫辛戈(Louise Mozingo)和斯蒂芬·谢帕德(Stephen Sheppard)——他们帮助策划了这次研讨会——对这个项目也是至关重要的,他们的论文和评论指导了我们的讨论,但他们的工作无法被纳入这个一卷本的作品中。协助本项目的朋友包括弗朗西斯·巴特勒(Frances Butler)、阿兰·B.雅各布斯(Allan B. Jacobs)、皮尔斯·刘易斯(Peirce Lewis)、伯特·利顿(Burt Litton)、邦妮·洛伊德(Bonnie Loyd)、罗杰·蒙哥马利(Roger Montgomery)、戴维·斯托达特(David Stoddart)、马克·特雷布

（Marc Treib）和埃尔文·祖贝（Ervin Zube）。珍妮弗·科拉佐（Jennifer Corazzo）在纽约提供了额外的摄影研究和宝贵的帮助，协调手稿的准备工作。纽黑文的编辑朱迪·麦德龙（Judy Metro）既敏锐又有耐心。

在研讨会上发表的 3 篇文章，经修改后收录在此：丽娜·斯文策尔（Rina Swentzell）的《景观价值的冲突：圣克拉拉普韦布洛和日间学校》（"Conflicting Landscape Values: The Santa Clara Pueblo and Day School"）；黎全恩（David Chuenyan Lai）的《唐人街的视觉特征》（"The Visual Character of Chinatowns"）；威尔伯尔·泽林斯基（Wilbur Zelinsky）的《超越主流文化的视野》（"Seeing Beyond the Dominant Culture"）。这些文章曾刊登在《地方》（*Place*）第 7 卷第 1 期（1990 年秋季）。多洛雷斯·海登（Dolores Hayden）的《城市景观史：地方感与空间政治》（"Urban Landscape History: The Sense of Place and the Politics of Space"）最初出现在她的书《地方的力量：作为公共史的城市景观》（*The Power of Place: Urban Landscapes as Public History*, Cambridge：MIT Press，1995）中。这些章节经许可后在此转载。

# 目录
# CONTENTS

**第1章 文化景观研究的框架**（保罗·格罗思） 1

现今的框架 2

作为指南和比较：约翰·布林克霍夫·杰克逊的作品 15

注释 19

## 景观研究

**第2章 一个有轨电车郊区的视觉景观**

（詹姆斯·博切特） 30

一个典型的中产阶级郊区 31

注释 43

**第3章 作为文本的景观和档案**

（德里克·W.霍兹沃斯） 48

解释所见 48

转向理论 54

调和愿景、理论和历史证据 60

注释 61

第 4 章　景观价值的冲突：圣克拉拉普韦布洛和
日间学校（丽娜·斯文策尔） 72

　　西方教育如何塑造印第安人事务局日间学校景观　74
　　景观价值冲突的遗产　78
　　注释　79

第 5 章　神圣的土地和纪念的仪式：葛底斯堡的联邦军团
纪念碑（鲁本·M. 雷尼）　80

　　注释　93

第 6 章　唐人街的视觉特征（黎全恩）　96

　　注释　98

第 7 章　独眼人称王的地方：视觉和形式主义价值观
在景观评价上的暴政（凯瑟琳·M. 豪威特）　100

　　注释　111

第 8 章　奇观与社会：前现代和后现代城市中
作为剧院的景观（丹尼斯·科斯格罗夫）　114

　　文艺复兴时期作为隐喻的奇观和剧院　115
　　威尼斯的奇观　117
　　《圣马可广场上的游行》　120
　　《圣马可遗体的运送》　122
　　注释　127

## 第 9 章　城市景观史：地方感与空间政治（多洛雷斯·海登）　130

　　地方感　131
　　空间政治　133
　　工作景观　135
　　基于种族、民族、阶级和性别的城市地域历史　136
　　普通建筑的政治生活　140
　　从普通住宅到城市居住区　142
　　从城市社区到城市和地区　145
　　空间作为一种社会产品：地区的、区域的、国家的、全球的　147
　　注释　148

## 第 10 章　视觉的政治（安东尼·D. 金）　160

　　视觉（vision）与视觉主义（visualism）　160
　　文化和族裔　163
　　景观　169
　　注释　171

## 第 11 章　乡土建筑的未来（约翰·布林克霍夫·杰克逊）　175

　　注释　185

# 评论和未来方向

## 第 12 章　超越主流文化的视野（威尔伯尔·泽林斯基）　188

**第 13 章　不被看见的与不被相信的：文化地理学家中的
政治经济学家**（理查德·沃克）　194

　　戏剧、奇观和日常景观　195
　　视觉、文本和景观的意识形态　198
　　冲突的景观：物质主义与文化的不稳定的结合　204
　　结语：关于风格的世界　206
　　注释　207

**第 14 章　看得见的，看不见的，以及场景**（戴尔·厄普顿）　216

　　注释　222

**第 15 章　欧洲景观转型：乡村残余**（戴维·洛文塔尔）　223

　　欧洲不断变化的乡村面貌　224
　　乡村景观的新含义　225
　　公众对变化中的景观的反应　229
　　欧洲未来的乡村景观　231
　　注释　234

**第 16 章　景观运动的完整性**（杰伊·阿普尔顿）　236

　　注释　245

**第 17 章　可见的、视觉的、间接的：关于视觉、景观和
经验的问题**（罗伯特·B.莱利）　247

　　可见的　249

视觉的 250
间接的 253
变化中的关系？ 254
注释 255

**参考书目：文化景观研究的基础著作**（保罗·格罗思） 258

    1. 概括性工作：方法、区域研究和国家问题 259

    2. 城市和农村的住宅及其庭院 268

    3. 农村和小城镇景观：住宅以外的元素 275

    4. 城市、郊区和城市区域 283

**作者简介** 292

**索引** 300

**译后记** 315

# 第1章
# 文化景观研究的框架

保罗·格罗思（Paul Groth）

美国人就像看不见水的鱼。尽管人类生活需要周围复杂环境的不断支持，但大多数的美国人无法感知他们的日常环境。科学教育的普及以及许多关于自然的电视节目都使得美国人对动物和生态系统敏感，但甚至那些拥有高学位的美国人都很少思考、讨论或者评估他们的文化环境。[1] 这些人正处于变成对周围环境的低水平的欣赏者和管理者的危险之中。

在将近 50 年的时间里，美国少数由作家和学者组成的松散组织挑战了这种文化无知，他们中的大多数人都是在文化景观研究的框架之下这样做的。这个组织不是特定的学科或者学术部门，而更像是因为对日常的建成环境的共同热情和关注而形成的。

对于从事文化景观研究的研究者来说，"景观"这个术语不仅仅意味着赏心悦目的美景，更指代人与地方的交互：一个社会群体及其空间，尤其是这个群体所属的空间以及其成员从中获得部分共同身份和意义的空间。所有人类对自然的干涉都可以被认为是文化景观：高级的教堂或办公楼，以及大萧条时期的棚户，农民的带刺铁丝网或者蔬菜花园。文化景观研究着重关注人们如何利用日常空间的历史，诸如建筑、房间、街道、田野或者庭院的历史——为了建立他们的身份，勾勒他们的社会关系，派生出文化意义。文化景观研究者的信念是希望对日常环境的更好理解可以促进对美国人和美国文化的更深入理解，并可以化解由无法注意到或解释周围环境的人引起的环境危机。

每种文化中的人都在某种程度上阐释和诠释他们的建成环境,小说家、地理学家、记者和教师都曾接触过本文集中所研究的主题。然而,20世纪有组织的严肃对待美国文化环境的项目,开始于1951年。那一年,一位不知名的作家兼出版商约翰·布林克霍夫·杰克逊出版了第一期《景观》(*Landscape*)杂志。

杰克逊是哈佛大学历史系和文学系的毕业生,游历甚广,阅历丰富,曾在新墨西哥州经营牧场,居住于圣达菲。杰克逊在"二战"期间作为军队作战情报官的经历激励了他的信念,即美国缺乏(他在参军期间)在欧洲每一处小地区都能找到的那种文明的、智慧的环境写作。1951年,杰克逊决定了他为了扭转美国视觉文盲(visual illiteracy)的情况而行动的方式:创办《景观》杂志,以推广他称为文化景观研究的人文事业。[2] 杰克逊私人出版的、生动的杂志内容构成了美国第一部关于文化景观的跨学科著作集,并为聚集的兴趣团体提供了一个关注点。

杰克逊的《景观》的免费副本很快吸引了忠实的订阅者——过去分散的地理学家、人类学家、设计师、历史学家、建筑史学家和作家。通过在国际范围内招募作家,组织全国性的演讲和会议,以及对特定主题的公开鼓励,杰克逊把一群开始认为彼此拥有共同事业的人聚集在一起。后来的大学教学、演讲和写作强化了杰克逊作为"催化剂"的作用。[3]

**现今的框架**

尽管有了杰克逊的中心地位,但没有一种范式控制文化景观研究的前50年。两代作家与学者在有关文化景观的研究中不断加入他们自己的问题、来源类型与传统,但这项研究的可能性仍然是开放的。下文阐述了20世纪90年代文化景观研究中虽然基础但被广泛持有的原则。

1. **日常景观是重要且值得研究的**。文化景观的核心在于阐明以下简单明了的问题：我们如何才能更好地理解日常环境是文化意义与环境经验的核心？日常是这个表述中的关键词。日常经验对于人类意义的形成至关重要，但仅有纪念碑或是高级的设计被严肃对待，日常环境的作用常被忽视与低估。

《景观》杂志在第一期就指出："没有什么无趣的景观、农场或者城镇。没有一个地方是没有特色的，没有一个人类栖息地不具有最初创造它的吸引力……一本丰富而美丽的书本始终在我们面前打开着，我们必须学会去阅读。"[4] 在1951年，称"没有一个景观是无趣的"是一种果敢大胆的行为。美国人在忘记罗斯福新政的民粹主义，认为环境中的重要元素都被围栏、入场费和巨大的建筑入口标志标明了。[5] 有关建筑或城市区域的指南书中往往只提及地标建筑，但它们之间的空间或所处的社会和经济框架很少或根本就不被提及。

同样的情况在环境研究的大多数学术学科中普遍存在。建筑师和艺术史学家对历史或国际风格的作品感到困扰。少数地理学家研究了一般的建筑类型和形式，但到20世纪50年代末，这种工作被更加抽象与定量的研究浪潮淹没了。[6] 人类学家们对原住民建筑失去了兴趣，只对美国主流文化的景观抱有怀疑态度。仅有少数的社会科学家仍在利用历史研究来理解当下。社会和城市历史学家们遗忘了20世纪初的社会调查和发表于20世纪30年代的报告中所包含的丰富详细的空间文献，虽然开始关注普通的社会群体，但不包括他们所处的环境。[7] 此外，讨论乡村的视觉记录和历史演变的重要性，以及认为这与城镇或城市具有同等的重要性是非常不寻常的。

尽管如此，《景观》的作者们的观点仍然是有力且真实的。日常景观是社会经验和文化意义的重要成果。如果公众们想要理解本地的社区及乡村变化，就迫切地需要让他们理解景观。正如皮尔斯·刘易斯在1979

年所说的:"如果我们想要了解我们自己,我们最好对景观进行仔细地观察。"刘易斯认为,人类景观是合适的自我认知的来源,因为它是"我们未写下的自传,它反映了我们的品味、我们的价值观、我们的愿望,甚至是我们的恐惧"。[8] 为了使这样的自传完整,文化景观研究主题的选择必须具有包容性。

**2. 目前景观研究的对象更可能倾向于城市与农村,关注生产与消费。** 早期的文化景观学者将农庄与小镇作为移民和区域定居点的记录来进行研究。在这样的研究中,变化可以视为由一群一致的人逐步建立起来的。[9] 少数文化景观学者认为,只有乡村环境才是景观。对他们来说,农舍、谷仓、田野和道路才是真正的景观;而停车场、郊区社区和工厂则是另一种东西,也许只是城市景象(cityscape)。[10] 更多的学者认为,"文化景观"这样一个术语可以涵盖所有东西。城市、郊区、乡村甚至荒野都是人为构造出、被人类所管理的地方。所有东西都可以被称为文化景观。

与对城市和乡村景观研究同步发展的,是研究者们对生产性景观和消费、休闲性景观的兴趣。在最好的乡村研究中,一般的农舍或谷仓不是作为孤立对象来进行研究的;它们被放在整个农场经济中,以及与城市房屋和城市工作场所的关系中来研究。虽然土地所有者的农庄得到了充分的关注,但少有研究关注田地、道路、农场主或佃农的住房。[11] 到目前为止,城市与工业生产仍未引起人们的注意。每当有40个关于谷仓和田地的研究,关于城市工厂、工场、办公室或作为工作场所的街边商店的研究只有1个。

本文集比以往任何一本景观研究集都包含了更多涉及城市主题的文章,部分原因是为了矫正农村与城市研究的不平衡现象。[12] 本文集中的3项研究代表了对乡村空间的持续关注:戴维·洛文塔尔(David Lowenthal)对欧洲农业景观保护的综述,杰伊·阿普尔顿(Jay Appleton)对结合自然和文化元素的研究方法的呼吁,以及鲁本·雷尼(Reuben Rainey)对葛底斯堡战场的分析。德里克·霍兹沃斯（Deryck Holdsworth）提到了共同研究消费和生产的必要性，他关注偏远的伐木场和捕鱼营地，以研究雇主和工人、资方和劳动力之间的关系——一种关于明显的非城市工人的城市和工业秩序。

关于田野、工厂和贫民窟的文章，唤起了政治经济与景观组织之间关系的讨论，十分关键但往往有分歧。景观可以被解释为"对个体选择和群体生活的崇高、怀旧或振奋的表达"，也可以被视为经济剥削、种族主义、资本主义累积和选择的有限性。在这本文集中，詹姆斯·博切特（James Borchert）、德里克·霍兹沃斯、理查德·沃克（Richard Walker）和戴尔·厄普顿（Dell Upton）都在努力探索揭示景观发展中权力表现的方式。

安东尼·金（Anthony King）的章节将景观研究与沃勒斯坦的地方和全球的国际化背景联系起来。金提醒我们，美国的经济和文化进程并没有停止在国家的边界。即便是在殖民时期的美国，本地的景观也总是被远方的景观密不可分地塑造着。殖民时期与19世纪来自非洲、欧洲和亚洲的移民给美国带来了区域差异，就像20世纪的战争时期中的那样，资本也在持续运转。这种可能的区位和经济观点具有多重性，在对某一地方中的多种观点的争论中也有体现。

**3. 多样性和统一性的对比构成了文化景观解释中基本和持续的议题。** 景观研究的一个传统优势是它对中央政府或地区身份的推测性解释。特别是在20世纪五六十年代，就像物理学家寻求一个单一的、统一的场理论一样，文化景观分析家在美国景观中寻求单一、统一的意义。诸如农村网格、开放式房屋和前院这样的主题为近乎普遍性的理想的实现提供了线索。[13] 特别是在1970年以前，景观作者在选择主题时似乎避免发生冲突。

然而，无论在什么地方——城市或农场，工厂或家庭——景观都同时揭示了个人和当地亚文化以及国家的或主流的文化价值的影响。[14] 民族或种族在景观元素上的印记，如德裔美国人的谷仓或非裔美国人的猎枪屋，一直是景观研究的传统主题；但它们往往被孤立地研究，好像围绕元素的建造、使用或重建不存在任何冲突或替代方案。[15] 自1970年以来，美国对民族和多样性的重新解释为文化景观研究带来了新类型的作者和主题。新的写作者不太可能在文化环境中寻找（因此也不太可能找到）单一的社会或文化价值。他们认为景观不是一本文集，而是多元共存的文本，或者（与文学后现代主义保持一致）是相互竞争的片段式表达。他们困惑于谁的意义应该作为研究来源，而且他们很可能关注景观中的文化或阶级冲突，而不是文化的统一性。

在最近出版的开创性成果中，多洛雷斯·海登和一个以"地方的力量"为主题的团队为这样的观点而奋斗，即在帮助今天的观察者标记少数民族生活的方式上，洛杉矶的平房、消防队或街角的形式在重要性上可能远不如它的用途、使用情况以及留存形式。[16] 对民族和文化多样性的探索也是本文集的一个强有力的主题，其中有一章改编自海登的书。丽娜·斯文策尔展示了新墨西哥州圣克拉拉普韦布洛的双重文化含义，她将保留地的印第安人（事务局）学校的铁丝网大院与普韦布洛的空间进行了令人回味的比较。对她来说，后者是她生活和呼吸的地方，是她存在的一个组成部分。黎全恩概述了北美唐人街的建筑和零售元素，将典型商业建筑的类型重新解释为多种民族的表达方式。在结构形状上是英美式的（而且往往是所有权），在里面填充了华人的外立面和标志。威尔伯尔·泽林斯基在评论章节中对斯文策尔、黎全恩和海登提出质疑。他采用了文化地理学家长期倡导的观点，坚持认为国族的、弥漫着的空间文化仍然可以被看作是渗透到其他领域的。

杰克逊在本文集中的章节体现了他处理多样性和统一性的典型方法。他从工人阶级住宅中的非正式安排和娱乐活动开始，没有指出种族或民族，居民可能在西南农村或在哈林区。他认为多样性是一个既定的事实，然后在不同的地方寻找潜在的相似性。接下来，杰克逊转向了中产阶级和上层阶级房屋中精心设计的、非常正式的空间和招待客人的规则。所有这些都是他关于美国人对房子、财产和土地的意义的划时代变化的讨论的前奏——他认为大多数美国人最终会采用这些概念，而且很多人已经采用了。

无论是对一致性的追求（如泽林斯基和杰克逊）还是对多样性的探索（如海登、斯文策尔或黎全恩），都没有影响或制约另一方的重要性。当两者都做得很好的时候，它们就会融合在一起：当地的场景，无论与主流文化有多大的不同，仍然与外部有联系和相似之处。统一性的想法，无论多么强大，仍然可能有它的反对意见。如果统一性和多样性的研究要对美国的环境意识有所帮助，也需要一系列不同的出版模式和出版场所。

**4. 景观研究在需要学术性写作的同时，也需要大众性写作，以影响尽可能多的人的行动。**这套书的写作和研究风格在两极之间延伸。一边是文学风格的文章，面向最广泛的读者；另一边是更传统的学术文章，有大量的脚注，面向专业的学者型读者。丽娜·斯文策尔、黎全恩、戴尔·厄普顿和约翰·布林克霍夫·杰克逊的章节是文学模式的缩影；鲁本·雷尼和理查德·沃克的章节是专业学术模式。有几个章节则介于两者之间。

《景观》杂志一直喜欢文学风格。在1951—1968年，杰克逊展示了他的编辑理想，即为聪明的非专业读者撰写文章。该杂志几乎没有发表过带脚注的文章，即使作者是学术界人士。自1968年以来，该杂志的第二任出版人布莱尔·博伊德（Blair Boyd）也一直致力于文学风格，并对杂志的各个方面保持着非常个性化的兴趣，尤其是为新鲜话题的原创和推测性文章留出空间。和杰克逊一样，20多年来，博伊德慷慨地捐赠了出版杂志所需的大部分资金。博伊德增加了一个编辑委员会和一名全职编辑；该杂志中的文章现在被列入几个引文索引。尽管博伊德允许在许多文章的结尾处有一个简短的完整引文清单供"进一步阅读"，但仍然没有脚注。《景观》杂志持续欢迎学术和非学术作者。

无论他们是否提供脚注和材料的密切来源，学术作者仍然是文化景观启蒙事业的重要贡献者。1982 年，威斯康星大学的景观设计师们创办了每年出版两次的专业出版物《景观期刊》（*Landscape Journal*）。该杂志借鉴了很多《景观》的设计形式，部分目标是同时面向专业读者和公众。文化景观文章在该杂志的内容中占了很大比重。两套编辑精美的学术文章的稳定销售和强大影响也是令人瞩目的。唐纳德·迈尼格（Donald Meinig）的文集《日常景观的解释》（*The Interpretation of Ordinary Landscapes*，1979）由文化地理学领域的资深人士的 9 篇长文组成，展示了该学科截至 20 世纪 70 年代中期的工作。[17] 迈克尔·P. 康岑（Michael P. Conzen）雄心勃勃的文集《美国景观的形成》（*The Making of the American Landscape*，1990）汇集了 18 位地理学家的工作，讨论了 19 世纪和 20 世纪的区域和地方性景观问题。虽然它的学术性比文学性更强，但也有学术和大众的双重市场。

无论学术与否，文化景观写作的首要目标是为公众提供信息，而景观研究的潜在应用是政治性的，也是个人的。历史考古学家詹姆斯·迪兹（James Deetz）和他的几个硕士研究生实际上已经发现并解释了南非在殖民时期黑人和白人融合的景观记录。这项工作早在这种观点受到当权者欢迎之前就已经开始了。美国地理学家协会和国家地理学会的公共教育项目都有很强的文化景观内容。另一个横跨公共领域和专业领域的场所是博物馆，那里有更多的馆长开始考虑景观解释。甚至美国国家公园管理局也在更积极地邀请文化景观专家来解释公园环境中的人类历史。[18] 在本文集中，许多文章是支持更多的历史保护和地方解释的持续努力的一部分。戴维·洛文塔尔的文章回顾了农村景观的生态正确所带来的挑战，这种想法在欧洲越来越流行。他认为，农村保护的概念既要考虑到国家，也要考虑到地方。

一些受众需要学术风格，对于其他受众——特别是在意见领袖中产生理解和支持——则更需要大众风格。最需要的是更多的"两栖"作家，如皮尔斯·刘易斯和罗伯特·莱利（Robert Riley），他们愿意并能够同时面对专业和非专业的读者。然而，无论受众是谁，文化景观作家最难的任务是选择问题，并找到适当和可靠的方式来回答这些问题。对于这些任务，存在着过多的选择。

**5. 景观研究中的许多理论和方法的选择源于该学科的跨学科属性。**偶尔会让新手感到失望的是，景观研究的作者们并没有统一认可的方法或理论。一些从业者对理论的讨论敬而远之，而另一些从业者则接受并争取获得一些不同的知识储备。[19] 在本文集中，杰伊·阿普尔顿将景观研究的集体冒险描述为"不同思想的汇集，在不同学科的思维习惯中接受训练，其中许多学科在传统上被认为彼此之间仅有一点点联系"。阿普尔顿本人主张采用将地质分析与文化分析联系起来的方法。

在理查德·沃克的文章所说的"文化研究和物质研究之间巨大的创造性张力"中，文化这个麻烦但基本的概念产生了许多原初的复杂性。除少数反对者之外，本文集的作者们认为文化是通过日常生活编织的一套变化的社会关系、规则和意义。因此，景观研究中的文化是一种日常行为和社会结构的文化，是人类通过有意识和无意识的行动塑造的文化，权力、阶级、种族、民族、亚文化和反对观点都是重要的考虑因素。[20] 即使从业者对文化的基本概念达成一致，将这一概念应用于对机构、经济和自然的研究时也会产生不同的替代方案。

建成环境固有的跨学科性质进一步丰富了文化景观的方法和理论，并使之复杂化。每个学科和工作小组都有自己的规则，其假设或是隐含，或是明确。例如，对于社会科学的学者来说，理论和方法必须是明确和严格的，但小说家和非虚构类作家通常被允许隐藏他们对理论和方法的选择。散文家和短篇小说作者可以在一本作品集中采用截然不同的方法。尽管有（或因为）这种自由，一些最令人回味和有效的景观分析来自非虚构作家，如琼·狄迪恩（Joan Didion）、华莱士·斯泰格纳（Wallace Stegner）和乔治·斯图尔特（George Stewart），以及小说家，如威廉·福克纳（William Faulkner）和路易丝·埃德里奇（Louise Erdrich），还有记者，如菲利普·兰登（Philip Langdon）和苏珊娜·莱萨德（Susannah Lessard）。[21]

在景观写作的最基本层面，我们必须区分描述（例如数据收集或现场调查）和旨在应用或产生一般原则的解释性研究。这种二分法也有误导性，因为大多数景观工作都是描述和概括的结合。事实上，在捕捉任何景观的重要元素的意义上，智慧的描述往往远远优于糟糕的理论概括，而且更具分析性。

在美国文化地理学家中，引发论战最为激烈的可能是景观批评家们谴责景观研究"仅仅是描述性研究"和"空洞、浅薄的理论研究"。伯克利学派文化地理学的创始人厄尔·索尔（Earl Sauer）在20世纪20年代开始推动文化景观工作，他强调实地工作和详尽地阅读原始资料，密切关注迁移、传播、地区性的文化区的发展以及人类与生物圈的互动等问题。[22]

受伯克利学派影响的地理学家已经将景观研究传播到至少7所其他大学的北美地理系。[23] 本文集作者之一的威尔伯尔·泽林斯基就是伯克利学派的门徒，但他对城市和当代美国场景的兴趣使他有别于大多数传统的乡村主义伯克利学派学者。泽林斯基的《美国文化地理》（*Cultural Geography of the United States*）是景观研究兴趣的基准文本，最近出版了新的版本。[24] 另一位伯克利学派的地理学家段义孚（Yi-Fu Tuan），体现了对"地方感"的兴趣，并将其作为景观的解释。段义孚从对现象学方法的强烈关注开始，在"地方"文献中通常强调个人的和心理的方法。

在人文地理学中，理论观点在经济和文化、马克思主义和后现代、历史和社会以及其他阵营之间进一步分裂。[25] 在本文集的这一章中，城市历史学家多洛雷斯·海登将地方的传统定义和使用与法国社会学家亨利·列斐伏尔（Henri Lefebvre）的"空间生产"概念联系起来。这个平台使她能够将政治经济学的总体层面与工作景观（working landscapes）的细节、社会团体的历史和特殊建筑类型的发展联系起来。

来自英国和加拿大的地理方法与美国的工作相互关联，但也独立于美国的工作。杰出的英国日常景观历史学家威廉.乔治.霍斯金斯（W. G. Hoskins）激发了对土地所有权、农村小屋的详细研究，以及对过去几个世纪留下的当前印记的其他密切记录。霍斯金斯在英国的作用类似于约翰·布林克霍夫·杰克逊在美国的作用。像芭芭拉·本德（Barbara Bender）这样的英国考古学家对景观作为一种解释的领域投注了越来越多的兴趣。[26] 大约在1970年成立的英国景观研究小组，以拥有代表"各种可想象的观点"的人而自豪，它已经举办了20多次年会，通常都会宣布一个主题[27]。文化历史学家雷蒙德·威廉姆斯（Raymond Williams）致力于将社会理论和社会阶级意识注入景观研究，尽管通常是以文学的方式，而不是以详细的田野调查为基础。英国地理学家扩展了他的方法并将其带到加拿大。加拿大地理学家威廉·诺顿（William Norton）深受英国地理学家彼得·杰克逊（Peter Jackson）的景观观点的影响，在他的《理解景观的探索》（*Explorations in the Understanding of Landscape*）一书中，优雅地概述了至少4种类型的文化景观研究。[28] 在美国和英国，以及不同的学派之间，景观一词的定义是不同的。对于一些英国作家来说[正如本文集中杰伊·阿普尔顿和丹尼斯·科斯格罗夫（Denis Cosgrove）所展示的那样]①，景观与其说是文化空间，不如说是一种场景或景色；芭芭拉·本德的用法则更多是空间性的。

---

① ［］为原书中表述，（）内为译者增加内容。——译者

建筑师、景观设计师和设计史学家也为文化景观研究贡献了方法和理论。哈佛大学的约翰·斯蒂尔戈（John Stilgoe）通过他的第一本书，扩展了杰克逊在伯克利和哈佛的著名景观建筑调查讲座课程的前半部分，并使其更易接受。[29] 在20世纪90年代，景观研究的最大学生受众是在9所设计学院，这些学院一直在教授调查课程。[30] 乡土建筑论坛（The Vernacular Architecture Forum）是一个由600名成员组成的组织，成立于1980年，吸引了许多研究景观的作家、研究人员和建筑保护主义者参与其年会和出版物。[31]

设计师和设计史学家比地理学家更少受到系统理论的约束。当涉及理论时，他们倾向于靠近在艺术史和文学批评中同时存在的理论，最近以后现代主义为代表。丹尼斯·科斯格罗夫在本文集中的文章遵循了后现代主义路线，通过文艺复兴时期的绘画来补充景观，并使用文学批评理论作为分析的模式。

在历史系，对社会或经济理论热衷程度有高（在社会和劳动历史学家中）有低（在大多数城市和文化历史学家中）。相对来说，很少有历史学家把他们的兴趣定为建筑空间。然而，当他们的工作涉及解释人类历史的空间方面时，历史学家已经成为并将继续作为文化景观研究的重要贡献者。[32] 例如，历史学家詹姆斯·博切特使用了经典的历史学方法和书面资料。在本文集的一章中，他对克利夫兰的莱克伍德（Lakewood）的研究使用了地段、建筑和持存的社区作为莱克伍德发展的额外主要证据。他对地图、照片和其他空间模式证据的仔细解读与地理学家的方法类似。本文集的另一位贡献者鲁本·雷尼也跨越了方法论的界限。雷尼是一位景观建筑历史学家；因此，读者可能会期待他对形式的详细注释。但相反，在这一文章中，他使用了更多的文本信息而非视觉信息，来重构、创造和改变我们对葛底斯堡作为一个国家纪念地的理解的过程。

通过刻意收集这些不同的理论可能性，本文集希望至少能使人们在方法论的基因库中获得一种令人振奋的沉浸感。对景观研究的跨学科性质的完整描述将包括社会学、文学、物质文化研究、美国研究、摄影和电影的贡献者——每个人都有自己变化的理论和方法集。[33] 也许在一门有诸多不同的主题和受众的研究中，不应该有正统方法的存在。

**6. 在文化景观方法中，视觉和空间信息的首要地位是核心主题，尽管并非所有的景观解释都是基于视觉和空间数据。**对于作家和读者来说，景观研究的直接性、趣味性和情感吸引力在很大程度上取决于文化环境的直接性：景观可以直接接触到，并使抽象的过程更加具体和可知。对于视觉信息（出现在观众眼中的图像和场景）和更抽象的"空间信息"领域（代表空间的基本组织和相互关系——本地、区域或全球——这可能基于视觉信息，但并不严格可见）来说都是如此。

对于设计师和地理学家来说，视觉的重要性通常是不言而喻的，而本书中两篇地理学家的重要文章透彻地回顾了这一情况。唐纳德·W. 迈尼格的《环境鉴赏：作为人文艺术的地点》（"Environmental Appreciation: Localities as Humane Art"）是一个总结，也是对基于地点的解释的呼吁；皮尔斯·刘易斯的《阅读景观的公理》（"Axioms for Reading the Landscape"）为景观研究提供了严密的指南和原则。[34] 戴维·洛文塔尔谈到了对图像的利用和兴趣的迅速增长，从 19 世纪石版画和照片的勃兴，一直到今天的视频和计算机技术。与早期相比，美国人现在可以很容易地通过各种图画、照片、地图和其他图像来检索与掌控其地方经验。洛文塔尔指出，以前"转瞬即逝的、无法核实的私人印象"已经转变为一个永久的、可检索的、"众所周知的共识性视觉世界"。[35]

因为好的景观分析的目标是既观察又思考，所以观看的便捷性和它的印象主义本质似乎已经引起了学术界的关注。诚然，视觉信息有时是分散注意力的、微不足道的，或与理解人类基本关切无关的。在 20 世纪许多时髦的学术话语中，视觉被诋毁了。[36] 在本文集中，理查德·沃克重申了对伯克利学派"对作为艺术品的文化的痴迷兴趣"的抱怨,并在空间方法和其他理论基础之间寻找共同的方法论依据。[37]

此外,认真对待视觉和空间信息有时会使文化景观研究在学术界处于边缘地位。文化景观的视觉导向与其他文化分析家所做的严格的逻各斯中心主义工作形成了鲜明的对比。在逻各斯中心主义的观点中,真正有智慧的作家是用书面文字工作的,而不是用物体;那些在书中放上图片或地图的人,以及那些将描述或分析视觉化的人,在某种程度上是较低级的。洛文塔尔指出,支持视觉导向的批评家经常拒绝空间信息,坚持认为学者应该"探究深藏的结构,寻找那些当权者的秘密议程,并参与历史、经济和社会学的注释"。他补充说,对于批评家来说,真正严肃的调查"应该是非视觉的、难以阅读的、严格朴素的"。[38]

对视觉和空间信息批评的另一个来源是浅显的田野调查。作为一种方法,文化地理学家特别强调个人田野调查的重要性:走出去,仔细观察景观,寻找空间线索、具体地点的相互关系,以及用于筛选书面记录的见解。好的(和坏的)田野调查可以在两个极端之间延伸:广泛和相当快速的"挡风玻璃调查"(是指在行驶的车辆上进行田野调查,常用于面积较大、无法通过步行覆盖的地区),用来感知城市、地区或国家的剖面;更艰苦和详细的研究,包括现场素描以了解景观的形式和构成,测量和绘制建筑物,收集当地访谈和书面信息,以及彻底的绘图或系统的摄影。不幸的是,草率的或构思单薄的挡风玻璃调查有时会成为文化分析的浅薄基础。尽管这种工作可能并不比对书面资料的草率分析更常见,但在批评家的心目中,它更令人"印象深刻"。

当然,强调空间和实地考察并不能取代对印刷品和档案资料进行严格的传统研究的需要。[39] 戴尔·厄普顿的文章认为,看得见的和看不见的都很重要。他说,分析一个而不分析另一个,会导致相当不完整的结论。在本文集的另一篇研究中,德里克·霍兹沃斯质疑了视觉信息的可靠性,并提醒我们其他信息来源可能会压倒视觉的重要性。他警告说，今天的图像可能无法准确地传达过去的现实，因此他选择不在他的章节中加入任何插图。也许霍兹沃斯最尖锐的反对意见不是针对空间或视觉信息的使用（他自己也使用），而是针对前几代景观学者选择的问题和研究议程。

尽管如此，作为一种方法，研究实际景观的首要地位仍然是至关重要的。正如洛文塔尔所说，"观察是必不可少的，即使它并不意味着相信"。[40] 空间和视觉信息往往会引发新的和重要的问题，这些问题是由书面记录中不明显的对立和并列关系提出的。智慧地解释建筑空间并不是一件特别容易或自然而然的事情。空间和视觉分析通常需要额外的工作，并非书面资料工作的简易替代。图文并茂的文章或课程讲座往往需要两倍于单纯的口头讲座的准备时间：文本的观点必须写出来，然后将视觉证据的观点集合起来，而后将这两部分交织在一起。在现场，需要周密细致的准备和关注，以便知道在哪里看，如何解释所看到的东西。完成这些任务通常需要收集昂贵且烦琐的现场信息和照片。许多景观作家给予同事的最高赞誉是："他们的眼睛很好地和大脑连接在一起。"

这种对视觉的强调在过去也得到非常认真的对待。在本文集的文章中，凯瑟琳·豪威特（Catherine Howett）将现代主义的视觉至上及一些文化景观研究描绘为文艺复兴时期精英们赋予视觉权威的最后喘息。他们用虚假的客观科学赋予视觉经验以超越其他感官的优势，他们的透视画法认为应该青睐单一视角。

## 作为指南和比较：约翰·布林克霍夫·杰克逊的作品

综合来看，景观研究的框架——关于该领域的边界、合适的研究对象、对统一性与多样性的追求、受众问题、对理论和方法的审议以及关于空间信息重要性的辩论——将继续包含多种立场。在约翰·布林克霍夫·杰克逊的作品中，我们可以看到他个人在这六个框架中的抉择。在美国，最具创造性和洞察力的文化景观解释集合仍然是杰克逊自己的7本论文集。[41] 事实上，杰克逊的工作不仅是一个初始点（如他编辑的《景观》杂志），而且是文化景观研究中一个持续的参考点。每当最新的作家，包括本文集中的作家，拓展该领域的边界时，他们通常都是在重新划定杰克逊所探索和阐述的框架。

作为一名编辑和作家，杰克逊雄辩地宣称日常景观的重要性："我一次又一次地说过，当代景观的日常方面——街道、房屋、田野和工作场所，不仅可以教会我们很多关于美国历史和美国社会的知识，而且可以教会我们自己以及我们与世界的关系……我们在乡土景观中看到的美即我们共同人性的形象：努力工作、顽强的希望和相互忍耐，努力成为一件值得爱的事情。"[42] 正如杰克逊所设定的那样，该领域的核心，尤其对现今的居民而言，是对意义的探索和推测。杰克逊明确表示，他对关键的变化和保护感兴趣，他写道，他为"一个视角，被训练到足以区分景观中哪些是错误的，哪些是值得保护而应该有所改变的"。[43]

杰克逊在激发人们对日常景观重要性的兴趣方面做了很多工作，特别是在地理学家和环境设计师中。在第一次访问伯克利时（1956年），杰克逊找到了卡尔·索尔（Carl Sauer），并与整个地理系的教师见面。同样，建筑师和景观设计师对景观研究的兴趣也是由杰克逊于1967—1978年在伯克利和哈佛的设计学院的教学引发的。[44]

在选择适当的主题方面，杰克逊几乎对农村和城市的人类环境都表现出普遍的好奇心，在《景观》的第一期，杰克逊写道，该杂志是一个"了解乡村事物"的地方。然而，对杰克逊来说，异化的最高境界不是与野生自然分离，而是对城市或乡村的人类文化都缺乏兴趣。《景观》的城市主题线索从第二期开始，到第四期时，城市话题已多于农村话题。[45] 20世纪50年代，作为伯克利地理系的客座讲师，杰克逊不仅参加了卡尔·索尔的反城市研讨会，而且参加了让·戈特曼（Jean Gottmann）为在《大都市》（*Megalopolis*）上论证他的想法而开设的研讨会。[46]

杰克逊也一直关注生产和消费景观，他经常写到经济困难和不公平的景观，写到艰苦的农民、开着皮卡的无产阶级工人，特别是写到中型城市的城市工作景观（urban working landscapes），以及研究这些景观的必要性。杰克逊通常对单纯的经济解释持谨慎态度，他通常只是建议因果关系而较少直接地确证；他更多地寻求景观的社会心理和宗教解释。[47]

在处理统一性和多样性的对比时，杰克逊经常强调西南地区的种族对比，但也寻找抽象的想法和公共物理环境（如农村网格、城市街道、商业公路地带），将不同的人类群体联系起来，而不是将他们分开，杰克逊也因将看似不相关的景观现象联系起来而闻名。最近，他在比较统一性和多样性时指出，他所谓的"乡土"和"官方"世界之间的对立，部分地由收入和决策权的获得所决定。

当杰克逊评论写作风格和受众时，他对"全然学术的风格——干巴巴的，没有色彩或细节，被脚注扼杀了——只为一小部分学者写，他们或许（并不）能看到作品的景观潜力"感到绝望。他还说："在我们没有意识到的情况下，在美国，我们已经发展了一种有吸引力的、通俗的信息写作——无论是在《华尔街日报》《新共和》《大西洋》，还是《纽约时报》的杂志版面，都应该向学术界表明，思想可以被赋予风格，并随之传播。"[48] 在自己的著作中，杰克逊坚持了引人入胜的爱默生式的散文风格，极少讨论资料来源。

杰克逊小心翼翼地避免让他的方法或理论的使用过于明确，尽管方法和理论对他都很重要。他致力于分析，正如他所说的那样，"尽可能直接，尽可能非系统化"，是一种"探索性和推测性的观点"。[49] 正如唐纳德·迈尼格所说，在杰克逊的风格中，"所有的都是断言和争论，……很多是观察，没有什么是测量"。⁵⁰ 杰克逊在本文集中的文章是典型。他从定性的数据——历史研究、行为观察、照片和偶然的谈话中建立起来。尽管他的研究是基于对美国景观的仔细阅读和观察，但杰克逊通常不会向读者展示实际农场、城镇或城市的详细案例研究。相反，他构建了令人回味的一般类型。⁵¹

即使被认为是一个"非理论"的人，杰克逊的研究成果也可以是高度理论化的。学术理论作为他寻求解释和意义的一部分，他一直是其狂热的读者。杰克逊直接或间接地不断提出规律、模式、原因、关系和普遍性。尽管他很少引用理论体系来支持自己的综合论述，但理论在他的字里行间确实存在。当杰克逊读到一个既不涉及空间，也不涉及任何尺度的物质文化资料时，他创造性地赋予作品以景观价值。例如，在杰克逊关于休闲空间的课堂演讲中，他将罗杰·凯鲁瓦（Roger Caillois）关于休闲体验的四个主要非空间类别转化为空间景观术语；而米歇尔·福柯（Michel Foucault）的《词与物：人文科学的考古学》（*The Order of Things: An Archeology of the Human Sciences*）显然影响了杰克逊的抽象景观秩序概念。⁵²

虽然杰克逊自己热衷于观察和记录美国景观，但他坚持认为，景观研究的最终对象不是视觉形式。尽管如此，视觉的东西总是在他的作品中出现。他常常精心选择插图，制作图表和图画，以澄清其思维，并为其文章提供佐证。杰克逊从未说过景观的视觉信息是不重要的，而是说它不能自动成为辨别意义的第一优先性。为了防止过度强调视觉，杰克逊一直强调非视觉的感觉输入。只要有可能，他就避免乘坐汽车，而是乘坐摩托车，这不仅是为了提高流动性，也是为了调动其他感官，特别是嗅觉，以及道路纹理和地形带来的动觉（kinesthetic sense）。杰克逊收集了他的学生对日常感官经验的记录。⁵³ 他说，自己在寻找一些有说服力的细节，比如"暴雪过后雪铲的声音，湿泳衣的气味，赤脚走在滚烫路面上的感觉"。他补充说，像这样转瞬即逝的记忆，"往往使整个风景、整个季节变得生动而难忘"。在杰克逊的分析和写作的书面工作中,他(已)坚持不把景观看作"风景或生态实体,而是看作政治或文化实体,在历史的进程中不断变化"。对他来说,景观是社会构建,而不是个人设计的集合。杰克逊写道,景观不是一件艺术作品,传统的审美批评在景观研究中是不合适的。他说:"景观,首先必须从生活的角度来看待,而不是从观看的角度。"[54] 在这一点上,他在景观研究的事业中表现出了真正的激进立场。

尽管杰克逊在个人的景观研究方法上是清晰和一致的,但他为《景观》杂志设定的编辑方向和他持续广泛的个人阅读习惯显示出他对其他人的方法的探索和密切关注。事实上,当杰克逊在《景观》杂志的开篇提到景观这本"打开"的书时,他并没有写到有一种最好的方法来阅读它。文化景观研究中的多种声音和方法并没有导致不连贯性,而是带来了灵活多样的力量。挑战美国人的文化无知——帮助非常不同的鱼群看到环绕和支持其的水——因此需要不同的方法,并且仍然是令人兴奋和重要的。

## 注释

本章的写作得到了托德·W. 布雷西(Todd W. Bressi)对早期草稿仔细阅读的帮助。布雷西、玛格丽特·洛弗尔(Margaretta Lovell)、凯瑟琳·莫兰(Kathleen Moran)、克里斯蒂娜·罗森(Christine Rosen)、戴尔·厄普顿(Dell Upton)和理查德·沃克(Richard Walker)对草稿进行了仔细阅读,对本章的写作起到了帮助作用。

1. "看不见水的鱼"一语来自1987年10月12日在旧金山对传播顾问蒂姆·艾伦(Tim Alien)的一次采访。

2. 杰克逊以法国地理学家皮埃尔·德方丹(Pierre Deffontaines)和人类学家安德烈·勒罗伊-古尔汉(André Leroi-Gourhan)在1948—1949年出版的《人文

地理与民族学杂志》（*Revue de géographie humaine et d'ethnologie*）季刊为蓝本，塑造了《景观》多样化的撰稿人和他自己的书评方法。

3. 关于杰克逊的传记，参见：Helen Leikowitz Horowitz, "J. B. Jackson and the Discovery of the American Landscape," in Horowitz, ed., *Landscape in Sight: Looking at America* (New Haven: Yale University Press, 1997); Helaine Caplan Prentice. "John Brinckerhoff Jackson," *Landscape Architecture* 71 (1981): 740-745; Donald W. Meinig, "Reading the Landscape: An Appreciation of W. G. Hoskins and J. B. Jackson," in Meinig. ed., *The Interpretation of Ordinary Landscapes: Geographical Essays* (New York: Oxford University Press, 1979): 195-244。

4. J. B. Jackson, "The Need of Being Versed in Country Things," *Landscape* 1:1 (Spring 1951): 1-5, quotation on p. 5.

5. 见 David Lowenthal, "The American Way of History," *Columbia University Forum* 9 (1966): 27-32。

6. 这一趋势的显著例外是城市形态学家小詹姆斯·E. 万斯（James E. Vance Jr.）和卡尔·索尔（均在伯克利大学），以及历史地理学家唐纳德·W. 迈尼格（Donald W. Meinig, 雪城大学）和安德鲁·克拉克（Andrew Clark, 威斯康星大学）。

7. 经典作品有 Margaret Byington, *Homestead: The Households of a Mill Town* (New York: Russell Sage Foundation, 1910), 以及由工程项目管理局的联邦作家项目制作的地方和州的旅游书。

8. Peirce Lewis, "Axioms for Reading the Landscape: Some Guides to the American Scene," in Meinig, ed., *The Interpretation of Ordinary Landscapes*, 12.

9. 关于有用的农村研究样本，见 Allen Noble, "The Diffusion of Silos," *Landscape* 2.5:1 (1981): 11-14; 和 Henry H. Glassie, *Folk Housing in Middle Virginia: A Structural Analysis of Historic Artifacts* (Knoxville: University of Tennessee Press, 1975)。

10. 见 John R. Stilgoe, *Common Landscape of America, 1580 to 1845* (New Haven: Yale University Press, 1982): 3, 以及黎全恩在本文集的章节。

11. 比较 Stewart G. McHenry, "Eighteenth-Century Field Patterns as Vernacular Art," *Old-Time New England* 69,1-2 (Summer-Fall 1978): 1-21 和 J. B. Jackson 在 "An Engineered Environment: The New American Countryside," *Landscape* 16:1 (Autumn 1966): 16-20 中的田野试验。又见 Robert Blair St. George, "'Set Thine House in Order': The Domestication of the Yeomanry in Seventeenth Century New England," in *New England Begins: The Seventeenth Century*, 3 vols. (Boston: Museum of Fine Arts, 1982), 和 Bernard L. Herman, *The Stolen House* (Charlottesville: University of Virginia Press, 1992)。多年来，杰克逊是为数不多的对道路和田野的抽象方面进行研究的作家之一。

12. 迈克尔·P. 康岑的 *The Making of the American Landscape* (Boston: Unwin Hyman, 1990) 也具有强烈的城市色彩，在总共18个章节中，有6个城市章节。这些城市章节是由詹姆斯·E. 万斯、大卫·梅耶尔（David Meyer）、爱德华·穆勒（Edward Muller）、约翰·雅克勒（John Jakle）、威尔伯尔·泽林斯基和康岑写的。

13. 参见 Wilbur Zelinsky, "The Impact of Central Authority," in Conzen, ed., *The Making of the American Landscape*, 311-334. Hildegard Binder Johnson, *Order Upon the Land: The U.S. Rectangular Land Survey and the Upper Mississippi Country* (New York: Oxford University Press, 1976). John R. Stilgoe, *Metropolitan Corridor: Railroads and the American Scene* (New Haven: Yale University Press, 1983)。

14. 关于个人行动和景观，见 Marwyn S. Samuels, "The Biography of Landscape," in Meinig, *The Interpretation of Ordinary Landscapes*, 51-88。

15. 关于一系列孤立的以及更细微的研究，见 Dell Upton and John Michael Vlach, eds., *Common Places: Readings in American Vernacular Architecture* (Athens: University of Georgia Press, 1986)。

16. Dolores Hayden, *The Power of Place: Urban Landscapes as Public History* (Cambridge: MIT Press, 1995).

17. 上文引用了迈尼格的书。每一章都是基于迈尼格在雪城大学组织的系列讲座之一。

18. 南非的情况，见 Margot R. Winer and James Deetz, "The Transformation of British Culture in the Easter Cape, South Africa, 1820-1860," *Kroeber Anthropological Society Papers* 74-75 (1992): 41-61; 和 Margot R. Winter, "Landscapes of Power: The Material Culture of the Eastern Cape Frontier, South Africa, 1820-1860," Ph.D. diss., University of Caledonia, Berkeley, 1994. 关于美国地理学家协会，可以参见"比较大都市分析项目"（Comparative Metropolitan Analysis project）的 20 部城市专著: John S. Adams, ed., *Contemporary Metropolitan America*, 4 vols. (Cambridge, Mass: Ballinger, 1977), 特别是 Peirce Lewis (New Orleans) and Jean Vance (San Francisco) 的章节。关于国家公园管理局，见 Robert Z. Melnick, Daniel Spann, and Emma Jane Saxe, *Cultural Landscapes: Rural Historic Districts in the National Park System* (Washington, D.C.: Park Historic Architecture Division, Cultural Resources Management, U.S. Department of the Interior, 1984)。

19. 对最近的立场进行了有益回顾的是 Lester Rowntree, "Culture/Humanistic Geography," *Progress in Human Geography* 10, 4 (1986): 580-586。

20. 关于文化及其在社会理论中的解释，请特别参阅: Henri Lefebvre, *The Production of Space* (Oxford, Blackwell, 1991; first published in French in 1974); Raymond Williams, *Culture* (Cambridge: Fontana, 1981); Pierre Bourdieu, *Distinction: A Social Critique of the Judgment of Taste* (Cambridge: Harvard University Press, 1984); Allan Pred and Michael Watts, *Reworking Modernity: Capitalisms and Symbolic Discontent* (New Brunswick, N.J.: Rutgers University Press, 1992); John Clark, Stuart Hall, Tony Jefferson, and Brian Roberts, "Subcultures, Cultures, and Class," in T. Bennett et al., eds., Culture, *Ideology, and Social Processes* (Philadelphia: Open University Press, 1980); Michel de Certeau, *The Practice of Everyday Life* (Berkeley: University of California Press, 1984; first published in French in 1980); Michel de Certeau "Practices of Space," in Marshall Blonsky, ed., On Signs (Baltimore: Johns Hopkins University Press, 1985); David Harvey, *The Condition of Postmodernity* (Oxford: Blackwell, 1989); Frederic Jamison, *Postmodernism, or the Cultural Logic of Late Capitalism* (Durham, N.G: Duke University Press, 1991); Clifford James, *The Predicament of Culture* (Cambridge: Harvard University Press, 1988): Camel West, *Beyond Ethnocentrism*

*and Multiculturalism* (Monroe, Maine: Common Courage Press, 1993); Mary Douglas, *Natural Symbols: Explorations in Cosmology* (New York Pantheon, 1970); Marshall Sahlins, *Culture and Practical Reason* (Chicago: University of Chicago Press, 1970)。

面对最近大量的理论声称，我们可以从克利福德·吉尔茨（Clifford Geertz）的"精神主义"（mentalist）立场开始，将文化定义为人们自己编织的精神和物理意义的网络，而不是简单的意识形态系统，而是一个适应性的物质系统。见 Clifford Geertz, "Thick Description," in Geertz, *The Interpretation of Cultures: Selected Essays* (New York: Basic Books, 1973): 3-30; Roger M. Keesing, "Theories of Culture," in B. Siegel et al., *Annual Review of Anthropology* 3 (1974): 73-97. 另一个非常具有可读性和说服力的介绍是 Cole Harris, "Power, Modernity, and Historical Geography," *Journal of the Association of American Geographers* 81:4 (1991): 671-683。

21. 经典的例子见 Joan Didion, *The White Album* (New York: Simon and Schuster, 1979); Wallace Stegner, *Mormon Country* (New York: Duell, Sloan and Pearce, 1942): George R. Stewart, *U.S. 40: Cross-Section of the United States of America* (Boston: Houghton Mifflin, 1953); William Faulkner, *Light in August* (Norfolk, Conn.: New Directions, 1932); Louise Erdrich, *Love Medicine* (New York: Holt, Rinehart and Winston. 1984): Philip Langdon, *American Houses* (New York: Stewart, Tabori and Chang, 1987); Suzannah Lessard. "The Suburban Landscape' Oyster Bay, Long Island," *New Yorker* (11 Oct. 1976): 44-79。

22. Carl Sauer, "The Morphology of Landscape" (1925) and "The Education of a Geographer" (1956), repr. in John Leighly, ed., *Land and Life: A Selection from the Writings of Carl Ortwin Sauer* (Berkeley: University of California Press, 1963): 315-350 and 389-404. 另见 James S. Duncan, "The Superorganic in American Cultural Geography," *Annals of the Association of American Geographers* 70 (1980): 181-198.

23. 以文化景观工作著称的地理系包括加州大学伯克利分校、宾夕法尼亚州立大学、路易斯安那州立大学、明尼苏达大学、芝加哥大学、雪城大学、不列颠哥伦比亚大学和加州大学洛杉矶分校。

24. Wilbur Zelinsky, *The Cultural Geography of the United States*, rev. ed. (Englewood Cliffs, N.J.: Prentice-Hall, 1992; first published in 1973).

25. 关于地方和现象学，参见 Yi Fu Tuan, *Topophilia: A Study of Environmental Perception, Attitudes, and Values* (Englewood Cliffs, N.J.: Prentice-Hall, 1974). 另见 Edward Relph. *Place and Placelessness* (London: Pion, 1976); David Seamon, *A Geography of the Lifeworld: Movement, Rest, and Encounter* (London: Croom Helm, 1979); 以及 Irwin Altman and Setha M. Low, eds., *Place Attachment* (New York: Plenum, 1992)。关于最近的理论观点，关于文化定义的资料（见上文注释 20）是一个合理的起始清单。

26. W. G. Hoskins, *The Making of the English Landscape* (London: Penguin, 1985). 关于霍斯金斯和杰克逊，见 Meinig, "Reading the Landscape," 195-244; 另见 Barbara Bender, *Landscape: Politics and Perspectives* (Oxford: Berg, 1993)。

27. 关于这些会议之一的讨论记录，见 Edmund C. PenningRowsell and David Lowenthal, eds., *Landscape Meanings and Values* (London: Alien and Unwin, 1986)。

28. William Norton, *Explorations in the Understanding of Landscape: A Cultural Geography* (New York: Greenwood, 1989); 另见 Peter Jackson, *Maps of Meaning: An Introduction to Cultural Geography* (London: Unwin Hyman, 1989)。

29. 关于斯蒂尔戈和杰克逊之间的密切联系，见 Helen Lefkowitz Horowitz, "Toward a New History of the Landscape and Built Environment," *Reviews in American History* 13:4 (December 1985): 487-93. 在伯克利大学地理系担任至少 1 年的讲师后，杰克逊从 1967 到 1978 年在伯克利大学环境设计学院任教。1969—1977 年，他在哈佛大学的设计研究生院任教，并在几十所大学的环境设计或地理系授课。

30. 以文化景观课程著称的建筑和景观建筑系包括哈佛大学、耶鲁大学、罗德岛设计学院、加州大学伯克利分校、雪城大学、莱斯大学、俄勒冈大学、伊利诺伊大学和乔治亚大学。

31. 见 *Vernacular Architecture Newsletter*, 其中有著名的书目，以及 *Vernacular Architecture Forum serial*（目前每隔一年出版一次）中的 *Perspectives in Vernacular Architecture*。关于乡土建筑的观点，另见 Chris Wilson, "When a

Room Is the Hall," *Mass* [Journal of the School of Architecture and Planning, University of New Mexico] 2 (Summer 1984): 17-23; 和 Eric Sandweiss, "Building for Downtown Living: The Residential Architecture of San Francisco's Tenderloin," in Thomas Carter and Bernard Herman, eds., *Perspectives in Vernacular Architecture* 3 (Columbia: University of Missouri Press, 1989): 160-175。

32. Paul E. Johnson, *A Shopkeeper's Millennium: Society and Revivals in Rochester, New York, 1815-1837* (New York: Hill and Wang, 1978); William Cronon, *Nature's Metropolis: Chicago and the Great West* (New York: W. W. Norton, 1991); Elizabeth Blackmar, *Manhattan for Rent*, 1785-1850 (Ithaca, N.Y., Cornell University Press, 1989), Sally Ann McMurry, *Families and Farmhouses in Nineteenth-Century America: Vernacular Design and Local Change* (New York: Oxford University Press,1988).

33. 对景观研究有兴趣的著名美国研究学者包括约翰·斯蒂尔戈、利奥·马克思（Leo Marx）、安妮特·科洛德尼（Annette Kolodny）和托马斯·施勒思（Thomas Schlereth）。

34. Donald W. Meinig. "Environmental Appreciation: Localities as Humane Art," *Western Humanities Review* 25 (1971): 1-11和 Peirce Lewis, "Axioms for Reading the Landscape: Some Guides to the American Scene," in Meinig, ed., *The Interpretation of Ordinary Landscapes: Geographical Essays* (New York: Oxford University Press, 1979). 关于更纯粹的美学视觉立场，见 John Jakle, *The Visual Elements of Landscape* (Amherst: University of Massachusetts Press,1987)和 Tadahiko Higuchi, *The Visual and Spatial Structure of Landscapes* (Cambridge, MIT Press, 1983, first published in Japanese, 1975)。

35. David Lowenthal, "Is Seeing Disbelieving?" —comments at *Vision, Culture, and Landscape*, the Berkeley symposium on cultural landscape interpretation, March 1990.

36. 见 Martin Jay, *Downcast Eyes: The Denigration of Vision in Twentieth-Century French Thought* (Berkeley: University of Caledonia Press, 1993)。

37. Peter Jackson, *Maps of Meaning*, 19.

38. Lowenthal, "Is Seeing Disbelieving?"

39. 皮尔斯·刘易斯在 "Axioms for Reading the Landscape" 第 11-32 页中提出了视觉线索的用途和局限性。

40. Lowenthal, "Is Seeing Disbelieving?"

41. Ervin Zube, ed., Landscapes: Selected Writings of J. B. Jackson (Amherst: University of Massachusetts Press, 1970); J. B. Jackson, American Space: The Centennial Years, 1865-1876 (New York: W. W. Norton, 1972); The Necessity for Ruins and Other Topics (Amherst: University of Massachusetts Press, 1980); Discovering the Vernacular Landscape (New Haven: Yale University Press, 1984); The Essential Landscape: The New Mexico Photographic Survey (Albuquerque: University of New Mexico Press, 1985); A Sense of Place, a Sense of Time (New Haven: Yale University Press, 1994); Helen Lefkowitz Horowitz, Landscape in Sight: Looking at America (New Haven: Yale University Press, 1997).

42. J. B. Jackson, "Preface," *Discovering the Vernacular Landscape*, x, xii.

43. J. B. Jackson, "Preface," *Discovering the Vernacular Landscape*, x.

44. 见 Meinig, "Reading the Landscape," 215-217。

45. 关于杰克逊在《景观》上的第一次城市写作，见期刊 1: 2 (Autumn 1951): 1-2 的"注释和评论"部分。关于与文化环境的异化，见 Jackson, "The Non-Environment," Landscape 17:1 (Autumn 1967): 1。关于杰克逊本人长期的早期城市研究，见 "The Stranger's Path," Landscape 7:1 (Autumn 1957): 11-15 和 "Southeast to Turkey," Landscape 7:3 (Spring 1958): 17-22。

46. 关于戈特曼，我依据的是 1978 年 3 月 14 日在加州伯克利与杰克逊的采访。

47. 关于经济困难的景观，见 J. B. Jackson, "To Pity the Plumage but Forget the Dying Bird," Landscape 17:1 (Autumn 1967)。关于"绝非理性"的过程，见 J. B. Jackson, "Notes and Comments: Tenth Anniversary Issue," Landscape 10:1 (Fall 1960): 1-2。关于心理学和宗教方法是"唯一有希望"的景观意义推导方法，见 Jackson, "Human, All Too Human, Geography," *Landscape* 2: 2 (Autumn

1952): 2-7。

48. 约翰·布林克霍夫·杰克逊于 1994 年 6 月 25 日致保罗·格罗思的信；在《纽约客》(*New Yorker*) 最近改变编辑政策之前，它可能已经在杰克逊的名单上了。

49. 杰克逊在职业生涯的早期从莫里耶·勒·兰努（Mauriee le Lannou）那里发现了关于"直截了当和很少系统化"的箴言；他在 "The Vocation of Human Geography," Landscape 1: 1 (Spring 1951): 41 中引用了兰努。探索性的挑战来自杰克逊作为编辑的最后一期，在 J. B. Jackson, "1951-1968, Postscript," Landscape 18, 1 (Winter 1969): 1 中。

50. Meinig, "Reading the Landscape," 229. 杰克逊关于方法的一些最果断的声明是在 Discovering the Vernacular Landscape, ix-xii 的序言中。

51. 杰克逊的《美国空间》(*American Space*) 是一个例外，其中具体的案例研究是核心。关于明确的理论，见 Bonnie Loyd, "The Saga of an Academic Outlaw Tamed and Branded by the Law of the Scholarly World" 以及 1979 年 6 月在太平洋海岸地理学家协会（Association of Pacific Coast Geographers）汇报的未发表论文。

52. 杰克逊的抽象景观秩序概念在《美国空间》中得到了部分发展，似乎部分借鉴了 Michel Foucault, *The Order of Things: An Archeology of the Human Sciences* (New York: Pantheon, 1971; first published in French in 1966) 以及 J. P. Vernant, *Mythe et pensée chezles grecs* (Paris: F. Maspero, 1965)。也见约翰·布林克霍夫·杰克逊后来对抽象景观秩序的概念延拓，"Concluding with Landscapes," in Discovering the Vernacular Landscape, 145-157。完整的版本从未出版，是他调查课程的一部分。关于娱乐类别，见 Roger Caillois, Man, Play, and Games (New York: Free Press, 1961)。

53. 杰克逊的挡风玻璃之旅往往包括他每年在哈佛、伯克利和圣达菲之间的旅行。使用详细的实地调查进行更大的解释的经典例子包括 Fred B. Kniffen, "Folk Housing: Key to Diffusion," Annals of the Association of American Geographers 55 (1965): 549-577; Dell Upton, "Vernacular Domestic Architecture in Eighteenth-Century Virginia," Winterthur Portfolio 17: 2-3 (Summer-Autumn 1982): 220-244。

54. 关于使风景令人难忘的讲述细节，见 J. B. Jackson. "By Way of Conclusion: How to Study the Landscape," *The Necessity for Ruins*, 119。关于将景观视为"政治或文化实体"，见 J. B. Jackson, "The Order of a Landscape: Reason and Religion in Newtonian America," in Meinig, *The Interpretation of Ordinary Landscapes*, 153。关于景观不是艺术作品，见 J. B. Jackson. "Goodbye to Evolution," *Landscape* 13:2 (Winter 1963-1964): 1-2; 关于对实践的关注，见 R. B. R. [Jackson]. "The Urban Cosmeticians or the City Beautiful Rides Again," *Landscape* 15:3 (Spring 1966): 3-4 以及 J. B. Jackson, "Limited Access: The American Landscape Seen in Passing," *Landscape* 14:1 (Autumn 1964): 18-23。关于景观被视为生活的价值，见 J. B. Jackson, 转引自 Meinig, "Reading the Landscape," 236。

# 景观研究

## 第 2 章
## 一个有轨电车郊区的视觉景观

詹姆斯·博切特（James Borchert）

像俄亥俄州莱克伍德（Lakewood）这样的老旧电车郊区的住宅景观，尽管在过去 60 年经历了相当大的变化，但是仍然为社会历史学家提供了关于 20 世纪早期郊区生活的大量视觉信息。[1] 莱克伍德位于伊利湖（Lake Erie）南岸，紧邻克利夫兰（Cleveland）西部，是一个建筑物/景观密集的郊区，面积为 5.6 平方英里①，主要按网格布局。狭窄的南北大道上排列着适度的独栋和双拼住宅，4 条较宽的东西向干线提供了通往克利夫兰市中心的通道；其中 2 条，即底特律街和麦迪逊大道，两旁是大片的商业开发区。

虽然莱克伍德乍看之下符合典型的中产阶级郊区的模式，但仔细观察现有的景观，就会发现更多的多样性。[2] 时间冲淡了社区的鲜明差异，但如果不考虑重要性程度，仍有足够的视觉证据表明这种差异的存在。与莱克伍德核心区的中产阶级景观相比，边缘地区包含了大型豪宅社区或拥挤的廉租公寓，而主干道两旁则有大量公寓开发项目。虽然人口少于莱克伍德核心区的中产阶级景观，但边缘地区并非不重要。豪宅占据了北岸的大部分地区；湖畔庄园从克利夫兰边界向西延伸了 1.5 英里②。克利夫顿公园（Clifton Park）是莱克伍德西北部的一个经规划的社区，占地超过 140 英亩③。1920 年，莱克伍德东南部的贫民区"村"（the Village）

---

① 1 平方英里 ≈ 2.6 平方千米。——译者
② 1 英里 ≈ 1.6 千米。——译者
③ 1 英亩 ≈ 0.4 公顷。——译者

容纳了该市 10% 以上的居民；[3] 其他地方的公寓则容纳了莱克伍德 15% 以上的家庭。[4] 少数族裔的景观与中产阶级的景观并列存在，表明拥有不同资源和生活方式的不同群体可以在这个郊区背景下塑造适合他们需求的居住环境。

1890—1930 年，在这个相当典型的有轨电车郊区出现了独特的社会景观，这为视觉分析的一些优势和局限性提供了一个案例研究。对现有景观的仔细研究提供了对早期郊区生活和文化模式的重要见解，但是，如果没有其他方法和来源的支持，它也会产生误导。此外，传统的历史资料，如人口普查记录和报纸，很少揭示出独特的物质景观的存在。[5] 历史视觉分析，借鉴照片、地图和其他视觉记录，使我们有可能将这个看似典型的中产阶级郊区解读为一系列相对独立的景观。最终，最安全的做法是通过结合三种方法来寻求多重确认。[6]

## 一个典型的中产阶级郊区

莱克伍德就像许多有轨电车郊区一样在世纪之交形成。1889 年，农民、度假胜地所有者和富有的地主组成了一个小村庄，随着从克利夫兰向西辐射的 3 条电气化有轨电车线路（沿底特律街、克利夫顿大道和麦迪逊大道）的延伸，该社区迅速发展。第一条线路（底特律）于 1893 年开始为莱克伍德提供服务。到 1910 年，莱克伍德容纳了超过 15 000 名居民，并在第二年被合并为一个城市；到 1930 年，莱克伍德的人口超过 70 000 人，使其成为克利夫兰的"第二大城市"。[7]

莱克伍德的人口状况基本上符合典型的中产阶级郊区的特征。大多数居民是土生土长的白人；户主从事白领或技术型蓝领工作。莱克伍德也有大量的国外出生的人口，正如克利夫兰就是移民的主要目的地。到 1930 年，国外出生的白人及其子女占人口的 45%，其中德裔、爱尔兰裔和斯洛伐克裔美国人占多数。[8] 虽然种族差异对社会组织有重要影响，但除了英国、德国和斯洛伐克路德教派以及爱尔兰、德国、斯洛伐克和波兰天主教徒建立的独立教堂外，他们在"村"之外的郊区景观留下的印记是微不足道的。

上层居民试图进一步限制多样性，并对现有人口实施更大的控制。这包括努力将非裔美国人居民赶出去，并限制其他人进入。到1930年，黑人在人口中的比例不到0.2%；那些留下来的黑人承担了主要的个人服务工作。[9] 为了避免城市危险，莱克伍德在1906年禁止酒精饮料，并一再抵制克利夫兰的吞并。第一次世界大战提供了一个更有力地实施社会控制的好机会：公立学校取消了德语课程，学生们焚烧书籍来庆祝；市议会甚至讨论过禁止德语宗教服务；与此同时，城市管理者（city fathers and mothers）进一步致力于美国化，并庆祝他们团结一致打败"德国佬"（Huns）的努力。[10]

莱克伍德的郊区景观看起来很像克利夫兰东部或其他中西部工业城市郊区出现的景观。有轨电车的限制和开发商对利润的关注产生了一个非常密集的定居社区。这个城市主要是在狭窄地块构成的网格上建成的，多是上下两层半房子，很少有土地被留作公共用途，其密度甚至超过了克利夫兰。到1930年，其人口密度达到每平方英里12 820人，而克利夫兰为每平方英里12 696人；[11] 在凯霍加县（Cuyahoga County），只有另一个有轨电车郊区东克利夫兰的密度超过了莱克伍德。

莱克伍德的多样化景观包括两个不同的精英社区、一系列中产阶级地区、两个为富裕和较不富裕的单身人士和无子女的夫妇提供的公寓景观，以及一个少数族裔、工人阶级的城中村。这些不同的环境几乎是同时出现的，是作用于城市和郊区的不同力量的产物。[12]

## 湖畔庄园

在整个19世纪，精英们一直在离开中心城市的位置。在克利夫兰和莱克伍德，富有的商业领袖早在19世纪80年代就开始在伊利湖畔建造避暑别墅。这些位于湖泊大道和伊利湖之间的宽阔而深邃的庄园从克利夫兰开始，一直延伸到莱克伍德市。

商人及工业家罗伯特·罗兹（Robert Rhodes）在19世纪80年代初建立了莱克伍德的第一个避暑山庄，他的大庄园标志着这个景观持续发展的西部边界。尽管罗兹最终将他那座漫无边际的房子变成了永久的家，但这座建筑和其宽大的、非正式的场地仍然具有避暑别墅的外观，这两者都轻描淡写地显示了他作为资本家的地位。到1910年，新的工业家，如汽车制造商亚历山大·温顿（Alexander Winton）和橱柜制造商西奥多·昆兹（Theodor Kundtz），建造了大型的正式庄园，更充分地反映了新兴的景观。这个边境地区展示了新工业家的财富，这对温顿和昆兹尤其重要，他们的移民身份最初限制了他们进入精英圈子。

这些庄园的布局反映了居住者对其生活方式的关注；因为拥有相当多的资源，他们完全有能力放纵自己的幻想。他们独立于邻居来规划自己的房产，不拘一格的房屋和地面标志反映了这种独立性。昆兹的巨大石制"匈牙利厅"城堡和温顿的高度正式的、从他的房子后面延伸到伊利湖边的花园，是代表此类发展的极端例子。居住者在自己的家里进行娱乐，因为这些房子有大型的公共空间（甚至包括三楼的舞厅）。他们还可利用音乐室和内置保龄球等享受其他娱乐。住家的仆人照顾他们，而园丁和场地管理员则负责庄园的其他部分。[13]

这些大庄园面向街道、湖泊和地界线，而不是互相面向，反映了他们的主人与当地社区的疏离。低矮的石墙或砖墙，以及显示庄园名称的大门[例如"埃尔姆赫斯特"（Elmhurst）、"水滨"（Waterside）、"罗森内斯"（Roseneath）和"克利夫湖"（Lake Cliff）]沿湖滨大道的人行道建立起一道屏障，但它们并没有分散羡慕的路人的注意力。由于豪宅背对着道路，长长的泪滴形车道让马车和汽车可以进入大房子。伊利湖为宽阔的草坪和后院的花园提供了背景。

这是莱克伍德市最早建立的郊区景观之一，到20世纪20年代，它经历了入侵。从罗兹庄园以西到莱克伍德市西北角的克利夫顿公园，开发商很快就在湖泊以北规划了街道和小块土地。在东部，艾德沃特路的建设将许多庄园分成两部分，并导致了进一步的细分。大萧条加速了这种入侵，并最终决定了这一景观；只有一些原始的庄园仍然散布在艾德沃特路沿线。然而，20世纪50年代到20世纪70年代初的高层公寓开发，在很大程度上保持了庄园的边界，并在某些情况下将它们的墙和门纳入这个新的景观。这些迹象的露头即便没有表明这一景观的范围，也表明了它的存在。

**克利夫顿公园**

在西边，其他精英，包括成熟的商业领袖、工业家和专业人士，创造了一个更加公共的环境。克利夫顿公园协会曾在莱克伍德的西北角经营一个度假村，但该业务最终变得难以维持。1894年，该协会聘请了波士顿景观建筑师欧内斯特·鲍迪奇（Ernest Bowditch）来规划一个由230块半英亩土地组成的住宅社区，采用曲线型的街道模式。

鲍迪奇的计划与其他地方的私人街道开发计划不同，不含障碍物，甚至没有可识别的边界。[14] 邻近街道上的房屋与克里夫顿公园的房屋融为一体。只有弯曲的道路、较大的地块和体量较大的房屋悄悄地表明景观的变化。个别地段的业主决定了房屋和地面的设计。与湖畔庄园的业主不同，他们避免使用墙壁或其他障碍物。此外，与湖畔庄园一样，大多数公园住宅缺乏莱克伍德市其他地方普遍存在的前廊。在这两个精英区，邻居们的互动仅限于家庭或俱乐部；在莱克伍德市其他地方呈现出的活跃的街道生活并非有意或乐意营造出来的。

尽管克利夫顿公园的入口处没有大门，但开发商打算让这个社区具有社会排他性。宣传资料承诺，它将"受到限制……以确保所有购买者都不会因为在公园范围内设置任何种类的商业场所、公寓或排屋而受到贬值影响"。开发商宣传，克利夫顿公园距离克利夫兰市中心"只有32分钟"，是"克利夫兰最好的郊区住宅地产"，具有"纯净的空气、森林场地、私人公园、海水浴场的特殊优势"。[15]

公园的社会设计和物质设计为建设不同于更个人主义的湖畔庄园的社区提供了可能性。有几个因素加强了克利夫顿公园是一个平等的社区的概念：更一致的地段大小，正式的社区组织，以及公园式环境的主导地位。自我选择和高土地成本产生了一个人口和景观都相对单一的社区。

房屋结构是多样的，但新居民将房屋设计控制在社区制定的非正式标准之内。虽然这些房子与莱克伍德市的大多数房子相比都很大，但很少有舞厅和保龄球道。住宅里确实有大的公共区域用于娱乐，但社会生活的中心是克利夫顿俱乐部，它为"会员和客人提供娱乐、休闲和享受"；它鼓励"文化和智力的提高以及社交"。该俱乐部于1903年开业，一楼有一个大型接待室，二楼有一个"精心布置的"舞厅，三楼有客人住宿。[16] 海滩、游艇俱乐部和码头为克利夫顿公园增添了不少便利。

与湖畔庄园的业主不太可能参与社区事务（例如反对开发更多的公寓）不同，克利夫顿公园的居民则更多地参与莱克伍德事务。俱乐部不定期举办重要社会组织和文化组织的会议，居民在城市的决策过程中发挥了关键作用。这种权力使他们在20世纪60年代推迟了但没能阻止穿过克利夫顿公园的六车道干线公路的建设。尽管如此，该社区仍然保留了大部分的物质特征，即使没有保留社会精英。

### 经济公寓区："村"

当精英们寻找郊区住宅用地时，制造商们则在城市边缘沿着铁路线寻找大块的廉价工业用地。19世纪90年代初，总部设在克利夫兰的国家碳公司在莱克伍德东南角的纽约中央铁路走廊上购买了一大片土地，并建立了一家工厂，生产电动机用电刷和灯用电弧碳。其他公司，包括温顿（Winton Motor）汽车公司和格利登清漆公司（Glidden Varnish），很快也在附近建厂。

作为该地区的工业先驱，国家碳公司意识到，该地点远远超出了有轨电车线路的终点，而且很少有非技术工人能够负担得起新郊区的生活。1894年，也就是在戈特曼开始布局克利夫顿公园的同一年，国家碳公司的房地产分公司在工厂以西绘制了一个住宅区，计划沿着8条小街挤下424块小土地（通常为40英尺①宽，115英尺长）。[17]

与克利夫顿公园和湖畔庄园相比，该"村"的居民大多祖籍为英伦三岛，该"村"是作为东欧工人阶级的定居点出现的。[18] 为国家碳公司建造工厂的斯洛伐克移民获得了先机，并成为该公司非技术工人的主要来源，并最终主导了该社区的人口。到1910年，斯洛伐克人占该"村"居民的70%，波兰人、乌克兰人和喀尔巴阡山脉的移民（Carpatho-Rusyn）占了其余的大部分。[19]

由于工作时间长、工资低，"村"的居民们在拥有房屋方面面临的障碍比其他莱克伍德居民大得多。[20] 为了帮助自己，"村"的居民们成立了一个建筑和贷款协会，在房屋建设方面互相帮助。尽管他们的资源有限，许多人还是建造了大房子来安置他们的家庭——无论是核心家庭还是大家庭，还是寄宿者。另一些人则建造了小型公寓或前后两间的、可以产生租金的房子。这也为其他人提供了住房，特别是那些在莱克伍德市其他地方付不起租金的单身男子或小家庭，他们不想从市中心的移民飞地通勤。许多租房者最终攒够了钱，建立了自己的家。[21]

这些条件造就了莱克伍德最紧密的邻里关系，其居住密度堪比许多市中心区域。在1920年的人口高峰期，该"村"居住了4000多人（平均每英亩为78人）。同年，莱克伍德市平均每英亩为14人，而克利夫顿

---

① 1英尺=0.3048米。——译者

公园和邻近地区为 6 人；事实上，只有两个克利夫兰人口普查区的密度超过了该"村"。[22]

"村"的景观有效地掩盖了这种密度，即使在今天，对建筑外观的视觉分析也会产生误导性的结论。东欧的建筑商借鉴了传统的技术，但一般来说，他们的房屋外墙与周围地区的房屋外墙并没有太大不同。[23] 许多结构似乎是典型的两层半独栋住宅或传统的克利夫兰双排住宅，而后面的房屋从街上基本看不到。虽然这些形式的建筑占了一部分，但在 1930 年，74% 的"村"的家庭居住在三个或更多单元的多户建筑中。[24]

"村"的住宅建筑商打造的房屋结构，其深度大于典型的单户和双户住宅。前门只通向一个公寓，两个侧门却通向其余单元。内部格局各异，有 3~8 个两室（且没有热水系统）的公寓单元；房子的结构有足够的可塑性，可以重新打造不同的格局。这种公寓的起源仍不清楚。它在克利夫兰的移民区数量有限；与"村"的其他建筑元素一样，它更多地反映了斯拉夫的民居模式。[25]

这种住宅景观很适合该地区的需要。由于许多新居民突然被推到这个地区，融合和社会控制成为主要问题。然而，家庭"收养"了寄宿者，公寓的建造者将室内空间设计成只有 2~4 个家庭可以使用的走廊。这与典型的廉价公寓形成了鲜明的对比，在那里，许多家庭共用一个入口和走廊。[26]

虽然单个房屋建造者决定了场地、外墙设计和内部空间的安排等问题，但集体的结果产生了一个公共景观。在狭窄的街道和小块土地（均由公司的细分计划决定）等限制，以及面向街道的房屋仅出小前院和街道分隔的条件下，"村"的居民的居所形成了一个紧密的物理结构。虽然有些居民选择用栅栏标出他们的前院（这种做法在莱克伍德的其他地方并不常见，除了湖边的庄园），但前廊、院子，特别是街角仍然成为常见的聚会场所。毫不奇怪，"村"拥有莱克伍德市最活跃的街道生活。

"村"的居民们以其他方式调整他们的环境以适应他们的需要。为了补充收入或获得独立的就业，许多人开始自己做生意。即使是在 1930 年的大萧条时期，城市黄页中也列出了 120 多家企业，包括 25 家杂货店、17 家烘焙店和甜品店。[27] 虽然主要的购物区位于麦迪逊大道，但整个"村"反映了这种创业活动的爆发。一些居民在自家门前建起了小房间，以容纳他们的生意，从而增加了"村"的城市质感。

该社区的 8 座教堂主宰了天际线，并规定了其宗教、社会和文化生活。尽管工资低且有其他家庭需求，但"村"的居民们在开始建造房屋的同时，也开始组建宗教团体。不久之后，教堂和教会学校的实际建造就开始了。"村"的居民对教堂的设计和运作进行了控制，以确保本土设计、语言和习俗得以保留。这些教堂通常位于房屋和商店旁边，进一步促进了该地区的城市化。

居民们普遍发现自己与大社区的生活隔绝。"村"被东边和西边的工厂、南边的铁轨和北边的一条商业街所隔绝，在种族和阶级上与莱克伍德的其他居民有很大的不同。"村"的居民们面临着来自其他郊区居民的蔑视。大多数"村"的居民步行到附近的工厂工作，他们的其他活动都是在附近或在克利夫兰的类似飞地进行。因此，除了那些做家务的人外，大多数"村"的居民与莱克伍德市其他居民的非正式接触很有限。

今天，"村"的景观基本上没有变化，但有几个重要的例外。许多廉价公寓的业主已经将建筑重新打造成更少、更大的公寓，大多数房前屋后的商店已经被改造成家庭房。

## 中莱克伍德

在中莱克伍德，即北部的湖畔庄园、西北部的克利夫顿公园和东南部的村庄之间的长且宽的区域，出现了一个最常与有轨电车郊区相关的景观。虽然纽约、芝加哥和圣路易斯铁路从 19 世纪 80 年代到 1893 年提供通勤服务，但中莱克伍德的发展是与有轨电车线路的延伸紧密相伴的。底特律街的线路于 1893 年开始服务，加速了该街道精致的农场景观的转换。1902 年，克利夫顿大道线路鼓励发展北向到湖泊大道。麦迪逊大道的有轨电车服务直到 1917 年才开始，因此，南莱克伍德的发展最晚。

发展的顺序也取决于土地所有者，其中许多人是成功的农民，他们将农场土地划分为房屋用地或出售给开发商。当他们这样做时，出现了一种折中的模式。每个开发商各自决定地块的宽度和深度；由于大多数开发项目只有几个街区宽，这就产生了一种起伏的纹理，每几个街区就有一个起伏。一些街道的地块又长又深，而另一些则比较浅。与克利夫顿公园的半英亩土地和"村"的 40 英尺 × 15 英尺的土地相比，中莱克伍德的一块土地平均约为 45 英尺 × 150 英尺。[28]

为了销售他们的土地，开发商广泛地做广告，吸引了相当多的白人中产阶级人口。可用性、位置、成本和地块大小是家庭选址的主要标准；这使来自不同职业、宗教和种族背景的人聚集在一起，他们的主要共同点是他们先来到当地的先驱地位。一些新来的人从开发商那里购买地皮，然后自己建房，从西尔斯·罗巴克（Sears Roebuck）公司订购成套房屋，或雇用承包商；另一些人则租用或购买开发商投机性建造好的房屋。不管是什么做法，大多数建筑商的房屋选址都要符合邻近房屋的建筑后退要求。

虽然很少有新的郊区居民对这一新兴景观的形式进行控制，但他们在使用方式上打造了自己的印记。居民们在同一时间搬入一个新的开发项目；由于类似的土地成本和新房屋所有权的共同问题，他们很快就建立了牢固的联系。大多数新的郊区居民是年轻的、核心的、养育子女的家庭。作为一个没有什么支持系统的先驱，他们很快就学会了依赖邻里以获得帮助和发展社交生活。邻居们共同照顾孩子，一起购物、娱乐。居民们还成立了街区协会，这些组织赞助社区活动，如 7 月 4 日的庆祝活动、在市政厅进行游说、与顽固的公用事业公司交涉。在缺乏社区活动、设施和意识的情况下，新的郊区居民最初的取向是拥有强烈的在地性。[29]

中莱克伍德的布局支持这些活动。该地区略微隆起的独栋和双排住宅为中产阶级家庭提供了隐私，而密集的住宅景观则允许玉米种植事业所需的互动。[30]有限的交通、狭窄的街道和前廊拉近了邻居之间的距离；很少有居民竖起前院栅栏来阻止这种互动。

随着中莱克伍德人口的增长，那些兴趣相投但不邻近的居民开始形成大量宗教组织、兄弟会、社会组织、娱乐组织和文化组织。当"村"的居民们继续依赖邻里机构，而公园的居民把注意力集中在克利夫顿俱乐部时，中莱克伍德则分裂成一系列的有限责任社区。邻里活动仍在继续，但居民越来越多地与那些有共同兴趣的人共度夜晚。[31]

随着以兴趣为基础的社区组织的确立，较新的居住区反映出邻里关系的淡化。到了20世纪20年代，新住宅的特点是门廊较小，有些只有一个门槛，反映了战后汽车郊区更典型的模式：将房子重新放置在后院。到20世纪70年代，许多居民都搬到了新的后院露台上。

然而，社区的限制继续促进着邻里之间的互动。中莱克伍德，像"村"一样，是一个步行的郊区；大多数男人乘坐有轨电车上下班，他们在往返有轨电车站的路上经过邻居家，并一起乘坐电车。由于家里只有冰柜或小冰箱，家庭主妇们几乎每天都要购物，这就保证了邻居们会定期交流。

## 公寓景观

"村"和中莱克伍德的居民都非常需要便利的购物途径。与"村"不同，中莱克伍德将商店限制在两条主干道上，即底特律街和麦迪逊大道，沿着这两条主干道，建筑商们建造了密集的两层或三层的砖砌建筑，紧贴人行道。沿着这两条街道，居民可以找到小型杂货店、农产品店、肉类店和药店，以及面包店——这些商店与街头小贩一起，提供日常生活的必需品。

相当多的公寓居民住在商店的楼上和住宅区街道拐角处的单元里。商业建筑通常只包括两套上层公寓；其他建筑，特别是邻近住宅区街道上的公寓，包含更多的单元。这类住房的户型，从两个带浴室的房间，到四室或五室的套房不等；有些还提供阳光客厅。[32] 这部分公寓景观提供了舒适的、实惠的、靠近有轨电车线路的住房。

相比之下，在著名的克利夫顿大道、湖泊大道和艾德沃特大道上，在与克利夫兰交界的地方，以及在莱克伍德市中心的克利夫顿和伊利湖上，也都建起了公寓楼。这些建筑从周围脱颖而出，提供了一个高档的环境；它们也引起了邻居们的强烈反响。与邻近的大型独栋住宅相比，这些三至四层的砖砌公寓紧贴人行道，产生了一种密度感和体积感。一些公寓拥有多达 50 个单元；一个十层楼的公寓酒店包含了近 450 个单间。

湖畔庄园、克利夫顿公园和中莱克伍德的居民对拆除"村"几乎无能为力，这对他们的感情是一种侮辱，但对社区行动来说似乎为时过早；然而，他们在"少年晚期"时就组织得足够好，以至于发起了一场反对增加公寓建筑的运动。由于担心财产贬值和城市垃圾的涌入，居民们成立了莱克伍德业主保护协会，以阻止进一步的公寓建设。到 1918 年，他们说服市议会通过了一项法令，"以防止城市中某些美丽的住宅区被难看的、廉价的、造成拥挤的公寓房所毁"。[33]

尽管有这些顾虑，这种公寓景观往往提供了更好的设施，租金相当于或高于许多中莱克伍德独栋或双排住宅的租金：4～7 个房间的"现代套房"，有蒸汽暖气、电梯和室内停车场，有些还能看到市中心的景色。这种公寓为居民提供了郊区生活的好处，而没有维修的负担。一家公寓式酒店被称为"西边的第一家这种类型的酒店"，承诺提供电梯、室内车库、餐厅、舞厅、海滩和一个小型船港。[34]

虽然公寓开发商引起了很多人的反感，但他们的租户在很大程度上仍然不为大社区所待见。他们大多数是白人和土生土长的人，因此很容易融入郊区的人口中。家庭可以利用公寓作为租赁或购置房屋的踏板。其他人的生活方式与郊区的普遍情况不同，可以保持匿名性。无论是哪种情况，公寓居民都受益于郊区的地理位置，这里有良好的购物环境和便利的、可以到达克利夫兰市中心的交通设施；然而，这些居民对环境的影响和使用却更难追踪。

与莱克伍德的其他地方不同，自1950年以来，公寓景观急剧增长。虽然现有的结构保持不变，但新的建筑在湖畔庄园的东部创造了一个高层的"黄金海岸"；新的公寓项目遍布中莱克伍德的大部分地区。

视觉分析为莱克伍德新郊区居民在世纪之交及其后的生活模式提供了重要的见解。虽然变化的力量改变了他们生活的景观，但仍有许多视觉证据提供了可以对照历史记录进行测试的数据。在这项关于莱克伍德的研究中，许多传统的历史记录不会揭示出如此多不同景观的存在，但它们作为支持证据是很有价值的。此外，历史视觉分析有助于揭示阶级和生活方式的充分多样性。

过分依赖现有景观的视觉分析是有危险的。湖边的许多地产都消失了，只有历史记录才能表明它们存在过。[35] 阅读现有景观需要在其他方面小心。克利夫顿公园被一条六车道的公路一分为二，没有围墙和大门，今天看来是湖泊大道附近住宅的延续。更具误导性的是看起来像是一室或两室乡村公寓的外墙。

然而，对于对普通人的生活方式和生活秩序感兴趣的社会历史学家来说，视觉分析可能是一个强大的工具。在莱克伍德，就像在许多其他社区一样，视觉分析或许可以揭示不同群体的人在建造和维护与他们相邻的环境形成鲜明对比的独特环境方面所做的努力。每个景观都反映了居民的资源和需求。

最后，观察物理环境和空间的使用方式，可以双重检验我们对一种文化的理解。但与其他研究方法一样，视觉分析并非万无一失。我们必须进一步理解空间是如何组织和使用的，并确定其含义。

## 注释

作者感谢理查德·沃克和托德·W. 布雷西对本文的有益批评以及对本文的修改建议。

1. 在本文中，景观这个词指的是由许多个体努力创造和改造环境以适应他们的需要而产生的地方网络。在个人决定成为共同反应的程度上，一种文化模式开始出现；而当模式占据主导地位时，它们会产生一种独特的景观。景观既包括物理形式，如建筑和开放空间，也包括这些形式的使用方式——两者都赋予环境以意义。

2. Kenneth T. Jackson, Crabgrass Frontier: The Suburbanization of the United States (New York: Oxford University Press, 1985). 萨姆·巴斯·华纳（Sam Bass Warner）在波士顿郊区记录的"小模式的编织"并不反映这里的多样性程度。Warner, Streetcar Suburbs: The Process of Growth in Boston, 2d ed. (Cambridge: Harvard University Press, 1978): 67-116.

3. 在本文的后面，我用城中村（urban village）来指结合了农村村落和城市生活元素的景观。Herbert Gans 用这个词来指代内城的族裔飞地，其生活"类似于在村庄或小镇，甚至是在郊区"，见 Gans, *The Urban Villagers: Group and Class in the Life of Italian-Americans* (New York: Free Press, 1962): 15。

4. 这些可能是少算了的。人口普查分区跨越景观，使精确的数字难以确定。Howard Whipple Green, *Population Characteristics by Census Tracts: Cleveland, Ohio, 1930* (Cleveland: Plain Dealer Publishing, 1931): 57, 116; 以及 U.S. Census, Population Schedules, 1910。

5. 历史学家玛格丽特·马什（Margaret Marsh）将 20 世纪初的郊区描述为"绿色景观丰富、安全、同质化，并且清除了穷人、激进分子和种族嫌疑人"。见 Margaret Marsh. "From Separation to Togetherness: The Social Construction of Domestic Space in American Suburbs, 1840—1915," *Journal of American History*

76 (September 1989): 522。相比之下，视觉和空间分析专业的学生展示了其他类型的郊区。约翰·斯蒂戈描述了富人住宅的精英"边界地带"，"彼此相距甚远……只在自己的土地上投下阴影"，而罗杰·巴尼特（Roger Barnett）将"自由主义郊区"视为"无序的房屋阵列"，主要由"穷人或收入不高者"建造。见 John R. Stilgoe. *Borderland: Origins of the American Suburb, 1820-1939* (New Haven: Yale University Press, 1988): 11; 以及 Roger Barnett. "The Libertarian Suburb: Deliberate Disorder," *Landscape* 22 (Summer 1978): 44-48。关于工人阶级郊区的讨论，见 Richard Harris, "American Suburbs: A Sketch of a New Interpretation," *Journal of Urban History* 15 (November 1988): 98-103。

6. 本章的研究借鉴了多年的实地研究和参与者观察。关于历史视觉分析方法，见 James Borchert, "Analysis of Historical Photographs:" *Studies in Visual Communication* 7 (Fall 1981): 30-63。关于多重确认，见 Eugene J. Webb et al., *Unobtrusive Measures: Nonreactive Research in the Social Sciences* (Chicago: University of Chicago Press, 1966): 5。

7. Jim Borchert and Susan Borchert, *Lakewood: The First Hundred Years, 1889-1989* (Norfolk, Va.: Donning, 1989): 40, 109, 129.

8. Green, *Population Characteristics*. 5.

9. Green, *Population Characteristics*. 5.

10. Borchert and Borchert, *Lakewood*, 108, 133.

11. Green, *Population Characteristics*, 1. 莱克伍德可以被视为"城市郊区"。我在其他地方发现了这种类型的城市聚落，它有着巨大的、异质的、密集的人口；见 "Residential City Suburbs: The Emergence of a New Suburban Type, 1880-1930," *Journal of Urban History 22* (March 1996): 283-307。

12. 在其他地方，我还报道了另外两处湖畔景观——一处是成功的农民开发商的居住地，另一处是西区的土生土长的工薪阶层的飞地；见 "Cities in the Suburbs: Heterogeneous Communities on the U.S. Urban Fringe, 1920-1960," *Urban History* 23 (August 1966): 223-224。

13. U.S. Census, Population Schedules, 1910; Fred McGunagle. "Millionaires' Row Falls to More Modem Era." *Cleveland Press* (19 Jan. 1961); Tom Barensfeld,

"Lakewood Salutes the Arts," *Cleveland Press* (5 Aug. 1978); Tom Barensfeld, "Lakewood's Largest Home Was a Castle," *Cleveland Press* (22 July 1978).

14. 见 Robert L. Vickery, Jr., *Anthrophysical Form: Two Families and their Neighborhood Environments* (Charlottesville: University Press of Virginia, 1972): 1-40。戈特曼在克利夫兰的同事迈伦·沃斯（Myron Vorce）可能是克利夫顿公园计划的制订者。

15. "The Clifton Park Land Improvement Company" (Cleveland: Clifton Park Land Improvement Co., no date).

16. Clifton Park Land Improvement Company incorporation papers, 转引自 Blythe Gehring, *Vignettes of Clifton Park* (Cleveland: private printing, n. d.): 25.

17. Cuyahoga County Treasurer's Department, tax duplicates, 1894-1923. James Borchert and Susan Danziger-Borchert, "Migrant Responses to the City: The Neighborhood, Case Studies in Black and White, 1870-1940," *Slovakia* 31 (1984): 8-45; 以及 James Borchert and Susan Borchert, "The Bird's Nest: Making of an Ethnic Urban Village," *Gamut* 21 (Summer 1987): 4-13.

18. 尽管该社区现在几乎只被称为"鸟城"（8条街道中有5条以鸟类命名），但居民们过去称它为"村"。Margaret Manor Butler, *The Lakewood Story* (New York Stratford House. 1949): 228。

19. Jan Pankuch, *Dejiny Clevelandskych a Lakewoodskych Slovakov* (Cleveland; no publisher, 1930): 22; Cuyahoga County Auditor, Tax Maps; U.S. Census, Population Schedules, 1910.

20. Pankuch, *Dejiny Clevelandskych*, 24.

21. City of Lakewood Building Department, building permits, 1900-1982.

22. Howard Whipple Green, *An Analysis of Population Data by Census Tracts* (Cleveland: Cleveland Health Council, 1927): 11-12.

23. 建筑许可证表明，许多建筑商建造自己的房屋或雇用邻居来建造；斯拉夫人的姓氏在财产记录和建筑许可证中占主导地位。见莱克伍德市建筑部门的建筑许可证，以及 Borchert and Borchert, "Migrant Responses," 23-24。

24. Green, *Population Characteristics*, 116. 即使是敏锐的观察者，也忽略了多家庭单元的范围：Eric Johannesen, "The Architecture of Cleveland's Immigrant Neighborhoods," in Edward M. Miggins, ed., *A Guide to Studying Neighborhoods and Resources on Cleveland* (Cleveland: Cleveland Public Library, 1984): 109-113; 以及 Steve McQuillin, *Birdtown: A Study of an Ethnic Neighborhood* (Lakewood: Ohio Historical Preservation Office, 1991): 3, 5。

25. 我只是通过穿透侧门才发现这种安排。今天，外部电表和城市名录显示了单元的数量。关于它的起源，见 McQuillin, Birdtown, 8。

26. 雅各布·里斯（Jacob Riis）等早期的住房改造者攻击公共走廊，认为其对社会秩序构成威胁，并敦促限制每个入口的单元数量。Jacob Riis, *How the Other Half Lives* (1890; reprint, New York: Dover Publications. 1971): 228-229.

27. *Cleveland City Directory, 1930* (Cleveland: Cleveland Directory Co., 1930).

28. C. M. Hopkins Co., *Plat Books of Cuyahoga County, Ohio, 1927*, Vol. 6 (Philadelphia: G. M. Hopkins, 1927; revised to 1937).

29. Borchert and Borchert, *Lakewood*, 130. William H. Whyte 描述了在一个战后郊区的相似的反应，参见 *The Organization Man* (Garden City, N.Y.: Doubleday, Anchor. 1956): 365-404。

30. Clifford Edward Clark. Jr., *The American Family Home, 1800-1960* (Chapel Hill, University of North Carolina Press, 1986): 99.

31. Borchert and Borchert, *Lakewood*, 130-132. 赫伯特·甘斯（Herbert Gans）描述了的类似过程和社会模式，参见 *The Levittowners: Ways of Life and Politics in a New Suburban Community* (New York: Vintage, 1967): 44-48, 51, 124-125 以及 "Park Forest: Birth of a Jewish Community," *Commentary* 11 (April 1951): 330-339。有限责任社区的概念来自 Gerald D. Suttles, *The Social Construction of Communities* (Chicago: University of Chicago Press, 1972). 44-81。

32. 例子见 *Cleveland Plain Dealer* (1 January 1917): 16, and (26 January 1928): 7。

33. *Lakewood Suburban News*, 1920. 另见 *Lakewood Post* (22 May 1930): 1 和 (26 June 1930): 1。

34. *Lakewood Post* (22 March 1928): 1, 6.

35. 另一方面，即使是细心的观察者也可能从现在的景观中误读过去。最近一篇关于莱克伍德的文章以一个错误的观察开始，认为"伊利湖沿岸的豪宅依然辉煌"，见 Karen DeWitt, "Older Suburbs Struggle to Compete with New," *New York Times*, 26 Feb. 1995: x10。

# 第 3 章
# 作为文本的景观和档案

德里克·W. 霍兹沃斯（Deryck W. Holdsworth）

视觉信息（以及景观）可以成为研究，尤其是教学的有益催化剂。[1] 在本章中，我不仅考察了利用视觉线索和档案证据的工作，而且试图将所谓的"景观传统"置于不断发展的人文地理学研究框架之中。

根据我自己在历史研究方法方面的训练，我认为景观在很大程度上是一个遗迹库，仅仅是对当前的场景有贡献的过去的东西中的一小部分。对景观的考察只揭示了在世界范围内发挥作用的社会和经济力量的部分证据。因此，对于任何关心、了解长期变革的人来说，传统的景观分析不可避免地只提供了有限的调查范围。为了超越景观，档案（或更广泛的历史记录）提供了更坚实的证据，并可激发对社会和经济变化更丰富的分析。

## 解释所见

所有的视觉都是主观的，最终所有的解释都是个人的。我们如何解释我们所看到的？瑞典地理学家托尔斯滕·海格斯特兰（Torsten Hägerstrand）最近反思了为什么景观传统很少让几代社会地理学家满意："通常理解的景观概念的一个主要困难是限制在事物的视觉表面。我相信这种局限性解释了为什么卡尔·绍尔（Carl Sauer）对人类施为（human agency）在时间中的后果有着的浓厚兴趣，很快就超越了他最初的表述。

大多数其他学者也是如此,只要他们试图解释他们所观察到的东西。"²

当我完成我的博士论文时,我意识到自己被强力拉到景观传统之外。我花了几年时间试图积累证据,从而了解为什么在20世纪初,北美西海岸的建筑商建造、消费者拥有或租用了一系列独特的住房类型。³然而,尽管我认为通过在温哥华的街道上行走或开车,我现在已了解了安妮女王的房子、加利福尼亚的平房、都铎式的别墅和其他几十种住房类型,但我眼前的风景是一个通常超过半个世纪的、被当前生活不断改变的风景。我遇到的是被人们重新估价的房屋、花园和邻里的组合,而这些人与那些参与其早期发展的人有很大不同。

我的眼睛所能看到的所有纹理,例如某个建筑商对装饰处理上的细微差别,或某个建筑师的设计偏好,只是土地和房地产开发的特定战略中的设计变体。更有趣的问题则与这些"花色大全"背后的力量有关——木工/承包商的企业规模、房地产公司在划分特定地块时的策略,以及更抽象的抵押贷款市场和土地市场的运作,因为它们赋予了劳动力一系列的购买可能性。哪些社会过程在塑造物质形态?

温哥华早期的人口普查和评估记录几乎不存在,建筑许可证只提供了房屋的成本和业主、建筑商和建筑师(如果有)的名字。因此,现存建筑环境的一些特征——例如街道和地块模式、房屋尺寸、建筑后退以及结构的(后期)视觉外观——可以揭示一些有用的形态学证据。⁴但我对这些证据研究得越多,就越发现,如果真的对工人阶级的住房感兴趣的话,探究关于生活水平、工资单价、土地成本和建筑业的组织转变(最终是住房、土地和劳动力的成本)的数据似乎才更有益处。⁵表面可以提供部分解读,但底层结构仍然不可见。

对我来说,要解答我最初的问题,绕不开房屋所有权。温哥华是一个工业城市,大多数就业与锯木厂、罐头厂、码头或铁路有关。在这样一个工业城市,工人阶级似乎过得出奇地好。与英国工业城市或北美东部城市[如多伦多（Toronto）或布法罗（Buffalo）]相比，我在温哥华统计出了极高的房屋拥有率。然而，新兴的马克思主义社会地理学告诉我，这种高水平的房屋所有权是一个骗局——房屋所有权，或者更准确地说，抵押贷款的负债，只是单纯地保证了温顺、稳定的劳动力的供给。[6] 我的结论是，关于工人阶级住房的社会意义的进一步工作，必须超越风格和外观所能揭示的东西；我的数百张景观幻灯片不再是要分析的数据，而是帮助我绕了一圈，用一些具体的图像吸引读者（或课堂上的学生），但论点是从其他数据中形成的。此外，当我离开熟悉的温哥华，到欧洲大陆的其他地方工作和教学时，并且当我越来越意识到，我对西海岸景观的解读揭示了我的阶级和种族背景时，[7] 景观方法的主观性开始困扰我。

然而，我不愿意完全放弃这样一种感觉，即看到的房子揭示了一个人的境况。作为自我象征的房子[8]是重要的，所有权的存在意义是有价值的，即使它意味着从资本/劳动的角度来看是一个"浮士德式的交易"。如果这值得追求，是否可以用景观的角度来追求？在前工业时期的民间社区，房屋和文化之间的联系，人工制品和个人之间的联系，总是比在以消费为导向的工业社会中更容易界定。这就是为什么由弗雷德·克尼芬（Fred Kniffen）和埃斯廷·埃文斯（Estyn Evans）建立的许多传统在文化地理学中有着持久的追随者。[9]

然而，正如约翰·雅克勒（John Jakle）、罗伯特·巴斯蒂安（Robert Bastian）和道格拉斯·迈耶（Douglas Meyer）就大西洋沿岸到密西西比河各州的20个小镇的"普通住宅"所做的工作中清楚表明的那样，很难将普通住宅的概念应用于工业时代的定居景观。[10] 他们对美国小镇现存的景观证据进行了考察，这是一次有趣的旅行，但不幸的是，他们没有得出什么结论。也许可以理解的是，这些不言而喻的结论指出了文化—区域研究的局限性，以及对住房市场和住房产业的政治经济学进行研究的更坚定的需要。

当然，个人确实通过他们的住房来表达自己。油漆颜色、草坪装饰以及人们购买的其他表面装饰标志着个人的主权，而且往往会呈现出有趣的集体模式。例如，引人注目的是，最近在多伦多，一些葡萄牙移民通过选择外墙涂料的颜色、添加宗教艺术品或改变门廊和屋顶轮廓线来改变现有的住房。但由于各种原因，来自亚速尔群岛的其他移民并没有以这样的图标方式表现自己，他们的民族或阶级景观标识是无法辨认的。

民族性和阶级性在景观中仅被部分地且往往模糊地揭示出来。当我搬到宾夕法尼亚州后，对煤矿和钢铁生产区的工业城镇的反复走访使我逐渐产生了一种研究的好奇心，即在一些工人阶级族群（有些可以从邻近的、醒目的教堂尖顶得到暗示）社区的后巷里，房子/车库/马厩的奇怪混合体的意义。虽然景观证据作为催化剂很有用，但往往很快就被证明是不相关的。对桑伯恩（Sanborn）公司的历史火灾保险地图册的考察显示，今天幸存的小巷建筑仅仅是已建成总数的一小部分。当这些地图与人口普查报告手稿、税收评估清单和抵押贷款记录相互参照时，就有可能构建出一幅迷人的画面，描绘出在转型的工业经济中，在产业资本和部分劳动力"适时生产"（just-in-time production，只有在需要时才生产）时，小巷房屋所承担的是为新移民提供出租房的角色。[11]

如果仅仅通过对视觉证据的分析来满足好奇心，我所发表的文章和证据将完全不同。那种情况下，我会关注小巷的形式和材料与地块前面的房屋相比是否独特或相似。但是，说实话，这种方法会被一种浪漫的概念所推动，即这些小巷的房子是有机的，即使地块前面的房屋是大规模生产的——这里是工业生产中的民间建筑——但这并没有什么证据可以说服任何人。仅仅依靠景观证据来研究这种非正式住房，就会像用这些城镇中教堂尖顶的轮廓来解读民族性一样，从而关闭了探究一系列职业、阶级和家庭特征的分析路线，并将民族类别开放给更广泛的审查。聚落形式的变迁为景观观光者提供了短暂的证据，但只有在土地和房地产市场,以及对分区等法规的政治抵制等问题上开展工作,才能为在历史上特定的城市社会空间背景下理解遗迹景观提供更坚实的研究基础。[12]

我们回溯的时间越久,底层的、廉价的、不稳定的和有机的景观证据就越少。例如,迈克尔·斯坦尼茨(Michael Steinitz)令人信服地证明,马萨诸塞州只有非常有所偏重的一部分房屋留存到今天,并且仍然存在。田野调查表明,18世纪的景观以大型两层楼房为主,但是,斯坦尼茨写道:"最近的历史研究清楚地指出,文化地理学家依靠对少数现存建筑的实地勘察来重建历史样式的传统方法,存在着严重的问题。"[13]斯坦尼茨表明,乡村豪宅和小木屋是一个光谱的两端,其中压倒性的中心是"中产阶级农民的景观……由2~3个房间的单层楼房组成"。[14]对于那些喜欢画出向西传播箭头的人来说,作为建构文化发源地和文化区的唯一途径,视觉线索的价值被对历史记录的关注所贬低。[15]

如果我们考虑到有些人将城市景观,尤其是摩天大楼,视为一个清晰可读的文本,那么从景观中获得的知识和从档案中获得的知识之间的区别同样明显。[16]许多文化地理学家(和建筑历史学家)对建筑物的高度和风格斤斤计较,他们认为单纯的高度有着菲勒斯崇拜式的重要性。他们没有试图超越天际线和外墙,去探究那些在特定时间和特定地点产生出对办公空间的需要与需求的力量。[17]例如,在拉里·福特(Lorry Ford)的文章《阅读美国城市的天际线》("Reading the Skylines of American Cities")中,他对不同时代的地标建筑给予了太多的关注,并暗示冠名这些摩天大楼的公司是唯一的租户。他断言:"对于经济、规划、社会和审美意义而言,阅读视觉轮廓具有一定的重要性。"[18]似乎只有一点问题,那就是众多投机性的办公大楼使天际线变得混乱不堪:"如今有时很难读懂天际线,也很难知道有多少空间被实际使用。"[19]尽管查看这些大楼门厅里的租户名单会产生不同的解读,但要理解他所关注的历史性地标建筑的"经济、规划、社会和审美意义",还需要关注企业历史记录、房地产记录等。

　　福特对一些经典的纽约摩天大楼的处理很有启示意义。他把1909年建成的高达700英尺的大都会人寿大厦(Metropolitan Life Building)视为四面可见的独立建筑,并没有意识到塔楼部分是在麦迪逊大道建筑计划(开始于1893年)的第八个阶段中建造的。在该公司在塔楼中增加主要是投机性的办公空间之前,整个项目已经用一组10~16层高的办公楼改变了一个街区的大部分,以及另一个街区的一部分。[20] 同样,1908年竣工的胜家大楼(Singer Building)也有一个地标性的612英尺高的塔楼,在当时是世界上最高的。但这也是一个建筑项目的一部分,该项目在10年前就开始了,有10层和14层的建筑(胜家缝纫机公司在其中运营),外加这座细高的、办公空间利用率低的塔楼。[21] 伍尔沃斯大厦(Woolworth Building)可能有792英尺高,但也许更有意思的是,当该大厦在1914年开业时,伍尔沃斯公司只占用了24层和23层的一部分,而且塔楼许多地方的租金比低层要低。

　　这3座大楼都不能简单地被解读为总部大楼:它们和周围的无名普通大楼一样,都是投机股市的一部分。胜家、大都会人寿和伍尔沃斯大厦当然吸引眼球,但附近正在建造的其他几十座新的摩天大楼提供了数倍的办公空间。如果说天际线上的地标性建筑是大胆的标题,那么这更广泛的房地产目录——通过商业目录和公司历史的研究——则提供了容易被忽略但重要的小号字印刷的细节。经过仔细辨认,这些文字仍然是可读的,它们提供了一个更全面的群像。[22] 可是,哪种文本应该被阅读,而又如何深入阅读呢?[23]

　　有趣的是,福特用扩散的概念来研究为什么摩天大楼在20世纪20年代之前只是缓慢地被推广到纽约以外的地方。同样,扩散的概念很容易与景观方法一起出现,作为强加一个过程的努力,并因此暗示一种解释,即摩天大楼在特定时间出现在特定地点。据称，这种扩散所产生的景观群像几乎完全没有任何经济力量的感觉，也没有任何城市成为经济系统管理控制点的感觉。[24] 到 1930 年，西雅图可能是仅有的 11 个拥有超过 500 英尺高的摩天大楼的城市之一，但不在这个名单上的费城，其办公空间比西雅图多很多倍。市区垂直投影的转变可以与区域和国家经济体系的变化联系起来，但告诉我们这一点的文本可以在企业记录中找到更多。[25]

从这个对解读住房和摩天大楼的工作的简要审视中，我得出结论：文化景观方法的局限性在于它一直扎根于农村、前现代、非公司的世界。它在很大程度上是非历史的，它往往是个人主义和民粹主义的（因此与任何种类的阶级视角相矛盾），而且它很少涉及集体过程。那么，在发展更明确地关注社会和经济过程的研究框架的同时，保留景观方法的细微差别有什么可能性？

## 转向理论

断言人们必须运用超越文化景观的方法来进行有效的人文地理学研究，并不是要把景观或视觉的力量——作为一种催化装置、好奇心调节器，以及作为人们希望的对其他研究的确认——扫除在外。相反，这是受当今人文地理学内部潮流影响的一种评论。这种立场的背景是什么？为什么现在人们对景观方法有普遍的不满？

20 世纪 70 年代对于那些支持景观观点的地理学界人士来说是一个"好的 10 年"。当地理学领域重新调整自己，以应对 20 世纪 60 年代和 20 世纪 70 年代影响该领域的空间科学的过度行为时，人文地理学开始寻找自己的位置。人文地理学的支持者在会议上吸引了大量的人群，其纲领性声明也被广泛阅读。[26] 人们更多地关注普通人、普通地方以及真实的、活生生的人，而不是一个系统中的一些抽象的点。在人文地理学的这把"大伞"下，有"景观视角"的一席之地。戴维·洛文塔尔在 20 世纪 60 年代对发展这种新的景观思维方式起到了重要作用。[27] 更多的人开始注意到约翰·布林克霍夫·杰克逊编辑出版的《景观》杂志。也许这个小组的代表性声明是 1979 年出版的由唐纳德·迈尼格编辑的由 9 篇文章组成的论文集《日常景观的解释》(副标题为"地理学论文")；[28] 特别有影响力的是迈尼格的文章《看的眼睛：同一场景的 10 个版本》("The Beholding Eye: Ten Versions of the Same Scene")和皮尔斯·刘易斯的文章《阅读景观的公理》("Axioms for Reading the Landscape")。

　　日常的风景、日常的人，以及日常生活无处不在。看到它们，真理就在眼前。例如，迈尼格为一幅插图加上了图注。图中是一条维多利亚式房屋构成的"日常"的街道，是在冬天拍摄的，周围是光秃秃的树木、灰色的雪堆和停放的汽车。图注写道："在对乡土的关注中，文化景观研究是那种寻求了解普通人生活的社会历史形式的伴奏。"[29] 刘易斯写道："我们的人文景观是我们不知不觉的自传。我们所有的文化缺陷和瑕疵，我们普通的日常品质，对于任何知道如何寻找它们的人来说都是存在的。"[30]

　　20 世纪 80 年代，景观研究小组对更广泛受众的吸引力消失了，这在很大程度上是因为人文地理学的转变。一种更加理论化的社会地理学 [ 也许《社会与空间》(*Society and Space*)杂志最能代表 ] 和更加政治化的分析，包括当代和历史地理学，出现并开始占据人文地理学的主流地位。普通人和日常地方仍然存在，但被视为社会、经济和政治变化（"转型"和"重组"是新词汇）中的元素，这些变化在从地方到全球的一系列尺度内上演。对当代社会地理学家来说，"普通"人更多地被看到的是他们在雇佣劳动和家庭领域的性别、阶级或种族特征，而日常地方则是被不同利益集团争夺的社区或地区。[31] 因此，传统的、基本上是景观的方法很少成为理解复杂社会地理的适当框架。

　　现在，通往理解普通人的途径是对性别、阶级、民族和种族进行更仔细地考虑。在人文地理学的景观传统中，几乎完全没有女性学者。³² 其产出很少与女性主义主题相联系。例如，珍妮丝·蒙克（Janice Monk）写道，"景观学术中的男性取向"³³ 忽略了编织、陶器和拼布等材料。³⁴ 公共历史学家海瑟·胡克（Heather Huyck）将大多数关于文化景观的书目资料归类为偏向于"男性与景观的互动，留下了许多有待研究和撰写的内容"。³⁵ 对许多女性主义者来说，这种景观传统提供了一种总体化的观点，没有考虑甚至常常不尊重女性的地位和参与。吉莉安·罗斯（Gillian Rose）在她关于女性主义和人文地理学的书中用了整整一章来讨论男性目光的问题，以及景观视角中令人不舒服的权力影响。³⁶

新的分析也考虑了阶级问题。斯蒂芬·丹尼尔斯（Stephen Daniels）研究了画家汉弗莱·雷普顿（Humphrey Repton）的景观委员会³⁷，以"阐释表面上看起来不存在的农村景观的冲突和紧张"，并利用雷蒙德·威廉姆斯的小说来探讨景观的重复性。³⁸ 唐纳德·米切尔（Donald Mitchell）研究的是与加州大学文化地理学家詹姆斯·帕森斯（James Parsons）所描述的不同的圣华金河谷（San Joaquin Valley），他以关于移民劳工的历史委员会的材料作为中心文本，通过它来观察资本如何努力使劳工的建筑环境尽可能地不可见，而这对该河谷成功的农业企业是至关重要的。³⁹ 而保罗·诺克斯（Paul Knox）从政治角度出发，寻找华盛顿特区躁动的城市景观背后的品位制造者和财产利益。⁴⁰

在美国、加拿大和英国，民族和种族一直是文化研究的核心焦点。⁴¹ 凯·安德森（Kay Anderson）对温哥华唐人街的研究更关注种族类别的构建，而不是划定建筑环境的标志。⁴² 彼得·杰克逊在对布拉德福德（Bradford）的毛纺厂的研究中表明，种族以及基于性别的劳动类别被构建和重新定义。⁴³ 萨拉·格尔曼（Sarah Deutsch）在"飞地景观"的标题下，却并没有依赖视觉景观，而是对语言、性别和经济体系进行了有效的分析，这些体系编织了一个种族关系的模式，"使西部成为一个混乱的地方"。⁴⁴ 托马斯·卡特（Thomas Carter）的工作是一个有趣的重新调整，他将"族裔"（ethnic）视为"民间"（folk）的同义词，将先锋建筑视为从旧世界到新世界的民间延续。他认为，犹他州的斯堪的纳维亚房屋不是民居，而只是圈地的受害者试图模仿从圈地中受益的农民在旧国家建造的资产阶级的、故意设计后的住房的尝试。[45]

因此，与重新定义了20世纪80年代区域地理学领域的对地区性的广泛兴趣相类似，从权力、冲突、阶级、性别和种族等内容入手是扩大人文地理学家视野的主要方式之一，以调查人和地区是如何以及为何被边缘化或重组的。在这种情况下，仅仅关注"景观"或"个人"就显得过于天真，因为这些标签掩盖了日常生活的重要决定性方面。在自己的研究类别中回避诸如阶级、种族或性别等问题，被认为是对现状的隐性支持。

皮尔斯·刘易斯的一篇深思熟虑的文章很好地揭示了方法间的差异，"面对模糊性"，他认为："布鲁克林大桥并不因为我们知道特威德老板（Boss Tweed，原名 William Magear Tweed）贪污了它的资金就不那么宏伟。它的几何形状也并不因为它的电缆是由汗流浃背的工人编织的，或者因为这座桥帮助把长岛（Long Island）的绿色山丘变成了纽约的一个喧嚣的郊区而不那么令人惊奇。"[46]

景观，如高速公路交汇处、夜间的炼油厂、曼哈顿式的天际线或平原农业企业，尽管有着企业背景，也依然很有观赏趣味，刘易斯让我们惊奇地发现其中的复杂性："只因为它反映了人类本身的奇妙多样性和复杂性。"[47] 这种研究方法与大卫·哈维（David Harvey）、理查德·沃克或尼尔·史密斯（Neil Smith）等学者关于资本塑造建筑环境和人群的研究方法，或约翰·弗雷泽·哈特（John Fraser Hart）关于美国农村随着农业实践和农场经济的改变而被改变的研究方法形成了明显的对比。[48] 对于这些学者和其他学者来说，对社会进程的关注需要更多的方法来应对

景观。⁴⁹

　　这种对文化、权力和理论的新的工作兴趣指向了一个新的文化地理学。这一转变的早期标志包括大卫·哈维对巴黎圣心大教堂建设的有力分析⁵⁰，他指出景观本身强化了陈词滥调和神话叙事；现实必须从其他材料中挖掘出来。同年，芭芭拉·鲁宾（Barbara Rubin）对商业街的起源进行了分析，她在其中看到了理性和非正式系统之间的紧张关系，以及小业主和公司特许经营的融合。她还指责了那些只是对如今商业街的混乱外观大发牢骚的人。⁵¹ 这两篇文章与迈尼格的《日常景观的解释》同年发表，都是利用历史证据来阐明当前景观的要素，并讨论意识形态和权力。

　　这些作品并不打算开辟一个新的分支学科。而20世纪80年代中后期的新文化地理学中的那些人确实打算通过强调意识形态、权力和符号论来进行重建。丹尼斯·科斯格罗夫和彼得·杰克逊的作品尤其重要，⁵² 吉姆·邓肯（Jim Duncan）、德里克·格雷戈里（Derek Gregory）和黎全恩的论点也是如此⁵³。对某些人来说，这是一场带有英联邦色彩的辩论，因为对这些从业者中的许多人来说，他们理解的文化意义受到了英国文化历史学家雷蒙德·威廉姆斯的影响。⁵⁴ 正如保罗·邓肯姆（Paul Duncum）最近总结的那样：

> 新马克思主义为英国的文化研究提供了更多的分析力量，而自由主义的多元主义则充斥在美国的大众文化研究中。马克思主义文化分析的优点是双重的，它涉及社会立场和方法。首先，在反对现状方面，马克思主义的分析相比那些或多或少是现状的一部分的立场而言，有更敏锐的眼光来看待文化实践的运作。其次，通过假设主导意识形态并强调其在文化理解中的中心地位，马克思主义分析建立了一个基础，在这个基础上，所有的文化产品和实践都可以以一种可公开争议的方式被描述和评估。⁵⁵

彼得·杰克逊最近试图通过与社会地理学和文化理论的对话来重塑文化地理学。他在一开始就宣称，他采用了比文化地理学家通常使用的更为宽泛的文化定义。他的项目的核心是认为文化"与政治和经济一样，是一个领域，在这个领域中，支配性的和从属性的社会关系处于相互协商和对抗的状态，在这里，意义不仅仅是被强加的，而且是被争夺的"。[56]

对于许多从事这种新的文化/社会地理学研究的学者来说，他们所寻求的社会进程必须从历史角度来看待。对艾伦·普雷奇（Allen Pred）来说，语言是他揭示工业化对19世纪斯德哥尔摩日常生活影响的核心；[57] 对迈克尔·沃茨（Michael Watts）来说，"地方的语法"是通过"权力的微观物理学、策略和解释的斗争，（以及）它们的重新组合和重新分类来揭示的。"[58] 结构化理论对巴尼·沃夫（Barney Warf）揭示建立、构造和重塑西北太平洋木材经济的力量显然是有用的，[59] 事实上，结构化理论为德里克·格雷戈里关于约克郡毛纺业的历史研究提供了参考。[60]

马克思主义的批判使有关建筑环境工作的学术议程更加清晰。乔恩·戈斯（Jon Goss）试图将建筑环境和社会理论联系起来，他评论说：

> 建筑的独特形式对于重建过去文化的空间模式无疑是非常重要的。然而，很少有关于建筑作为一种文化艺术品的地理研究能够超越这种简单的关联，去解释为什么建筑会成为文化艺术品，文化和建筑机构可能有什么关系，以及为什么有些形式被复制，而其他形式只能被作为遗迹保留下来。如果没有这样的理论，建筑地理学仅仅是人工制品地理学的一个组成部分，与犁铧地理学或厨房用具地理学一样。事实上，文化地理学家一般都没能像文化人类学家所主张的那样，把文化解释为社会关系、抽象信仰和物质或符号形式的统一综合体。地理描述明显单薄。[61]

对于约翰·布林克霍夫·杰克逊来说，个人住宅和乡土建筑是景观研究的核心要素，[62] 也是一般文化地理学家的"原料"，但对于对更广泛的社会、文化和经济变化问题感兴趣的研究者来说，这些"原料"却显得有些不足。

## 调和愿景、理论和历史证据

与地理学定量革命的许多方面不同，向更有理论依据的地区性或社会空间工作的转变并非与僵化的教条相关联。早期马克思主义思想对地理学的章法输入，以及最近在人文地理学中关于结构、解构和后现代性的辩论，已经被折叠成一个多元的视角。许多人认识到建筑环境作为社会关系的塑造者和反映者的重要性，很少有人愿意拒绝视觉证据的催化价值。[63] 向理论的转变影响了许多对建筑环境感兴趣的学者，对于那些优先考虑景观分析的人来说，理论是一个传统的研究重点。

第一，安东尼·D. 金提供了一个里程碑式的例子，说明如何从理论上接近文物。他对称为"平房"（bungalow）的住宅类型的分析超越了分类学以及印度、英国、欧洲和其他大陆的区域历史，考虑了资本主义、帝国主义、城市化和土地市场，从而为调查全球文化的产生提供了框架。[64] 第二，这组工作实例则传达了对日常生活和经济与社会的深层结构变化的有效理解，融合了地区性和景观，包括迈克·戴维斯（Mike Davis）对洛杉矶的研究，理查德·沃克对旧金山湾区的研究，莎伦·祖金（Sharon Zukin）对纽约的研究，以及保罗·诺克斯对华盛顿特区的研究。[65] 第三，这种理论化不一定是经济的，正如科尔·哈尼（Cole Hani）对福柯、哈贝马斯（Habermas）、曼恩（Mann）和吉登斯（Giddens）的历史地理学工作的潜在贡献的评论中所指出的那样。[66] 第四种变体强调图示和符号论的重要性，丹尼斯·科斯格罗夫在其关于威尼斯景观的工作中对此作了很好的阐述。[67]第五，地理学家特德·雷尔夫（Ted Relph）长期以来对无地方性景观感兴趣，他试图将自己的理解建立在哲学基础上，最近也基于历史记录，以校准标准化现代景观的演变及其原因。[68]在这个新的"利益群体"中，底线是需要明确认识到方法论上的困境，即确定一个特定的景观人工制品、其社会经济和审美背景以及直接生产和/或创造该人工制品的行为者之间的联系。[69]我们不是简单地阅读。

通过强调我个人对历史记录的偏好，我应该声明，我并不是要给一些次级学科等级制以特权，其中历史地理学具有崇高的地位。我们很容易被数据的可用性所困，而且，正如珍妮·凯（Jeanne Kay）和斯蒂芬·霍姆斯比（Stephen Homsby）最近辩论的那样，有太多的文件是由男人写的，并描述了男性世界，而牺牲了对女性角色的理解。[70]此外，从理查德·丹尼斯（Richard Dennis）的英国视角来看，大量的美国历史地理学仍然非常关注过去的景观，并没有调整到在英国重新讨论的性别与地域的辩论中。[71]

在我自己的工作中，我使用了公司档案、火灾保险计划、评估记录、财产转让记录、抵押贷款记录和人口普查手稿，试图使在今天的景观中不可见的东西脱离隐藏、变得可见。这样的历史记录提供了一个有用的辅助镜头来观察那些确实存在的东西和幸存物，照亮早期的地方建设和经济及社会结构调整的阶段。显然，以一种开放的天真心情看待今天的景观也有好处，它经常产生引发研究和理解的预感。但我担心的是，当研究的结果通过视觉媒介呈现时，对起步阶段的研究人员来说，这意味着视觉是进入调查的最快速和最可靠的途径。归根结底，一个人在哪里看，如何看，往往取决于他所选择的学科背景。

## 注释

1. 开头的这句话是对保罗·格罗思（Paul Groth）邀请我参加1990年"视觉、文化和景观"研讨会的简要回应。邀请包括一系列问题，如："考虑视觉信息的可靠性，以及其他信息来源何时以及是否会变得更重要。"我的工作草案被列入会议论文集 *Vision, Culture, and Landscape: Working Papers from the Berkeley Symposium on Cultural Landscape Interpretation* (Berkeley: University of California, Center for Environmental Design Research, 1990)，其中一个被命名为"视觉的限制、潜力和危险"的部分。

2. Torsten Hägerstrand, "The Landscape as Overlapping Neighborhoods" (Carl Sauer Memorial Lecture, Berkeley, 1984), in Cösta Carlestam and Barbro Sollbe, eds., *Om Tidens Vidd Och Tingens Ordning: Texter av Torsten Hägerstrand* (Stockholm: Byggforskningsradet, 1991): 50.

3. Deryck W. Holdsworth, "House and Home in Vancouver: The Emergence of a West Coast Urban Landscape, 1886-1929," Ph.D. diss., University of British Columbia, 1981. 在 "House and Home in Vancouver: Images of West Coast Urbanism, 1886-1929," in Gilbert A. Stelter and Alan F. J. Artibise, OOs., *The Canadian City: Essays in Urban History* (Toronto, McClelland and Stewart, 1977): 188-211 中对这一论点进行了总结。

4. 这是我在纽卡斯尔大学攻读学士学位时从 M.R.G. 康泽恩（M.R.G.Conzen）教授那学到的城市分析传统。对他来说，形态学方法有三个要素：城镇规划、建筑类型和土地使用。其中任何一项本身都涉及重大的研究挑战，很少有人能够将这三个细节化的元素结合起来。在计算机化地理信息系统之前的时代，这是一项艰巨的任务，很少有令人满意的成果。即便如此，详细的景观记录和历史证据的结合提供了一个强有力的路标。有关 M.R.G. 康泽恩重要贡献的总结，见 Jeremy W. R. Whitehand, ed., *The Urban Landscape: Historical Development and Management: Papers by M. R. G. Conzen*, Special Publication 13 (London: Institute of British Geographers, 1981)。他将形态学时期概括为"在文化景观中创造独特物质形态的社会和文化历史阶段"。除詹姆斯·万斯和 M.R.G. 康泽恩的作品之外，这一传统从未真正跨越大西洋，部分原因是许多美国城市地理学家对城市格局的功能性和非历史性观点更感兴趣。有些人觉得格雷迪·克莱（Grady Clay）更具新闻性的特写镜头 *How to Read the American City* (New York: Praeger, 1973) 很有用。

5. 一个好的例子是 Michael J. Doucet and John C. Weaver, "Material Culture and

the North American House: The Era of the Common Man, 1870-1920," *Journal of American History* 72: 3 (December 1985): 560-587。

6. David Harvey, "Labor, Capital. and Class Struggle around the Built Environment in Advanced Capitalist Societies," in Kevin R. Cox, ed., *Urbanization and Conflict in Market Societies* (Chicago: Maaroufa, 1978): 9-37.

7. 来自英格兰北部泰恩河畔纽卡斯尔（Newcastle-upon-Tyne）的英国工人阶级；一个成排房屋社区的产物，在参观花园环境中的半独立式和独立式房屋时，人们知道自己在哪里，也知道自己不在哪里；一个对家充满好奇和矛盾的移民旅行者。

8. Clare Cooper, "The House as Symbol of Self," Institute of Urban and Regional Development, Working Paper 120 (Berkeley: University of California, 1971).

9. 见 Fred B. Kniffen, "Louisiana House Types," in *Annals. Association of American Geographers* 26 (1936): 179-193; "Folk Housing as the Key to Diffusion," ibid. 55 (1965): 549-577; Estyn Evans, *Irish Folk Ways* (London: Routledge and Kegan Paul,1957); 关于这一方法的概述，见 Dell Upton, ed., *America's Architectural Roots: Ethnic Groups That Built America* (Washington: Preservation Press, 1986)。

10. John A. Jakle, Robert W. Bastian, and Douglas K. Meyer, *Common Houses in Americas Small Towns: The Atlantic Seaboard to the Mississippi Valley* (Athens: University of Georgia Press, 1989).

11. Anne E. Mosher and Deryck W. Holdsworth, "The Meaning of Alley Housing in Industrial Towns: Examples From Late-Nineteenth and Early-Twentieth Century Pennsylvania," *Journal of Historical Geography* 18: 2 (1992): 174-189.

12. Richard Harris, "Household Work Strategies and Suburban Home Ownership in Toronto, 1899-1913," *Environment and Planning D: Society and Space* 8 (1990): 97-121.

13. Michael Steinitz, "Rethinking Geographical Approaches to the Common House: The Evidence from Eighteenth-century Massachusetts," in Thomas Carter and Bernard L. Herman. eds., *Perspectives in Vernacular Architecture III* (Columbia: University of Missouri Press, 1989): 17.

14. Michael Steinitz, "Rethinking Geographical Approaches to the Common House: The Evidence from Eighteenth-century Massachusetts," in Thomas Carter and Bernard L. Herman. eds., *Perspectives in Vernacular Architecture* Ⅲ (Columbia: University of Missouri Press, 1989): 23.

15. 伯纳德·赫尔曼（Bernard Herman）的工作提供了另一个例子，他利用了遗产清单、孤儿法庭财产估价、税收评估和人口普查手稿等档案来源，以澄清18世纪和19世纪特拉华州不断变化的农业景观的阶级关系：Bernard L. Herman, *Architecture and Rural Life in Central Delaware 1700-1900* (Knoxville: University of Tennessee Press, 1987); *The Stolen House* (Charlottesville: University Press of Virginia, 1992)。有关文化地理学家对住房扩散方法的进一步讨论，见 Deryck W. Holdsworth, "Revaluing the House" in James Duncan and David Ley, eds., *Place/Culture/Representation* (London: Routledge, 1993): 95-109。

16. 最近的一个例子是 Lany R. Ford, "Reading the Skylines of American Cities," *Geographical Review* 82: 2 (1992): 180-200。

17. 另一种方法的论据见 Gunter Gad and Deryck W. Holdsworth, "Looking Inside the Skyscraper: Size and Occupancy of Toronto Office Buildings, 1890-1950," *Urban History Review/Revue d'histoire urbaine*, 16,2 (1987): 176-189; 和 "Corporate Capitalism and the Emergence of the High-Rise Office Building," *Urban Geography* 8:3 (1987): 212-231。

18. Ford, "Reading the Skylines," 199.

19. Ford, "Reading the Skylines," 193.

20. 大都会人寿继续在麦迪逊广场附近的这两个街区扩张，在未来几十年里，该综合体又建造了五个部分，与这座建于1909年的50层高楼也引起了类似的关注，见 Mooa Domosh, "Corporate Cultures and the Modem Landscape of New York City" in Kay Anderson and Fay Gayle, eds., *Inventing Places: Studies in Cultural Geography* (Melbourne: Longman Cheshire, 1992): 77-82。

21. 这座大楼的大部分都被巨大的城市投资大楼（City Investing Building）挡住了。这座大楼有43层，到1908年，提供了约13英亩的办公空间。见 Deryck W.

Holdsworth, "Morphological Change in Lower Manhattan, 1893-1920," in Jeremy W. R. Whitehand and Peter J. Larkham, eds., *Urban Landscapes: International Perspectives* (London: Routledge, 1992): 114-129。

22. Gail Fenske and Deryck W. Holdsworth, "Corporate Identity and the New York Office Building, 1895-1915" in David Ward and Oliver Zunz, eds., *The Landscape of Modernity: Essays on New York City, 1900-1940* (New York Russell Sage, 1992).

23. 个别建筑，甚至地标性建筑，仍然可以提供丰富的见解。例如，莫娜·多莫什（Mona Domosh）对普利策在1890年围绕高耸的16层纽约世界大厦（New York World Building）的建设所做的决定提供了有效的解释，见 Mona Domash, "A Method for Interpreting Landscape: A Case Study of the New York World Building," *Area* 21: 4 (December 1989): 347-355。类似地，奥利弗·尊兹（Oliver Zunz）使用大都会人寿档案材料来观察"摩天大楼内部"，以了解围绕企业管理、性别和设计的一系列引人入胜的问题，见 "inside the skyscraper" to get at a fascinating range of issues around corporate management, gender, and design。参见 *Making America Corporate, 1870-1920* (Chicago: University of Chicago Press, 1990)。

24. John R. Borchert, "Major Control Points in American Economic Geography," *Annals, Association of American Geographers*, 68 (1978): 214-232; Michael P. Canzen, "The Maturing Urban System in the United States," *Annals, Association of American Geography*, 67 (1977): 88-108.

25. 例如，关于多伦多，见 Gunter Gad and Deryck W. Holdsworth, "Building for City, Region, and Nation; Office Development in Toronto, 1834-1984" in Vidor L. Russell, ed., *Forging a Consensus: Historical Essays on Toronto* (Toronto: University of Toronto Press, 1984): 272-322; "Streetscape and Society: The Changing Built Environment of King Street, Toronto" in Roger Hall, William Westfall, and Laura Sefton MacDowell, eds., *Patterns of the Past: Interpreting Ontario's History* (Toronto: Dundern Press, 1989): 174-205; "The Emergence of Corporate Toronto," plate 15 of Donald Kerr and Deryck W. Holdsworth, eds., *Historical Atlas of Canada*, vol. 3: *Addressing the Twentieth Century* (Toronto:

University of Toronto Press, 1990)。

26. 要了解重新定向的含义，见 David Ley and Marwyn S. Samuels, eds., *Humanistic Geography: Prospects and Problems* (Chicago: Maaroufa, 1978)。

27. David Lowenthal, "Geography, Experience, and Imagination: Towards a Geographical Epistemology," *Annals, Association of American Geographers* 51 (1961): 241-260; "The American Scene" *Geographical Review* 58 (1968): 61-88; David Lowenthal and Hugh C. Prince, "English Landscape Tastes," *Geographical Review* 54 (1964): 309-346.

28. Donald W. Meinig, ed., *The Interpretation of Ordinary Landscapes: Geographical Essays* (New York Oxford, 1979).

29. Meinig, *Interpretation of Ordinary Landscapes*, 5.

30. Meinig, *Interpretation of Ordinary Landscapes*, 13.

31. John Eyles, "The Geography of Everyday Life," in Derek Gregory and Rex Walford, eds., *Horizons in Human Geography* (Totawa, N.J.: Barnes and Noble, 1988): 102-117.

32. 莫娜·多莫什可能是一个例外，她对19世纪和20世纪初美国城市的研究借鉴了景观意象，尽管她主要以历史地理学家的身份写作；她还关心女性主义思想的缺失。

33. Vera Norwood and Janice Monk, "Perspectives on Gender and Landscape." in Vera Norwood and Janice Monk, eds., *The Desert Is No Lady: Southwestern Landscapes in Women's Writing and Art* (New Haven: Yale University Press, 1987), 4.

34. Dolores Hayden and Peter Marris. "The Quiltmaker's Landscape," *Landscape* 25:3 (1981): 39-47.

35. Heather Huyck. "Beyond John Wayne: Using Western Historic Sites to Interpret Western Women's History," in Lillian Schlissel, Vicki L. Ruiz, and Janice Monk, eds., *Western Women: Their Land, Their Lives* (Albuquerque: University of New Mexico Press, 1988): 303-329.

36. Gillian Rose, *Feminism and Geography: The Limits of Geographical Knowledge*

(London, Polity, 1993): 86-112. 她将第 5 章命名为 "看风景：权力的不安乐趣"。

37. Stephen Danieis, "Landscaping for a Manufacturer: Humphrey Repton's Commission for Benjamin Gott at Armley in 1809-1810," *Journal of Historical Geography* 7 (1981): 379-396.

38. Stephen Daniels, "Marxism, Culture, and the Duplicity of landscape" in Richard Peet and Nigel Thrift, eds., *New Models in Geography: The Political-Economy Perspective* (London: Unwin Hyman, 1989): 197.

39. Donald M. Mitchell, "State Intervention in Landscape Production; The Wheatland Riot and the California Commission of Immigration and Housing," *Antipode* 25 (1993): 91-113; "Fixing in Place: Progressivism, Worker Resistance, and the Technology of Repression," *Historical Geography* 23 (1993): 44-61; James Parsons, "A Geographer Looks at the San Joaquin Valley," *Geographical Review* 76 (1986): 371-389.

40. Paul L. Knox, "The Restless Urban Landscape: Economic and Sociocultural Change and the Transformation of Metropolitan Washington, D.C." *Annals, Association of American Geographers* 81: 2 (1991): 181-209.

41. 例如，见 Stuart Hall et al., *Culture, Media, Language: Working Papers in Cultural Studies 1972-1979* (Birmingham, U.K.: Centre for Contemporary Cultural Studies, University of Birmingham, 1980); Paul Gilroy, *"There Ain't no Black in the Union Jack," The Cultural Politics of Race and Nation* (London: Hutchinson, 1987)。

42. Kay J. Anderson, "The Idea of Chinatown: The Power of Place and Institutional Practice in the Making of a Racial Category," *Annals, Association of American Geographers* 77 (1987): 580-598. 请注意，这并不是要削弱黎全恩（本文集作者之一）及其著作 *The Forbidden City within Victoria: Myth, Symbol and Streetscape of Canadas' Earliest Chinatown* (Victoria, B.C.: Orca, 1991) 的细致工作。

43. Peter Jackson, "The racialization of Labour in Post-war Bradford," *Journal of Historical Geography* 18:2 (1992): 190-209.

44. Sarah Deutsch, "Landscape of Enclaves: Race Relations in the West, 1865-1990," in William Cronon, George Miles, and Jay Gitlin, eds., *Under an Open Sky:*

*Rethinking America's Western Past* (New York: Norton, 1992): 110-131.

45. Thomas Carter, "Building for the 'New Time': Global Economics and the Scandinavian Three-part House in Nineteenth-century Utah," session on the political economy of vernacular architecture, Vernacular Architectural Forum, Portsmouth, N.H., May 1992.

46. Peirce Lewis, "Facing Up to Ambiguity," *Landscape* 26:1 (1982): 21.

47. Peirce Lewis, "Facing Up to Ambiguity," *Landscape* 26:1 (1982): 22.

48. David Harvey, *Consciousness and the Urban Experience* (Oxford: Blackwell, 1985): Richard Walker et al., "The Playground of U.S. Capitalism? The Political Economy of the San Francisco Bay Area in the 1980s," in Mike Davis et al., eds., *Fire in the Hearth: The Radical Politics of Place in America* (London: Routledge, Chapman, and Hall/Verso, 1990): 3-82; Neil Smith, "New City, New Frontier: The Lower East Side as the Wild, Wild West," in Michael Sorkin, ed., *Variations on a Theme Park: The New American City and the End of Public Space* (New York: Noonday, 1992); John Fraser Hart, *The Land That Feeds Us* (New York: Norton, 1991).

49. Mary Beth Pudup. "Arguments within Regional Geography," *Progress in Human Geography* 12 (1988): 361-390.

50. David Harvey, "Monument and Myth," *Annals, Association of American Geographers* 69: 3 (1979): 262-281.

51. Barbara Rubin, "Aesthetic Ideology and Urban Design," *Annals, Association of American Geographers* 69:3 (1979): 339-361.

52. Denis E. Cosgrove, "Towards a Radical Cultural Geography: Problems of Theory," *Antipode* 15 (1983): 1-11; *Social Formation and Symbolic Landscape* (London: Croom Helm, 1985); Denis E. Cosgrove and Peter Jackson, "New Directions in Cultural Geography," *Area* 19 (1987): 95-101; Peter Jackson, *Maps of Meaning: An Introduction to Cultural Geography* (London: Unwin, 1989).

53. 这一转变的一个重要早期步骤是吉姆·邓肯对索尔学派或伯克利学派文化

地理学的基础进行的批判性研究，见 James S. Duncan, "The Superorganic in American Cultural Geography," *Annals, Association of American Geographers* 70 (1980): 181-198。Derek Gregory and David Ley, "Culture's Geographies," *Environment and Planning D: Society and Space* 6: 2 (1988): 115-116 中认为，景观是"一个'具有高度张力的概念'，其中包含关于社会秩序构成的多种相互竞争的主张"，第 115 页。另见 James S, Duncan, *The City as Text: The Politics of Landscape Interpretation in the Kandyan Kingdom* (New York: Cambridge University Press, 1990)。

54. 他的许多作品，见 Raymond Williams, *Culture and Society*, 1780-1950 (New York: Columbia University Press, 1958); *The Long Revolution* (New York: Harper and Row, 1961); *The Country and the City* (New York: Oxford University Press, 1973); *Keywords: A Vocabulary of Culture and Society* (New York: Oxford University Press, 1976); *Marxism and Literature* (New York: Oxford University Press,1977); *Culture* (London: Fontana, 1981)。新文化地理学中英联邦轴心的另一个标志是一本散文集，它主要由澳大利亚、加拿大和英国地理学家撰写：Kay Anderson and Fay Gayle, eds. *Inventing Places: Studies in Cultural Geography* (Melbourne: Longman Cheshire, 1993)。

55. Paul Duncum, "Approaches to Cultural Analysis," *Journal of American Culture* 10: 2(1987): 1-16.

56. Peter Jackson, *Maps of Meaning*, ix.

57. Alien Pred, *Lost Words and Lost Worlds, Modernity and the Language of Everyday Life in Late Nineteenth-Century Stockholm* (Cambridge: Cambridge University Press, 1989).

58. Michael Watts, "Struggles over Land, Struggles over Meaning: Some Thoughts on Naming Peasant Resistance and the Politics of Pl ace," in R. E. Golledge, H. Couclelis, P. Gould, eds., *A Ground for Common Search* (Santa Barbara: Santa Barbara Geographical Press, 1988): 32.

59. Barney L. Warf, "Regional Transformation, Everyday Life and Pacific Northwest Lumber Production," *Annals, Association of American Geographers* 78 (1988):

326-346.

60. Derek Gregory, *Regional Transformation and Industrial Revolution* (London: MacMillan, 1982).

61. Jon Goss, "The Built Environment and Social Theory: Towards an Architectural Geography," *Professional Geographer* 40 (1988): 392.

62. Donald W. Meinig, "Reading the Landscape: An Appreciation of W. G. Hoskins and J. B. Jackson," in Meinig, *Interpretation of Ordinary landscapes*, 228.

63. 例子见 David Lowenthal, *The Past Is a Foreign Country* (Cambridge: Cambridge University Press, 1985); Peirce F, Lewis, "Taking down the Velvet Rope: Cultural Geography and the Human Landscape," in Jo Blatti, ed., *Past Meets Present: Essays about Historic Preservation and Public Audiences* (Washington: Smithsonian Institution Press, 1987): 23-29; Peirce F. Lewis, David Lowenthal, and Yi-Fu Tuan, *Visual Blight in America* (Washington: Association of American Geographers Commission on College Geography, 1973)。

64. Anthony D. King, *The Bungalow: The Production of a Global Culture* (London: Routledge and Kegan Paul, 1984). 另见他编辑的文集 *Buildings and Society: Essays on the Social Development of the Built Environment* (London: Routledge and Kegan Paul, 1980)。

65. Mike Davis, *City of Quartz: Excavating the Future in Los Angeles* (New York: Vintage, 1990); Richard Walker et al., "The Playground of U.S. Capitalism? The Political Economy of the San Francisco Bay Area in the 1980s," in Mike Davis et al., eds., *Fire in the Hearth: The Radical Politics of Place in America* (New York: Verso, 1990): 3-82; Sharon Zukin, *Loft Living: Culture and Capital in Urban Change*, 2d ed. (New Brunswick, N. J.: Rutgers University Press, 1989; Sharon Zukin, *Landscapes of Power: From Detroit to Disneyland* (Berkeley: University of California Press, 1991); Paul Knox, *The Restless Landscape* (Englewood Cliffs, N.J.: Prentice-Hall, 1993).

66. R. Cole Harris, "Power, Modernity, and Historical Geography," *Annals, Association of American Geographers* 81 (1991): 671-683.

67. Denis Cosgrove, *The Palladian Landscape: Geographical Change and Its Cultural Representation in Sixteenth-century Italy* (State College: Pennsylvania State University Press, 1993); Denis Cosgrove and Stephen Daniels, eds., *The Iconography of Landscape* (Cambridge: Cambridge University Press, 1988).

68. 最好的例子也许是特德·雷尔夫在 *Place and Placelessness* (London: Pion, 1976)、*Rational Landscapes and Humanistic Geography* (London: Croom Helm, 1981) 以及 *The Modern Urban Landscape* (Baltimore: Johns Hopkins University Press, 1987) 中举出的。

69. Mona Domosh, "Method for Interpreting Landscape," 34.

70. Jeanne Kay, "The Future of Historical Geography in the United States," *Annals, Association of American Geographers* 80:4 (1990): 618-621; "Hornsby's Reply," 622-623.

71. Richard Dennis, "History, Geography, and Historical Geography," *Social Science History* 15:2 (1991): 265-284.

## 第 4 章

# 景观价值的冲突：圣克拉拉普韦布洛和日间学校

丽娜·斯文策尔（Rina Swentzell）

新墨西哥州的圣克拉拉普韦布洛（Santa Clara Pueblo）和建立在它旁边的印第安人事务局（the Bureau of Indian Affairs，BIA）日间学校代表了与土地的两种非常不同的关系。这些关系反映了两种文化不同的世界观，以及不同的教育方法和内容。

普韦布洛人认为，人类最主要和最重要的关系是与土地、自然环境和宇宙的关系。在普韦布洛人的世界里，这些是同义词。人类存在于宇宙之中，是地球共同体运作的一个组成部分。

土地及其神秘性得到承认和尊重。人们寻求与土地、自然环境的直接接触和互动。在普韦布洛，没有被用来区分人类和自然的户外区域，没有证明人类控制自然的户外区域，没有自然被驯化的区域。

我出生的圣克拉拉是一个典型的特瓦族普韦布洛村落（Tewa pueblo），普韦布洛人的神话与附近的史前遗址相联系，也将人类空间与人们生长于斯的土地密不可分地结合在一起。人们以普韦布洛语中的"nansipu"，即"出现的地方"或"呼吸的地方"为中心居住。气息流经中心，就像经过低山和远峰中的通风口一样。这些象征性的空间使人们想起了有生命力的、呼吸着的地球，它们的具体位置是人们能够感受到与能量流动或宇宙的创造最紧密联系的地方。植物、岩石、土地和人都是一个实体的一部分。这个实体是神圣的，因为它呼吸着宇宙的创造性能量。

圣克拉拉普韦布洛的物理位置非常重要：格兰德河（the Rio Grande）

沿着普韦布洛的东部蜿蜒而行；在南部是神秘的黑台地（Black Mesa），面具鞭打者出现的地方；周围的低矮山丘上有神龛和特殊仪式区；而远处的山脉界定了人类生活的山谷。

对小时候的我来说，这个世界是非常舒适和安全的，因为它给人一种封闭的感觉。我们在田野和附近的山丘上漫步。在很小的时候，我们就学会了与自然环境和其他生物建立亲密关系。我们通过身体互动和语言交流，了解到岩石、植物和其他动物的联系。我们在宇宙的自然秩序中获得了巨大的信心和毋庸置疑的归属感。学习很容易发生，它是关于生活的。事实上，特瓦语的"学习"一词是 haa-pu-weh，意为"有呼吸"。呼吸或活着就是学习。

在普韦布洛内，室外和室内空间自由流动，几乎没有区别。人们光着脚从泥墙围成的室内泥地走到普韦布洛广场上堆砌好的泥土上。在这个运动中，所有的感官都得到了利用。每一个不同的泥土表面（室内墙壁、室外墙壁、广场地面）都被触摸、闻到和尝到。特殊的石头被含在嘴里，这样它们的能量就会流向我们。所有东西都是可触摸的、可了解的和可达的。

那个世界是一致的，因为自然景观的颜色、质地和运动在人类制造的景观中到处都有反映。对宇宙的反思受到鼓励。自然和人造空间的分离是最小的，所以有意识地美化室外或室内空间是没有必要的。景观设计——出于审美原因种植树木、灌木和草地——被认为是完全不必要的。人类和动物的流动性被接受，但扎根于土地的植物的流动性是不可想象的。

普韦布洛广场几乎总是爆满。人们在户外做饭，剥玉米，晒干食物，坐在阳光下。普韦布洛广场的规模可以这样来形容：即使我是那里唯一的人，我也不会感到迷失。

普韦布洛房屋的形式和组织加强了场所的安全感与重要性。人们坐在世界的中心（nansipu）并在上面玩耍，从而获得一种意义感。人们在房子上爬，在房子上跳，在房子里睡觉和做饭。房屋不是财富的物质象征，用梭罗（Thoreau）的话说，而是满足人类对住所需要的最直接和最简单的表达。

建筑方法和材料都不复杂。最直接的方法与最容易获得的材料相结合。每个人都毫无例外地参与，包括儿童、男人、女人和老年人。任何人都可以建造房屋或任何必要的结构。设计师和建筑师是不必要的，因为没有有意识的审美追求或风格兴趣。

房屋内部的关键要素是低矮的天花板、圆形和手工抹灰的墙壁、小而黑暗的区域、小而稀疏的窗户和门，以及多用途的房间。所有的室内空间都是大家共同使用的，外部空间也是如此。对个人隐私的需求并没有重要到足以影响普韦布洛房屋的规划。人们以另一种方式看待隐私；它在个人内部进行，不需要用墙和物理空间来保护它。分享是至关重要的。

在房子里，就像在房子外一样，灵魂可以自由活动。家庭成员有时被埋在泥土里，他们的灵魂成为房子环境的一部分。除了这些灵魂外，还有一些人与房屋结构有特殊的联系，因为他们协助了房屋的建造，或者因为他们在房屋中出生或死亡。由于房屋经历了许多代，所以灵魂也很多。房屋被祝福的特殊仪式类似于婴儿出生时的仪式。人们也很容易接受房屋的损坏。房子，就像人的身体一样，来自大地，又回归大地。

因而，构成普韦布洛人造环境和自然环境特点的思想是：人类和自然是不可分割的，人类环境模仿和反映宇宙，创造性的能量在自然环境中流动（其中的每一个方面，包括岩石、树木、云和人，都是有生命的），以及美学和宇宙是同义的。

## 西方教育如何塑造印第安人事务局日间学校景观

"从一开始尝试对印第安人进行正式教育时，其目标就不是教育他，而是改变他。"[1]

19 世纪 90 年代初，在 BIA 为美国原住民建造学校的黄金时期，圣克拉拉日间学校被引入这样一个世界。在欧洲人于美国定居的早期，各种宗教团体试图使美国原住民文明化和基督教化。1832 年，这一责任由印第安人事务局专员承担，重点聚焦在使美国原住民文明化上。

1890—1928 年，目标是同化美国原住民，策略是通过西方教育消解他们的社会结构，破坏他们的土地基础。1928 年后，关于美国原住民应如何接受教育，当一项有影响力的政府研究要求"改变观点"时，全国各地开始实施双语教育、成人基础教育、美国原住民教师培训、美国原住民文化和在职教师培训计划。但在这些想法到达圣克拉拉日间学校之前，这些项目几乎很快就被停止了。

1944 年后的几年里，人们下定决心要取消美国原住民的保留地，废除美国原住民和联邦政府之间的特殊关系，这些关系是由几个世纪的法律和条约保证的。[2] 正是在这段时间（1945—1951 年），我在圣克拉拉普韦布洛日间学校上学。

20 世纪 20 年代建造的公办学校场地和建筑，不仅反映了改变和使美国原住民文明化的态度，还体现了西欧对人类控制的普遍态度，这种态度似乎源于文艺复兴时期对人类能力的赞美。一切都必须改变，使之符合西方的思维和存在方式。BIA 学校的大院反映了一种外国的世界观，与普韦布洛世界及其物质组织相对立。

在圣克拉拉，BIA 学校建筑群距离普韦布洛中心 1/4 英里，外围有一圈带刺的铁丝网。这道栅栏界定了整个建筑群，有效地将两个世界分开。牛栏和建在栅栏上的双层梯子是进入大院的唯一通道。它们把动物和老人都挡在外面。在我还是学生的时候，所有的大石头和天然树木已经被移走了很久，在这个荒芜的、与世隔绝的地方，只有几棵外国榆树。

当人们从普韦布洛转移到学校环境时，信任的丧失是最为显著的。

在普韦布洛，学龄前儿童被允许有极大的活动和选择自由；在很大程度上，人们信任他们是有能力为自己负责的人。这种自由的假设创造了普韦布洛自己的自我实现的预言。由于普韦布洛儿童被期望以一种充分的、负责任的方式来照顾自己，他们一般都会这样做。

但在 BIA 学校内，有一种不同的态度。整体气氛是一种怀疑主义。栅栏是缺乏尊重和不信任他人的表现。虽然建造围栏的正式理由是防止动物进入，但普韦布洛的每个人都知道它也是为了防止人进入。得知他人必须在身体上保护自己不受社区影响，这让人感到不安。

由于校园与周围的生活和环境是分开的，位于大院内的各种建筑也是相互独立的。有独立的洗衣房和淋浴房——作为文明化努力的一部分，每个人，包括成年人，都应该洗澡。大院里还有一个卫生所、一个维修车间、主要的教学楼和为教师准备的独立小房子。所有这些建筑都看似随意地散落在大约 5 英亩的大院里。

在教学楼内，孩子们按照年级被分成组，待在各个房间。在不同的教室里，这种划分继续进行。那些阅读能力强的人与那些不能阅读的人被分开。单独的课桌和垫子被分配给每个人。个人成就会得到表扬。已经成为现代美国社会标志的对个人或部分的关注被大力强调。这与普韦布洛的整体概念形成鲜明对比，后者强调团结与合作，并表现为互相连接的和多功能的结构。

学校的平面图是有效的，旨在创造一种向上移动的愿望——良好的美国式的向上移动态度——从一个房间或年级到下一个。然而，这种流动总是令人失望的，因为人们期望下一个房间会发生一些特别的事情，但它从未发生过。整个系统都有办法使人们对现状不满。同样，这与普韦布洛的思想完全不同，普韦布洛的思想是为了让人们融入大地，因此，才会对当下和现状更加满足。

在校舍内，天花板非常高。房间的比例让人感到不舒服——相对于狭小的地面空间，墙壁非常高。普韦布洛的天主教堂也有很高的天花板，因为西班牙牧师在他们建造的传教建筑中寻求最大的内部和外部高度。但在教堂里，没有头重脚轻的空间感觉。在视线高度处，教堂里有厚重的软墙来平衡它的高度，还有使高度不那么明显的深色内饰。

虽然学校场地上有很多建筑物，但似乎从来没有足够的人使场地内的空间感到舒适。一切似乎都有距离。所传达的信息是：不要接触，不要互动。建筑物的外部形式，以及所使用的材料，都不鼓励人们在上面攀爬、抓挠、品尝，或以其他方式影响它们。人们没有办法成为这个地方、这些建筑或生活在那里的教师生命的一部分。

在普韦布洛背景和社区内的学校场地上创造人工游戏区是具有讽刺意味的。整个环境（自然的和人类创造的）都包括在普韦布洛的游戏世界中。游戏和工作几乎无法区分，每项活动都是要做的，且要做得尽可能好；游戏带来的放松或快乐要在沉浸于手头的活动中找到。

但在 BIA 学校，游戏和工作是相互区分的，并为两者分配了特定的时间。工作之余有休息时间，玩耍时也要受到监督，以免孩子们发现自己的世界。每一个可能的危险都被防范。与我们在田野和山丘上漫步的普韦布洛环境相比，操场上信任的缺乏是显而易见的。

很明显，英国老师更喜欢室内和人造空间，而不是户外，他们试图向我们灌输这种偏好。在普韦布洛，户外无疑是首选。

整个学校建筑群中最悲哀的地方是地面。没有中心，没有思考，没有对地面的尊重。当地的植物和岩石很久以前就被打乱了，土地已经失去了由灌木、岩石或地面的隆起和下降所形成的小的多样性。地面已被刮平，并在其上设置了金属游乐设备。它也是灰色的，这让人不解，因为在 1/4 英里外的普韦布洛广场的地面是温暖的棕色。

在普韦布洛的感觉与在校园里的感觉非常不同。普韦布洛广场是有灵魂的，它被赋予了精神。人们从地下涌出，出口就在这个广场上，宇宙的气息在广场上流淌。土地、地面，在那里呼吸，它是活的。学校的场地充满了悲伤，因为这个地方的精神、土地没有被认可。没有什么是自然流动的。学校的活力来自遥远的世界，来自书中描述的土地。欣赏眼前的风景是不可能的。

## 景观价值冲突的遗产

普韦布洛和学校的场地充满了不同的文化价值、态度和观念，从一个环境到另一个环境的学生深受这些差异的影响。

学校是一个自成一体的世界的一部分，其面向未来、时间分配、专门的建筑、人工操场以及对分割的整体关注，都是有意塑造的世界观的元素，这种世界观不关注景观中的和谐和对精神的接受。

政府来到圣克拉拉普韦布洛，并不是出于内心的仁慈或善意。相反，政府是以它认为最有效的方式来对待美国原住民。这种效率在结构上非常明显，剥夺了人类的互动和尊严。我们不得不把自己完全交给这种秩序。

BIA的威权主义保证了没有任何人与人或人与自然的互动。不朽的结构和无菌的户外空间，根本无法刺激社区在任何时候或在任何平等的水平上进入和交流。在这种防人之心不可无的环境中，孩子们对自己世界的自然好奇心被磨灭了，对老师的尊重远远超过了对世界上更大力量的尊重。

圣克拉拉日间学校是那个时代典型的美国学校，与世隔绝，强调权威。它的视觉景观与周围的栅栏、贫瘠的土地和散落在院内的高大倾斜的屋顶结构相对应。

但最持久的影响可能不是视觉上的。两种物理环境向普韦布洛儿童传授了不同类型的行为。结果，缺乏自信和劣等感已经成为住在普韦布洛并上过 BIA 学校的孩子的特征。

## 注释

1. Committee on Labor and Public Welfare, *Indian Education: A National Tragedy—a National Challenge* (Washington: U.S. Government Printing Office, 1969), 10.

2. Committee on Labor and Public Welfare, *Indian Education: A National Tragedy—a National Challenge* (Washington: U.S. Government Printing Office, 1969), 13.

第 5 章

# 神圣的土地和纪念的仪式：葛底斯堡的联邦军团纪念碑

鲁本·M. 雷尼（Reuben M. Rainey）

保存下来的南北战争战场是非凡的炼金术作品。伤痕累累、散落着战斗碎片的农业景观，已经被转化为神圣的区域，由精心打理的草坪和森林边缘组成，装点着一排排的石碑、方尖碑、凯旋门、巨石、寓言式建筑、大炮和雕塑人物。在这些神圣的地方，人类的行为和自然过程被冻结在时间中，以唤起人们对基本价值的思考。花岗岩和青铜士兵击退进攻的敌人，决定性的历史时刻从而永远定格。大自然的演替过程本来会抹去战役中空旷的玉米和小麦田，并用茂密的森林重新描绘，但精心的管理尽可能地阻止了这一过程。在葛底斯堡（Gettysburg），永远是1863 年 7 月 1—3 日；在安提塔姆（Antietam），永远是 1862 年 9 月 17 日。

创建和维护这些景观所需的时间和费用是巨大的，并且集中在一个目标上：建立纪念性景观，唤起那些参加过南北战争的人和那些继续生活在被南北战争所改变的社会中的人对南北战争本质意义的思考。保存下来的战场和其他类型的纪念性景观恰好说明了戴维·洛文塔尔（David Lowenthal）的洞察力，即景观"是记忆的最有用的提醒"。[1] 这方面的心理动力学可能让我们摸不着头脑，但我们的现实经历证明了这一点。参观达豪（Dachau）集中营，骇人听闻的大屠杀给我们的意识打上了恐怖的烙印，这是书面文字或照片无法做到的。关于这个地方的物质现实的经验，在那里、在地面上行走的经验，是无可替代的。当然，人们会把知识和历史记忆带到现场，这些知识和记忆是由照片、书面文字和许多其他来源形成的。人们对景观的直接感受与这些先前的联想融合在一起，产生了更深的理解。正如威廉·哈伯德（William Hubbard）适当提醒我们的那样，这种纪念馆使我们"以一种新的、也许是更深刻的方式重新认识某些东西"。[2]

葛底斯堡是第一个被保护起来的南北战争战场，为所有其他战场的保护开创了先例。对1863—1913年的这一努力进行简要分析，将揭示战场是如何被那些在战斗中幸存下来的人、那些作为游客参观的人以及那些管理其保护工作的人理解为一种纪念性景观的。对这一努力至关重要的是联邦军团纪念碑的落成，它们占战场上所有纪念碑的93%。这些纪念碑的制作和落成仪式对于我们理解葛底斯堡景观对19世纪美国人的意义至关重要。[3]它在今天对我们的意义显然是一个单独的问题，在这篇文章中不会讨论。然而，了解它对19世纪美国人的意义可以丰富我们今天对它的联想，因为我们努力在一个充满热核武器和令人眼花缭乱的政治变化的世界中重新认识它。

1863—1913年，保卫葛底斯堡的努力分为三个相互关联的发展阶段。第一阶段从1863年7月持续到1864年4月。这一时期有两项重大成就。战场上的17英亩土地被划出并设计为士兵国家公墓，以容纳3512名联邦军牺牲战士的遗体。宾夕法尼亚州政府发起了这项工作，公墓由景观设计师威廉·桑德斯（William Saunders）设计。接下来的一项个人的努力是对前一项努力的补充。1864年4月，葛底斯堡的一名律师戴维·麦考诺伊（David McConaughy）成立了一个由当地公民组成的私人组织——葛底斯堡战场纪念协会（Gettysburg Battlefield Memorial Association）。它的任务是保护公墓辖区外的联邦战线的主要部分，作为对参加过战斗的联邦士兵的"英勇和牺牲"的纪念。创造如此广阔的景观作为纪念在美国历史上是前所未有的。[4]

1863 年 11 月 17 日，亚伯拉罕·林肯（Abraham Lincoln）总统在士兵国家公墓的落成仪式上发表了著名的讲话，经典地表达了指导整个 19 世纪所有从事战场保护工作的人的理念。林肯说，葛底斯堡是"圣地"，为维护国家统一而牺牲的联邦军死伤者的鲜血令它变得神圣。保护它是为了纪念一场伟大的胜利。但该战场也提醒今世和后代，他们有义务采取一切必要的行动来保护联邦和所有人民的自由。被留作墓地的那部分战场和其余战地都被视为约翰·布林克霍夫·杰克逊所说的"传统纪念碑"，它不仅指导我们了解我们文化中的伟大历史事件，还提醒我们现在和未来的社会与政治义务。这样的纪念碑是对未来的指导，也是对过去的庆祝。[5]

　　在接下来的 50 年里，参与保护战场的人们一次又一次地引用林肯的讲话，其中的一部分被凿在了 1869 年在公墓里建造的巨大的士兵国家纪念碑的碑身上。在随后的几年里，葛底斯堡最常被称为"神圣"或"圣洁"的地方，它也经常被称为"国家朝圣之地""我们的国家圣地""我们的麦加""我们国家的威斯敏斯特教堂""英雄的天堂"和"灵魂的憧憬之地"。[6]

　　第二阶段从 1864 年持续到 1895 年。在此期间，负责该战场的私人组织逐渐将它从耕地和森林转变为一个巨大的户外展览，由州和军团的纪念碑组成，以纪念联邦军队各部队的勇敢和牺牲。这就是今天的战场看起来像一个巨大的雕塑花园的原因。该组织修建了道路以连接战场的各个部分，并购买了更多的土地。在这一时期结束时，纪念性景观的面积达到 522 英亩左右。

　　第三阶段开始于 1895 年，当时根据国会的一项法案，战场的管理权移交给了联邦政府的战争部。该部门继续鼓励竖立纪念碑，建造了 17 英里精心设计的道路，并购买了更多的土地，包括一些曾经是南方部队阵地的地方。到 1913 年，巨大的纪念碑景观已发展到约 800 英亩。陆军部还有一个额外的议程——将该场地作为户外教室，向其军官教授战术。为了加快这一进程，陆军部建立了大型瞭望塔，并在战场上到处放置铁碑，碑上朴素的军事散文简洁地记录了战斗的主要事件，"没有赞美，也没有指责"。

第三阶段于 1913 年 7 月 1—3 日，即战役 50 周年纪念日时结束。当时举行了精心策划的庆祝活动，由军队出资，约有 55 000 名联邦和邦联的退伍军人在战场上扎营，建造了一个巨大的帐篷城市。媒体宣称这是美国规划和环卫工程的胜利。在为期 3 天的精心准备的仪式中，老兵们参加了各种和解与民族团结的仪式。他们在战场上的著名地标上握手，比如在皮克特（Pickett）的著名冲锋中占据突出位置的那堵墙；他们一起用餐，交流战争故事。随后的庆祝活动无论是规模还是强度都无法与这次大团聚相提并论。[7]

这三个阶段都很重要，但第二阶段主要涉及近 200 个军团纪念碑的设计、建造和落成，特别能说明 19 世纪大部分美国人民对战场的理解。老兵们回到战场上参与这些纪念碑的落成仪式，有人向游客介绍铭文和雕像。旅行指南中将他们作为重要内容，就像相册中令人尊敬的家庭成员一样，担任战场导游的退伍军人用它们在听众心中勾勒出英雄事迹的生动画面。

然而，如果我们要了解这些纪念碑在将田野变成纪念性景观方面的核心作用，我们必须做的不仅仅是描述它们的形式和材料，从风格上给它们贴上标签，或解读它们相当明显的军事图标。我们必须用文献研究来补充视觉分析，并探索诸如谁设计了它们，谁建造了它们，谁资助了它们，什么法律约束影响了它们的形式，以及它们如何成为精心设计和花费昂贵的纪念仪式的焦点。只有这样，我们才能深入地领会它们的意义和重要性。

这些纪念碑都是由联邦老兵竖立的，直到很久以后的 20 世纪初，才有一个邦联军的纪念碑被放置在战场上。1863—1895 年，几乎所有的纪念碑都是个别团的纪念碑，这些团是联邦军队的基本组成部分。90% 的团由来自各州的平民志愿军组成，一个团的人数为 400~800 人，由一名上校指挥。它被正式命名为一个数字，后面是其成员来自哪个州——例如，"宾夕法尼亚第六志愿步兵团"。但各团也喜欢给自己起猛兽的绰号，如"老虎"和"野猫"，这象征着对其战斗力的自豪。有一个团体显然有更多的园艺倾向，将自己命名为"橙花团"。

葛底斯堡第一座军团纪念碑是由明尼苏达第一步兵团于 1867 年在士兵国家公墓建立的。该纪念碑是一个简单的带基座的大理石骨灰盒，是当时人们熟悉的希腊复古风格的墓地纪念碑，专门用于纪念该团的死者。然而，1879 年，各团开始在墓地外的部分场地上竖立纪念碑，以纪念幸存者和死者。

葛底斯堡战场纪念协会积极推动这种军团纪念碑的建设，这些纪念碑也被用作部队阵地的标志。共和大军（the Grand Army of the Republic）是联邦退伍军人的主要国家组织。1880 年，当该组织的成员获得了葛底斯堡战场纪念协会的控制权后，这些纪念碑的数量迅速增加。到了 1895 年，大约有 200 个纪念碑被建立起来。最高峰的一年是 1888 年，在战役 25 周年的前夕，有 150 块纪念碑建成。

起初，各军团协会通过定期捐款和其他筹款活动私下募资以修建自己的纪念碑。然而，他们很快就与政治上强大的共和大军合作，并成功说服他们的州立法机构以获得财政支持。[8] 各州对自己的退伍军人有着强烈的自豪感，并经常相互竞争以提供最慷慨的资金。[9] 每座军团纪念碑的捐款为 500~1500 美元。各州还承担了所有军人参加精心组织的纪念仪式的旅费，这些费用往往超过了纪念碑本身的建造费用。

州纪念碑委员会由 6 名或 8 名无薪的老兵组成，负责批准纪念碑的设计，管理州政府的资金，帮助在战场上标记团的位置，通常也监督纪念碑的建设，并策划落成仪式。即使在纪念碑落成后，他们的工作也没有完结。他们汇编了落成仪式的记录和纪念碑的照片，并印刷成装订精美的多卷本，免费分发给所有退伍军人、当选的州政府官员和该州所有公立学校。多余的副本被出售给感兴趣的买家。显然，老兵们并不满足于仅仅在战场上竖立物品来纪念他们的事迹。他们希望通过书面资料为当代和后代保留这些雕像、方尖碑和石碑的意义。[10]

各州的纪念碑委员会还与葛底斯堡战场纪念协会合作，确保其有关纪念碑的所有规定得到遵守。这些规定相当少，几乎只涉及铭文、位置、材料和地基。该协会最关心的是碑文的历史准确性，并坚持所有关于战斗和伤亡人数的描述都要与战争部的官方战斗记录完全一致。事实上，他们对历史准确性的热忱不亚于最狂热的19世纪德国的历史学家。葛底斯堡将是一个精确的历史记忆区，而不是神话区。[11]

纪念碑上的铭文需要包括用不小于4英寸①高的清晰字母书写的团名、对其行动的简要说明、伤亡情况，以及组织地点和日期。如果该团愿意，还可以列出它所参加的其他战役。极为重要的是，纪念碑必须放置在该团作战的战场上的准确位置。这一要求在各团之间引起了一些激烈的争议，但各州纪念委员会和协会通常能解决这些问题。在某些情况下，争端不得不在法庭上解决。

纪念碑被要求由青铜或花岗岩或两者的组合制成，不允许使用其他材料，以确保低维护费用并耐用。地基必须是深且坚实的，纪念碑的底座要用草皮围起来，以呈现出"整洁"和"令人愉悦的效果"。后一要求在很大程度上将战场的外观从农业用地转变为英国公园的外观。

这些是仅有的规定。[12]除了最小字体要求外，对于纪念碑本身的形式没有任何规定。相反，协会鼓励形式表达的多样性，以免纪念碑的展示变得单调，僵硬的规则会扼杀军人们的个人表达权利。[13]

---

① 1英寸=2.54厘米。——译者

这些纪念碑几乎都是由退伍军人自己设计的，也许它们应该被称为"老兵的自白"。一个团通常成立一个纪念碑委员会，与州委员会和协会合作，当然，协会必须批准设计。纪念碑的设计往往对团里的其他军人保密，在落成仪式上的揭幕仪式则是整个过程的高潮。团委员会与各家纪念碑公司合作，让纪念碑公司帮他们完善设计并控制预算。（可以用1500美元购买这么多的青铜和花岗岩，但这笔钱显然不包括精美雕塑或复杂结构的费用）。在某些情况下，团委员会通过认购活动筹集额外的资金来补充州政府的拨款。一些规模较大、价格较高的纪念碑是由富有的赞助人提供私人捐款资助的。

大多数纪念碑由东北部的几个主要纪念碑公司建造，如史密斯（Smith）花岗岩公司、新英格兰纪念碑公司和凡·阿姆林格（Van Amringe）纪念碑公司。这些公司大多有自己的雕塑家和雕刻家，并拥有自己的采石场。[14] 通常情况下，地区纪念碑委员会会勾勒出一个设计方案，并邀请不同的公司来竞标。通常情况下，在军团纪念碑委员会和纪念碑公司的工作人员之间会有一些取舍，他们往往会完善最初的设计方案。然而，记录显示，老兵们总是积极参与设计过程，并对他们认为合适的标志持有非常明确的想法。如果需要铜雕，纪念碑公司通常会分包给一家铸造厂，如费城的布洛维兄弟（Bureau Brothers）铸造厂或纽约的国家艺术铸造厂。铜牌和官方印章也是分包的。有时，如果资金充足，退伍军人会委托独立的雕塑家制作雕像，但这对军团纪念碑来说是很罕见的。

老兵们在创建他们的军团纪念碑时受到什么样的设计理念的支配？他们在落成仪式上的演说揭示了他们的偏好。[15] 他们想要一个用耐用材料建造的"庄重""气派"的结构。他们更喜欢粗糙的"采石场加工"的底座，这对他们来说象征着自己作为士兵的耐用性和粗犷性。他们喜欢将抛光的与锈蚀的表面进行对比，以增加多样性。他们经常提到需要"对称"和"良好的比例"（尽管后者从未被定义）。他们当然希望自己的纪念碑是一件独特的作品，与其他团的纪念碑不同。事实上，他们从战场上种类繁多的单个军团纪念碑中发现了巨大的意义：他们认为这些纪念碑是对作为美国民主堡垒的普通公民士兵的颂扬。非民主国家只表彰他们的最高级军官，而民主社会则表彰州志愿兵团。各种各样的纪念碑也证明了联邦军队的多元性以及每个军团单位协同作战的不可或缺的作用。在战场上观看这些纪念碑并阅读它们的铭文，就能理解胜利是如何通过这种合作赢得的。[16] 高级艺术评论家们对老兵们对于多样性和自己动手设计的热爱并不能产生共鸣。1895 年，《世纪》(Century) 杂志哀叹葛底斯堡的"墓碑"太多，呼吁减少国家战场上的纪念碑，并要求这些纪念碑由杰出的雕塑家和建筑师来设计。[17] 老兵们对这些批评者不屑一顾。

独立的形象雕塑很受欢迎，但价格昂贵，所以很少有军团能负担得起它。当委托他人设计时，老兵们几乎都希望它能描绘出该团行动中的一个决定性时刻。他们通常更喜欢一个能代表他们所有人的理想士兵形象，但有时也会刻画现实的个人，特别是英雄色彩的承载者。人物的面部表情也受到很多关注，它被要求是"坚决的""庄重的"和"勇敢的"。有几个寓言式的人物，但绝大多数人都倾向于现实主义。制服的细节必须准确。[18] 雕像的基座也很重要，要制作精良，且与场上其他雕像的基座不同。

军团纪念碑一般有四种类型：柱形，可以是柱子、方尖碑或底座上的矩形块；基座上的独立人像；象征性物体，如防御塔或一个案例中的一本打开的书；以及自然元素，如花岗岩巨石或雕刻的树形物体。在葛底斯堡，柱形是迄今为止最常见的形式（占所有纪念碑的 87%），其次是基座上的人物（10%），还有象征性物体（2%）和自然物体（1%）。当然，柱形的主导地位与财政有关：除非能筹集到额外的资金，否则只能负担得起柱形设计。

由康涅狄格第十四步兵队在 1884 年落成的纪念碑是一个典型的柱形

纪念碑。它高约 7 英尺，完全由花岗岩建造。它的对称形式被认为是"庄重的"和"有气势的"。它分为底座、模子和顶部三个部分，是非常典型的。顶部是美国陆军第二军的三叶草标志，该团属于该军。铸模上的铜牌讲述了这次战斗的事件和伤亡情况。这支部队曾在战役高潮的第三天帮助击退了皮克特冲锋（Pickett's battle）。

纪念宾夕法尼亚州第六志愿团的纪念碑是一个更精致的柱形纪念碑。他们筹得额外的私人资金，建起一座由粉色和灰色罗得岛花岗岩块交替组成的 19 英尺高的雄伟方尖碑。这座纪念碑的象征意义非常丰富，正如该团的纪念碑落成仪式方案中所指出的那样：

> 其风格是最古老的纪念碑形式，象征着该团服役的持久性。粗糙的石头表面象征着这种服役的粗犷、厚实、日常的老兵特征，可以说是成功的基石。纪念碑清晰的边缘、印刻和表面表明该团所做记录的有效性和完整性。刻有指挥部名称和任务的抛光板是向后代展示他们为之入伍、为之战斗的光辉榜样的典型。作为一个整体，纪念碑像手指一样指向天堂，告慰所有的英雄们，他们的倒下使我们可以站立起来。[19]

宾夕法尼亚第一骑兵团于 1890 年竖立的纪念碑是一个典型的基座上有独立人像的例子。铜像由布洛维兄弟铸造厂铸造，由 H. J. 埃利科特（H.J. Ellicott）雕刻。粗糙的花岗岩基座象征着该部队的粗犷。这座 7 英尺高的雕像描绘了战斗中的一个真实情节。在战斗的第三天，宾夕法尼亚第一军团被命令支援联邦步兵对抗皮克特冲锋。雕像单膝蹲下，仔细地凝视着前进中的南军，准备在一瞬间填补防线上的任何漏洞。所有的制服和装备的细节都是一丝不苟的，这对骑兵团来说是非常重要的事情。这座雕像就在这支部队组成战线的地方，并描绘了他们的一次行动。它所面对的是南军步兵冲锋的确切方向。这座展现了"勇敢"和"坚定"的理想形态的雕像，代表了整个团。强调雕塑的特定地点性质，将真实的事件冻结在所发生的确切地点，以及逼真的细节都是这种类型的纪念碑的典型特征。在各种柱形纪念碑上，许多逼真的战斗场景都是用不太昂贵的浮雕描绘的。[20]

象征性的物品相当罕见。一个有趣的例子是纽约第 150 步兵团在寇普岭（Culp's Hill）建立的纪念碑，该部队曾在那里坚守，抵挡住了南军第二天的猛烈攻势。这是一座雄伟的 23 英尺 8 英寸高的花岗岩塔，有一个 10 英尺 × 10 英尺的底座。它的总成本是 4400 美元，大约是纽约州拨款的 3 倍。铜牌上某些精致的细节，如团旗，是由雕塑家乔治·比塞尔（George Bissell）雕刻的。死者和伤者的名字被镌刻在铜牌上。这种对纪念碑的个性化处理是非常特别的——大多数纪念碑只是简单地列出了伤亡人数。这座纪念碑的象征意义也很丰富，正如在它的落成仪式上的致辞所言：

> 它由 13 块巨大的石头组成，是国家诞生、团结和稳定的象征。
> 在这里，我们的 600 位强者，肩并肩地站在这里，将对联邦和我们父亲般的政府的忠诚的爱，刻在这些石头上。
> 因此，这座纪念碑上的巨大石块，一块叠一块，相得益彰，每个石块都把另一个石块固定住，代表一个不可战胜的力量之塔。
> 它们还恰当地体现了该团官兵的团结、爱和相互尊重的特点。
> 愿这座纪念碑永远存在……激发勇气、忠诚和真正的男子气概，这是合众国的生命之源……[21]

最后一类，即描绘自然元素的纪念碑，非常罕见。其中最有趣的一个是宾夕法尼亚第十九步兵团竖立的纪念碑。它是用花岗岩雕刻的，表现的是一棵巨大的橡树，它的树顶被一颗炮弹炸掉了，炮弹还留在树干的顶部。在破碎的树梢上，一只鸟正在照料它的鸟巢。树干上挂着各种军事装备的青铜复制品（包括枪支和背包），雕刻得非常精确。这个场景代表了战斗中实际发生的情况。一窝小鸟被射出树外，一个团员冒着生命危险重新安置了没有受伤的小鸟。这只鸟是一只鸽子，在落成仪式上也被称为战争结束后"和平和善意的时代"的象征。同样，重点是纪念战斗中的一个确切事件和对军事装备几乎是照片般的逼真表现。[22]

人们注意到这些战场上的许多纪念碑与维多利亚时代的公墓纪念碑有相似之处。典型的柱形，有三脚底座、模子和顶部，看起来非常像19世纪中后期典型墓碑的放大版，上面有军团符号、军事装备和铜牌。方尖碑是19世纪早期和中期流行的丧葬纪念碑。老兵们在设计他们的纪念碑时，可能受到了这些先例的影响。此外，虽然战场上的纪念碑并不标示实际的墓地，但它们具有教诲和颂扬的目的，与19世纪美国奥本山（Mount Auburn）、格林伍德（Greenwood）和斯普林·格罗夫（Spring Grove）公墓等地的乡村墓地纪念碑非常相似。当然，这些纪念碑中有许多都参考了古希腊和罗马的先例。沿着葛底斯堡的公墓山脊的一排军团纪念碑让人想起凯拉米克斯遗址（Kerameikos）中类似排列的大理石纪念碑，那个古代雅典著名的杰出公民墓地。将雅典的"民主"和/或罗马的共和主义价值观与新的美利坚合众国联系在一起，在19世纪的美国是很常见的。

纪念碑的落成仪式经过精心策划，花费往往比纪念碑本身的成本还要高。州长、州纪念碑委员会的成员和其他政要经常出席这类仪式。这样的庆祝活动符合19世纪美国人对充满戏剧性的长篇公共表演的喜爱。参加仪式的人数平均约为1000人，当然包括该团在世的老兵，以及他们的朋友和家庭。一个典型的仪式以该团牧师的祈祷拉开序幕，人群聚集在悬挂着国旗的纪念碑周围。接下来是激动人心的乐队奏乐和朗读由该团成员创作的纪念其英勇和痛苦的诗歌。随后是前军官和士兵的几场演说，每场演说都可能持续一个多小时。[23] 在热烈的掌声和欢呼声中，纪念碑的揭幕将整个仪式推向高潮。之后，纪念碑被正式移交给葛底斯堡战场纪念协会，由其负责照管和维护。仪式通常在祈祷声或歌唱美国中结束。老兵们聚集在纪念碑周围拍一张合影，这张合影经常被转载到该州关于军团纪念碑的出版物上。

演说往往很精彩。对许多老兵来说，在这些仪式上发言是他们一生中的高光时刻。[24] 演说中非常详细地讲述了该团的历史和在战斗中的特殊英勇事迹。其中不乏对战争、维护联邦和奴隶制等问题的讨论。一些演说家对新大陆的奴隶制或宪法的制定发表长篇大论。一些人回顾战争中的巨大痛苦和磨难，似乎这个仪式为长期压抑的记忆提供了宣泄的机会。但演讲的基调大多是积极的，提醒听众他们现在和将来对国家的义务。他们经常呼吁与前联邦的对手和解，其中一些人可能就在人群中。少数演讲有点尖酸刻薄，抗议纪念碑铜牌上的错误或纪念碑在战场上的不当位置。在野猫团（即宾夕法尼亚第105步兵团）揭幕纪念碑时，发生了一件更为精彩的事情。纪念碑的碑身上应该恰当地刻有一只野猫的铜质头像，但老兵们失望地发现，这只野猫看起来更像一只温顺的家猫。他们要求塑造一个更凶猛的形象，一年后，新形象就被安放在了那里。[25]

许多发言还提到了大自然的治愈力量，它使战场及其周围地区恢复了田园之美，象征着国家本身的痊愈。在这样做的时候，他们采用了19世纪葬礼演说中经常使用的更新和改造的自然意象，特别是在马萨诸塞州剑桥市奥本山这样的乡村墓地举行的葬礼。[26] 弗雷德里克·劳·奥姆斯特德（Frederick Law Olmsted）和卡尔弗特·沃克斯（Calvert Vaux）在设计中央公园和展望公园时，也调用了田园诗的治愈力量。

这些落成仪式上的演讲揭示了19世纪美国文化的许多情况。在呼吁国家统一的背后，人们感觉到一个受到城市贫困和劳工动乱等内部问题威胁的国家。向其他国家证明美国也有悠久而光荣的历史的长期需要也是显而易见的。一些演讲声称，葛底斯堡在世界历史上的意义已经超过了马拉松和滑铁卢。一些人对最近在美西战争中取得的胜利进行了民族主义的炫耀，在那场战争中，联邦和邦联的老兵们曾一起战斗。在接近20世纪末举行的落成仪式上，当《吉姆·克劳法》（*Jim Crow Laws*）广泛施行时，越来越少的演讲者提到奴隶制。

唤起的记忆是具有高度选择性的。大多数情况下，战争被回忆为一场勇敢冲锋的战争，是一场保卫家园的战争，是一场值得与敌人一战的崇高战争，是一场骑士精神和对敌人怜悯的战争。人们很少提到安德森维尔（Andersonville）战俘营，也没有提到在彼得堡（Petersburg）和其他战役中对黑人部队犯下的暴行。没有人记得全面战争的残酷性，它摧毁了平民的庄稼和农场，也没有人记得利用对现代武器的杀伤力知之甚少的战术而对部队进行的无谓屠杀。在人们的记忆中，这场战争是为了原则而战，而不是为了领土而战。老兵们绝对相信他们的事业是正义的，他们的胜利是上帝对他们努力的认可。新的统一国家的繁荣也标志着上帝的赐予。[27]

现在，我们可以开始理解为什么这些年迈的老兵会在保留下来的战场圣地上进行如此热闹的立碑活动。显然，他们希望自己的牺牲和英勇事迹能够得到后代的赞赏与铭记。与以前的战友团聚无疑是一件令人高兴的事，对许多人来说，这将是他们在这片荣耀的土地上最后一次团聚。他们可能沉湎于怀旧的夸张和制造神话，但他们明白一些重要的事情：如果不通过纪念仪式和竖纪念碑来延续其基本价值，任何社会都无法继续繁荣。他们为我们留下了宝贵的遗产。

## 注释

1. David Lowenthal, "Age and Artifact, Dilemmas of Appreciation," in Donald W. Meinig, ed., *The Interpretation of Ordinary Landscapes: Geographical Essays* (New York: Oxford University Press, 1979): 104.

2. William Hubbard, "A Meaning for Monuments," in Nathan Glazer and Mark Lilla, eds., *The Public Face of Architecture, Civic Culture, and Public Spaces* (New York: Free Press, 1987): 124-141.

3. 对这些纪念碑最全面的研究是 Michael Wilson Panhorst, "Lest We Forget: Monuments and Memorial Sculpture in National Military Parks on Civil War Battlefields, 1861-1917" (Ph.D. diss., University of Delaware, 1988)。我特别感谢这项工作，因为它提供了有关军团纪念碑设计和建造的信息。又见 Wayne Craven, *The Sculptures at Gettysburg* (N. p.: Eastern Acorn Press, 1982)。

4. 关于葛底斯堡战场作为纪念景观的简要发展历史，见 Kathleen Georg Harrison, "'A Fitting and Expressive Memorial': The Development of Gettysburg National Military Park," in *The Gettysburg Compiler* 1:1: 28-34。麦考诺伊在战争结束后不到4周就开始相关工作，并用自己的资金购买了第一批土地。

5. 见 John Brinckerhoff Jackson, "The Necessity for Ruins," in *The Necessity for Ruins and Other Topics* (Amherst: University of Massachusetts Press, 1980): 91-92。

6. 尤见 *Pennsylvania at Gettysburg: Ceremonies at the Dedication of the Monuments Erected by the Commonwealth of Pennsylvania* (Harrisburg, Pa.: E, K. Meyers, State Printer, 1893): 2: 595, 675; William F. Fox, *New York at Gettysburg: New York Monuments Commission for the Battlefields of Gettysburg and Chattanooga, Final Report on the Battlefield of Gettysburg* (Albany, N.Y.: J. B. Lyon, 1900): 1: 295, 340, 525, 555, 621, and 2: 928, 115。

7. 关于15周年庆典的详细描述，见 *Pennsylvania at Gettysburg*, vol. 3。

8. 细节见 Panhorst, "Lest We Forget," 44-80。

9. 纽约州和宾夕法尼亚州尤其如此，这两个州在葛底斯堡的军队比其他州多。宾夕法尼亚州推迟了投票，直到它知道纽约的拨款，然后才进行匹配。经过拉锯，他们将每座纪念碑的价格定为 1500 美元，大多数纪念碑上都盖上了官方印章。

10.《纽约在葛底斯堡》(New York at Gettysburg) 这个三卷本的文集是个典型的例子。

11. 一个军团只能在自己选择的战场上竖立一座纪念碑，葛底斯堡是最常见的选择，因为它是战争的重要转折点。在葛底斯堡，17.2 万名士兵交战 3 天，造成 5.1 万人伤亡。

12. "Official Minutes of the Gettysburg Battlefield Memorial Association, 1872-1895" 是收藏于葛底斯堡国家军事公园图书馆的未出版的手稿。我要感谢葛底斯堡国家军事公园历史学家罗伯特·普罗斯佩里（Robert Prosperi），他提醒我注意这本书和其他主要的原始资料。

13. John M. Vanderslice, *Gettysburg Then and Now* (1889; rpt., Dayton, Ohio: Press of Morningside Bookshop, 1983): 400-468, esp. 451.

14. 除了专注于南北战争纪念碑外，这些公司还生产墓地纪念碑和建筑材料，见 Panhorst, "Lest We Forget," 92-98。

15. 下面的总结基于 *New York at Gettysburg*, vols. 1-3, 和 *Pennsylvania at Gettysburg*, vol. 2。

16. *New York at Gettysburg*, 1: 237; *Pennsylvania at Gettysburg*, 2: 703, 904.

17. *Century 50* (May-October 1895): 795-796.

18. 有大量记录显示，军团纪念碑委员会访问雕塑家工作室，按照统一的细节纠正错误，见 Robert M. Green, *History of the One Hundred and Twenty-fourth Regiment Pennsylvania Volunteers in the War of the Rebellion, 1862-1863* (Philadelphia, Ware Brothers, 1907): 343-352。

19. *Dedication Service at Gettysburg of Pennsylvania's Sixth Reserves Volunteer Infantry* (Athens, Pa.: Gazette Printing and Engraving, 1892): 6-7. 这份文件的副本可以在葛底斯堡国家军事公园图书馆找到.

20. *Pennsylvania at Gettysburg*, 2: 772; Frederick W. Hawthorne, *Gettysburg: Stories of Men and Monuments* (Hanover, N.H.: Sheridan Press for the Association of

Licensed Battlefield Guides, 1988): 118.

21. *New York at Gettysburg*, 3: 1024-1025.

22. *Pennsylvania at Gettysburg*, 2: 500; Hawthorne, *Gettysburg*, 28.

23. Garry Wills, *Lincoln at Gettysburg: The Words that Remade America* (New York: Simon and Schuster, 1992): 169-172. 加里·威尔斯（Garry Wills）观察到，林肯的葛底斯堡演讲以其简洁的电报形式，开创了政治演讲的新先例。这一先例显然没有影响到退伍军人，他们的演讲类似于林肯的联合演说家爱德华·埃弗雷特（Edward Everett）那种更长、更戏剧化的演讲．

24. 由德国移民组成的几个团的成员用母语发表了落成演说，见 *New York at Gettysburg*, 1: 281。典型的仪式顺序可以在这本书中找到。

25. 来自葛底斯堡国家军事公园历史学家罗伯特·H. 普罗斯佩里（Robert H. Prosperi）的个人通信。

26. 我要感谢加里·威尔斯的这一见解。见 Wills, *Lincoln at Gettysburg*, chap. 2。

27. 这些主题都是从 *Pennsylvania at Gettysburg*, vol. 2 和 *New York at Gettysburg*, vols. 1-3 中总结出来的。

# 第 6 章
# 唐人街的视觉特征

黎全恩（David Chuenyan Lai）

在不同的时间和不同的城市，"唐人街"对不同的人意味着不同的东西。唐人街可以被设想为社会共同体、城市内的社区、郊区的购物广场、历史街区、旅游景点、神秘之地，或者文化熔炉。尽管我们对唐人街的认知可能是由我们对它作为一个社会实体的知识所形成的，但我们的认知也受到了观察行为的影响。

唐人街建筑物的外墙是最引人注目的地方特色的视觉部分。西方建筑师或承包商建造了大多数唐人街的老建筑，但他们试图通过修改或处理标准的西方建筑形式来创造"中国风"或异国情调。例如，在加拿大不列颠哥伦比亚省（British Columbia）的维多利亚（Victoria）和温哥华（Vancouver）的唐人街，建筑物既展示了中国风格的装饰细节，也展示了以当时流行的意大利商业风格和安妮女王时代风格建造的西式外墙。[1] 其他的唐人街，如旧金山、西雅图、温哥华和蒙特利尔的唐人街，仍然糅合了类似的 19 世纪建筑风格。这些建筑融合了中国和西方建筑风格的特点。

虽然唐人街的建筑从未形成统一的风格，但通常包含其他市区建筑中很少见的几种建筑特征。最常见的元素是内凹或凸出的阳台、上翘的屋檐和屋顶转角、主要阳台上方伸出的屋檐、倾斜的瓦片屋顶、顶部有斗拱的光滑或有雕饰的柱子、旗杆，以及带有中华文化图案的围墙。[2]

许多唐人街建筑的上层主要是内凹的阳台。这种元素可能是对香港、澳门、广州和其他中国南方城市做法的模仿，那里的建筑外墙每层都向后退，空出的空间作为阳台。内凹式阳台在中国南方很常见，因为它有助于保持建筑物内部冬暖夏凉。在雨天，居民将衣服晾在内凹阳台的竹竿上。

内凹的阳台也为孩子们提供了一个开放的空间，供他们玩耍，并在中国新年和其他节日期间用来拜祭天神。在唐人街，大多数华人协会的建筑都有内凹的阳台，在节日庆典期间，内部集会大厅太过拥挤或有街头游行时，这些阳台就很有用。

在唐人街以外的地方，我没有遇到过任何有内凹阳台的建筑，除了波特兰（Portland）的一座建筑：在华盛顿街和 S.W. 第二大道的拐角处的瓦尔多街区（Waldo Block），这栋三层楼的建筑有一个内凹的阳台，它位于波特兰唐人街 4 个城市街区以南。即便如此，通过搜索该街区的历史，会发现在 19 世纪 80 年代末，它是由至孝笃亲公所（Gee How Oak Tin Association）拥有的，当时的唐人街包含该街区。[3]

唐人街建筑物的外墙通常覆盖着中国的装饰细节。[4] 主要的装饰元素包括：金、红、绿、黄和其他亮丽的颜色；动物图案，包括龙、凤凰或狮子；植物图案，包括松、竹、梅和菊花；其他图案，包括塔、灯笼、碗和筷子；时尚的汉字铭文，如福、寿；汉字招牌；悬挂的灯笼；圆形、月形和有华丽格子图案的门、窗或拱门；以及装饰有花纹的栏杆。

在中国传统建筑文化中，颜色和动物图案被认为会影响建筑使用者的财运和命运。红色象征着幸福，金色与繁荣有关，黄色是皇族的颜色，蓝色与和平有关，绿色与生育有关。某些神秘的动物，如龙和凤凰，被认为是吉祥的，通常被雕刻或画在墙壁、柱子和商店招牌上。

唐人街也因为一些建筑而在视觉上与其他城市街区有明显不同，如西雅图的中式亭子、蒙特利尔的中式宝塔、温哥华和温尼伯（Winnpeg）的中式花园等。此外，还有中国的装饰特点，如电话亭和使用汉字与英文字母的双语街牌。在唐人街的许多餐馆和礼品店上，塔和灯笼等中式元素被用作装饰。

装饰华丽的中式牌坊或门楼是北美许多唐人街的显著地标。[5] 例如，在波士顿、芝加哥、埃德蒙顿（Edmonton）和温尼伯，中式牌坊是唐人街的象征性入口。洛杉矶的两座中式牌坊是一个购物广场的入口。在温哥华，一座中式牌坊是中国文化中心（the Chinese Cultural Center）的象征性入口。在维多利亚，和谐之门（the Gate of Harmonious）是为了纪念该市华人和非华人公民在修复唐人街方面的合作，以及该城市多元文化社会的和谐而设立的。

我们对唐人街的一系列看法的关联方式，可能会让我们的头脑将唐人街的形象塑造成一个连续的区域。例如，在维多利亚，在老建筑的商业门面后面，仍然可以看到错综复杂的由优美的拱廊、狭窄的小巷和封闭的庭院组成的网络。这些建筑构件与通过街道的人们和谐地联系在一起。我们看到一个巨大的、令人印象深刻的大门，然后是设计的细节，是三层楼房的外墙，是街道、人行道、人和车辆，最后是小巷和院落。唐人街各部分整合得很有层次，给我们一种复杂、连贯和满足的感觉。

我们敏锐地意识到物体和它们之间的间隔——招牌、商品、电话亭、人行道长椅和路灯。它们之间的距离很近，使我们在视觉上意识到这里的街景及社区比较密集。

## 注释

1. Alastair W Kerr, "The Architecture of Victoria's Chinatowns," *Datum* 4: 1 (Summer 1989).

2. David Chuenyan Lai, *Chinatowns: Towns within Cities in Canada* (Vancouver: University of British Columbia Press, 1988).

3. Nelson Chia-Chi Ho, *Portland's Chinatown* (Portland, Ore.: City of Portland, Bureau of Planning, 1978).

4. David Chuenyan Lai, *The Forbidden City within Victoria: Myth, Symbol, and Streetscape of Canada's Earliest Chinatown* (Victoria: Orca, 1991); Christopher L. Salter, *San Francisco's Chinatown: How Chinese a Town?* (San Francisco: R & E Research Associates, 1978).

5. David Chuenyan Lai, *Arches in British Columbia* (Victoria: Sono Nis Press, 1982).

# 第 7 章

## 独眼人称王的地方：视觉和形式主义价值观在景观评价上的暴政

凯瑟琳·M. 豪威特（Catherine M. Howett）

> 如果一个人以一种固定的、不可改变的观点——对未察觉的事物仅做出无知的重复性反应——来对待环境、社会冲突，那么生存是不可能的。
>
> ——马歇尔·麦克卢汉（Marshall Mcluhan）和昆廷·菲奥雷（Quentin Fiore）

近年来，电视和其他通信技术对中国、东欧和苏联的社会、政治动态的影响，应该激发起人们重新阅读马歇尔·麦克卢汉的作品，他生前喜欢扮演精明的小丑和先知的双重角色。自麦克卢汉预言世界即将转变为一个"地球村"，新形式的"电子媒体"将它从西方文化以对理性和视觉经验的长期依赖作为生活和机构的组织原则中解放出来，已经过去了超过 1/4 个世纪。

对麦克卢汉来说，电视不是一种印刷品或照片可以与之相提并论的视觉媒介，印刷品或照片所呈现的数据排列方式假定了事物和概念之间存在逻辑和序列的联系。他认为，电视是一种"冷"媒介——触觉而非视觉的延伸——它对印刷技术的叙事结构和信息偏向漠不关心；它更类似某些原始艺术和基于继承下来的神话的口头传统的无结构、无模式的"马赛克"效果[1]。无论麦克卢汉对当代媒体的分析有多大价值，他对共同文化遗产的批判使西方社会倾向于某些看待世界的方式——无论是在字面的、物理的还是隐喻的意义上——越来越多地被哲学、环境心理学、艺术史、文学批评和文化地理学等学科的学者们所分享。

康德式的概念，即人类的意识积极地、本质地决定了我们对现实的感知和解释，现在已经被接受为一个不争的事实，正如一个推论，即一个人的意识被他所属的文化共同体深刻地塑造了。然而，尽管意识到对"在那儿的"（out there）世界的某些部分做出的每一个判断都不可避免地是主观的和基于价值判断的，但审美倾向、偏好和偏见往往仍然没有得到检视。虽然对于特定文化中的个人或社会团体来说，当然不可能以科学的客观性来清点和分析他们对各种经验的评价所依据的全部价值观，但探索共同价值观的起源、历史和演变的任务对于理解我们自己来说是不可或缺的。具体到物理环境，理解我们为什么倾向于将一套特定的价值观作为环境评估和决策的基础，可能能将我们从错误的信念中解放出来——这种错误信念认为，我们的判断和行动是基于严格客观的和不可侵犯的标准。

这篇文章探讨了西欧和美国人对场所外观的高度重视的起源，基于我们的期望，如果场所要被认为是"美丽的"或"设计良好的"，那么应该有一个一目了然的和传统的视觉元素的形式序列。尽管认为我们可以或应该忽视视觉在人类与环境的大多数接触中扮演着主导角色的想法是荒谬的，但将视觉感官的主导地位转化为具体的审美价值是文化的结果，而不是自然的结果。此外，如果对视觉和构图价值的几乎排他性的投入使我们对所经历的景观的其他潜在属性视而不见，那么我们就会因为未能发现和利用额外的——在某些情况下是替代性的——审美满足感的来源而变得更加贫乏。显然，同样地，基于文化条件下的审美准则的设计和政策决定，其前提在很大程度上没有经过审视，而只是延续了环境偏见，实际上可能破坏了生态和（或）社会利益。

麦克卢汉将我们对视觉价值和高度结构化的空间组合的关注的历史

根源，追溯到文艺复兴时期发生的图像和空间表现的革命。他认为，15世纪活字印刷的发明在概念上与文艺复兴时期艺术家和建筑师对透视学的发明或重新发现有关。这两种装置都涉及一个线性的、统一的、可持续复制的过程，以视觉的方式定义世界，并强调一个固定的视角和一个独立的观察者/读者。文艺复兴时期的透视法提出了一种空间秩序的视觉范式，这种空间秩序来自形式化的度量单位，由纵轴和横轴主导，其特点是在一个统一的整体中各部分的对称性与和谐平衡。

麦克卢汉对这种模拟的层次结构的俏皮评论["所有东西的广场和所有东西都在自己的广场中"（A piazza for everything and everything in its piazza）²]，被约翰·怀特（John White）在《绘画空间的诞生与重生》（The Birth and Rebirth of Pictorial Space）中对文艺复兴时期的幻觉透视的意图和效果的辛勤分析所支持。怀特指出，在平面上伪造真实三维空间外观的新技术所带来的真实性的实现，并不比一种新的绘画组织更具有革命性："所有物体都服从于一套单一的规则，这远远超过了对自然界进行更紧密模仿的装置。绘画世界中每个元素之间经过测量的关系都是增强构图的统一性和真实性的有力因素。"³

作为对日常经验世界的一种非凡的艺术改造，文艺复兴时期的绘画不可避免地调节了观察的我/眼睛（I/eye）——那个决定了透视空间中线条分散形式的固定点——在画框外的真实环境中应该感知的东西。绘出的风景或城市场景中的理想化形式秩序为实际空间的设计提供了一个模型，包括建筑、街道和花园，甚至是大型农村庄园和整个城市。首先是规划的概念框架，将抽象的几何秩序强加给原始环境的明显无序或混乱；然后是在巴洛克建筑和城市设计的伟大时代，越来越多的人喜欢操纵远景，喜欢把景观作为奇观和剧院。约翰·布林克霍夫·杰克逊发表于1979年的文章《作为剧院的景观》（Landscape as Theater）提出了"剧院"的隐喻与实际场所（地理分布上的剧院、城市的剧院）之间的联系，戏剧作为一种主导艺术形式的出现，以及花园和城市景观的设计，旨在通过英雄般的规模及令人眼花缭乱的水和光的展示，经过复杂调整的、为崇高的人类行动和社交活动提供合适场所的空间序列，来吸引眼球。[4]

从16世纪中叶哥白尼对中世纪宇宙论的抨击到17世纪末牛顿发表《自然哲学的数学原理》(*Principia*)，这期间的科学革命为文艺复兴和巴洛克设计的视觉和形式主义重点提供了哲学上的支持。伽利略将客观认识自然的标准归因于科学，其基础是数学的、可预测的和可测量的现实，而不是纯粹的心理，即主观的人类对自然的反应。笛卡尔进一步强调了人与自然之间的根本区别，他把自然隐喻地比作一台由空间中运动的物体组成的巨大机器。只有会思考的自我站在这个由空间中延伸的物质组成的宇宙之外。笛卡尔的精神活动使他不可避免地相信自己的存在，这使他得出结论，他是"一种物质，其全部性质或本质是由思考组成的，其存在既不取决于它在空间中的位置，也不取决于任何物质"。[5]

因此，笛卡尔的二元论在主观的、理性的人和客观的、物质的、机械的自然之间建立了一个根本的形而上学分离。而牛顿则开始证明，所有的自然现象都可以用不可分割的原子在可测量的物理力量的影响下，按照普遍定律在无限的宇宙空间中运动来解释。笛卡尔—牛顿范式既确立了对物质宇宙的描述，也确立了可以获得有效宇宙知识的方法论参数。这一范式主导了西方的科学思想，直到20世纪初"新物理学"的出现。[6]

因此，毫不奇怪，当美学在18世纪作为一门独特的哲学学科出现时，它对可信度的要求，即对有可能发现和阐明关于艺术或自然的有意义的真理的要求，建立在它对客观科学研究的认同之上；事实上，一位18世纪的哲学家将美学定义为"感官知识的科学"。[7] 此外，物理学家的空间——牛顿的空间被描述为独立于在其内部运动的原子物质的客观和普遍的抽象物——将自己视为熟悉世界的集合体，它影响着人类的经验，因此可以通过一个有条理又严格无私的人类调查过程来观察、分析和分类。这种对观察者与研究对象分离的坚持,使视觉感知在有助于艺术对象的审美体验的所有感官中具有了特殊功能:"当艺术研究在启蒙运动后期最终实现解放和认同时,这种知性的视觉模式……成为……解释审美体验的主导隐喻,它是一种纯粹为了欣赏艺术品而产生的沉思态度。"[8]

对将远距离和无功利的观察作为审美判断的基础的相同坚持,很容易转移到景观上,因为它被认为是沉思的一个对象。事实上,风景画已经构成了一个艺术流派,特别适合这样的概念,即风景在被描绘的实际场景之外的观察者远距离欣赏时是最好的:"我们的要求似乎是将绘画视为一个整体,在视觉上是客观和完整的。分割、距离、分离和孤立同样是艺术的秩序和经验的秩序,因为绘画的特征塑造了我们感知的特征。"[9]

克洛德·洛兰(Claude Lorrain)、加斯帕德·普桑(Gaspard Poussin)、尼古拉·普桑(Nicolas Poussin)和萨尔瓦多·罗萨(Salvator Rosa)的风景画对18世纪英国风景园林学院发展的影响已被充分记载。[10] 与文艺复兴和巴洛克景观设计的古典传统中刻意展示的人工和人为控制相比,这种新风格的倡导者赞美对自然的忠实性。然而,18世纪"改良者"的景观设计致力于创造一套非常具体的自然意象,无论是田园式的还是如画式的,其价值在于它们被认为有能力在观察者的心中激起审美反应。埃德蒙·伯克(Edmund Burke)的《关于崇高和美丽的起源的哲学探究》(*A physical Inquiry to the Origination of the Supreme and the Beauty*,1757年)提出了一种基于特定物理属性的风景描述类型学,就像科学家可能根据物理特征对生物类型进行分类一样。例如,美只存在于那些表现出"小巧、光滑、渐变和精致的形式"的场景或物体中,伯克认为光滑(smooth)对美是如此重要,以至于他认为没有什么美的东西是不光滑的:"在树木和花朵中,光滑的叶子是美丽的;花园中平滑的土坡;风景中平整的树木。"[11]

由于审美体验主要集中在心灵对视觉刺激的反应上,而视觉刺激的排列方式将景观转化为沉思的对象,英国学派的景观设计师继续以类似戏剧布景的方式来构思他们的艺术，就像早期古典传统中的设计师一样。他们主要依靠对视觉设备的操纵来达到目的，从风景画家那里直接借用了某些技术，如使用画中（产生深、远效果）的浓重色彩（或增强光影）来处理近距离和远距离。但是，也许没有什么比经常使用威廉·肯特（William Kent）的"eyecatcher"（威廉·肯特首先建造的一种人为的废墟城堡）这样的装饰性建筑更能说明人们对精心设计前景的关注。这些装饰性建筑的目的是活跃来自罗斯海姆（Rousham）的河流的对面山上的遥远的地平线，或者是温波尔（Wimpole）的废墟城堡。这些城堡连接着一座哥特式塔楼、两道突出的墙和一排树，以传达一个被毁坏但实际存在的建筑的假象。

同样，诗人亚历山大·波普（Alexander Pope）的朋友、自称是花园设计师的约瑟夫·斯彭斯（Joseph Spence）牧师在他的 16 条景观构图"一般规则"中列出了"隐藏任何令人不快的物体"和"对任何令人满意的事物开放视野"的要求，以及"在任何地方隐藏场地范围"的要求。显然，景观设计需要消除现实世界中任何不能让眼睛满意和适合绘画构图的特征；筛选是与成像或聚焦同样重要的手段。斯彭斯的规则还阐明了透视的优先地位，透视方法控制着人眼记录景观空间形式的方式。他建议设计师"通过展示更多的中间地带逐渐缩小对近处物体的视野，使近处的物体看起来更远"，并"通过植入一些东西，使眼睛与远处物体结合，从而把远处的物体拉得更近"。[12]

这种将文艺复兴时期的假透视手段应用于英国风景园林学派的非正式或自然风格的做法，清楚地表明了这两种风格传统的基本连续性，现在通常被归类为古典和浪漫。英国 18 世纪流派的革命之处在于设计景观的图像内容的巨大变化，以及为表达这一内容而必须开发的新的正式词汇。它没有挑战文艺复兴思想的理论和哲学基础，即艺术家或设计师的任务是制作一件表现出抽象但可理解的视觉秩序以及体现出统一整体中各部分和谐平衡的作品。若与戏剧艺术进行类比，我们可以说，剧本、戏剧文本是新的，需要新的布景和新的人物阵容，但戏剧是在同一个老剧院里演出的，观众一如既往地坐在舞台外面，静静地看着。

当然，新剧本主要关注人与自然的关系，在 18 世纪的感性认识中，自然是渗透在宇宙复杂的、看不见的发条装置中的神圣秩序的最完美形象。雷蒙德·威廉姆斯在他认为是由风景园林学校的"改良者"颁布的对自然的新态度的一个后果中，观察到了一种奇特的讽刺。威廉姆斯认为，当自然成为新景观风格的实际主题时，它被吸收到同样的客体化过程中，被吸收到了文艺复兴时期人类观察者与"在那儿的"（out there）世界分离的过程中。一旦被理解为本质上独立于人类的客观现实（尽管我们对它有心理和情感上的反应），自然本身就可以被使用、改造，作为资源或商品来开发："随着对自然的大规模开发，特别是在新的采掘和工业过程中，从中获取最大利润的人回到了……未受破坏的自然，回到了购买的庄园和乡村的度假地……在工业企业家和景观园丁之间，存在着比我们通常认识到的更多的相似性，他们都将自然改变为可消费的形式。"[13]

威廉姆斯进一步暗示，下个世纪出现的保护运动——用他的话说，他可能会理解为为了留出"自然"商品的努力——并不总是与这种模棱两可的、有点妥协的自然保护无关。[14]

美国对环境态度的历史，从 17 世纪发展到现在，可以被看作与欧洲范式大体上一致。新大陆的惊人发现激发了一系列关于如何理解自然景观的隐喻性解释——从重新发现的伊甸园、等待新亚当的产生、清理旧世界的腐败，到清教徒威廉·布拉德福德（William Bradford）的"充满野兽和野人的可怕而荒凉的荒野"[15]，等待着被光之子的不懈努力所救赎。这两种解释都认为，必须将文明的农业秩序强加于美国的原始景观。直到 19 世纪，当哈德逊河画派（Hudson River school）的画家们在画布上创作风景画，将美国的田园风光或风景画框在克劳德（Claudean）传统的绘画惯例中时，美国人才开始将他们的本土风景视为具有审美价值的对象。这种新意识的萌发有助于在 20 世纪中叶及以后，为旨在教育美国人在艺术、建筑和景观设计方面的品位的新兴文学作品培养出一批受众。

例如，对那些不习惯将自己的住宅作为艺术表达的场所，也不确定如何继续改进的美国中产阶级而言，风景园林设计师安德鲁·杰克逊·唐宁（Andrew Jackson Downing）的通俗作品就如同函授美学课程。唐宁在他 1841 年的论文中解释说，景观园艺与普通园艺不同，其目的是"体现我们对农村住宅的理想"。"简而言之，它是美丽的，体现在一个家庭场景中。我们通过去除或隐藏一切不雅或不和谐的东西，并通过引入在表达方式、轮廓和宜居性方面令人愉悦的形式来实现它。"[16] 唐宁因此坦率地承认他的艺术所要求的技巧、抽象和操纵；作为为农村别墅的适当氛围而设计的自然场景并不是为了提供一种"真实"的自然体验。更确切地说，它们是传统中的理想化风景，无论是克劳德式的美丽风景，还是萨尔瓦多·罗萨式的如画风景，唐宁在分析他提供给美国人作为榜样的"现代"英国园林学派时重申了这两个经典风格。他明确指出，正是整个场景的视觉与绘画效果，以及房屋与地面的和谐构图，向整个世界传达了主人的高雅品位和崇高道德。

唐宁将美国人的价值观转化为景观风格的简化类型，而价值观比风格本身更顽强地抓住了国民的心理，因为风格永远受制于时尚的变化。这些价值观来自长期以来的传统，即在任何类型的设计景观中——城市、城镇、郊区或狭长地带，以及在自然景观中——视觉品质都是绝对优先的。可读的秩序——根据一种或另一种可能的构图系统，不管如何简化或减少到最小的"整洁度"——被视为任何具有审美价值的景观的基本属性，因此它已被认为是视觉或风景质量的同义词。

因此，小伯顿·利顿（Burton Litton, Jr.）在描述视觉调查和自然景观分析的目标和方法时，首先坚持研究人员必须严格客观，并抑制"个人偏见",[17] 然后建议将统一性、多样性和生动性作为评价视觉清单的审美标准:"统一性是所有部分结合成一个和谐的整体的品质。统一性也可以通过景观构成类型来表达,其中之一就是以特征为主导的景观。例如,一座孤立的山峰,有着巨大的尺度和不寻常的天际轮廓线,支配着一组规模较小的山峰和山脊,以及它们的森林、湖泊和溪水。"[18]

广义上来说,从文艺复兴时期到现在的艺术和科学的发展,决定了西方社会以特定的方式、特定的期望体验世界的文化倾向,这种发展的目的是加深对陷入了社会、智识的旋涡的我们自身的理解,甚至是为了挑战、侵蚀或完全颠覆这些产生传统假设的物理过程——这种物理过程根深蒂固,且基本上属于未经检验的思维和视觉习惯。20世纪的理论物理学已经取代了有3个世纪历史的牛顿式的有序系统的世界观,即在我们的感知经验的表面混乱之下,宇宙中运行着不可改变的物质法则,并将世界描述为秩序幻觉之下的混沌。在许多学科领域,它挑战了笛卡儿式的二分法,即感知的自我与自我之外的可测量、可知、可预测的世界:"在现代物理学中,宇宙被体验为一个动态的、不可分割的整体,总是以一种基本的方式包括观察者……传统的空间和时间的概念、孤立的物体,以及因果律,都失去了意义。"[19]

在科学界,有人提出了一种生态学范式,作为机械二元论的有益替代——在这个意义上,生态学不仅包括生物系统,还包括非生物的基本物理系统。[20] 在哲学、社会科学、文学和艺术领域,新的批评语言反映了以适应物理学家的新宇宙观的方式思考世界和人类活动的性质和意义的斗争。艺术家罗伯特·欧文(Robert Irwin)从绘画转向环境装置,他将其描述为"现象的"和"有条件的"。他提出了一个问题:"当我们坚持通过将'感知者'和'被感知的事物'之间的简单化和绝对化的二分法的命题定位为基础,来预先决定什么是可能的,我们能期望知道什么……我们的感知(在每一时刻)呈现出的是一个无限复杂的、动态的、完整的世界的包络和我们于其中的存在。"[21]

在文化地理学学科中，同样的修正过程导致了对替代性美学范式的建议，拒绝将我们周围的世界概念化为不同物体的聚集，而支持将环境视为"整体环境"（total setting）。这是一个人类观察者参与的行动领域，其中人与世界之间存在着持续的互惠交流。在这种模式下，审美价值将与对生态安全或福祉的判断密不可分。[22] 另外，在建筑和景观设计中，现代主义的主要遗产是对形式主义价值观的高度重视。这种重视植根于将作品视为一种自主的三维构图，其审美品质主要来自结构和空间关系的抽象几何，以及技术解决方案的透明度。20世纪初的一个失败的、将建筑作为社会改革工具的乌托邦梦想——詹姆斯·瓦恩斯（James Wines）谈到勒·柯布西耶（Le Corbusier）"对居住在笛卡尔式塔楼中的伊甸园社区的狂喜愿景"[23]——在第二次世界大战后成为批评家的目标。那时，正如曼弗雷多·塔夫里（Manfredo Tafuri）给国际主义风格的单体塔楼贴上的标签[24]，"超级物体"的激增被视为与真正的城市主义价值观相悖。艾莉森和彼得·史密森夫妇（Alison and Peter Smithson）在1967年的《第10小组入门》（*Team 10 Primer*）总结了新一代建筑师之间的对话，他们要求更重视社区的需求，以及更加灵活、反应迅速、不断进化的设计，而不是"静态纪念碑"。[25] 罗伯特·文丘里（Robert Venturi）在1966年的《建筑的复杂性与矛盾性》（*Complexity and Contradiction in Architecture*）中也同样挑战了现代主义的纯粹还原论，尽管文丘里的宣言将论点转移到了对历史风格的比较批评上。他对巴洛克传统和"日常的、平民的和被蔑视的景观"两者的浮夸赞美[26]，为后现代主义的历史主义、语境主义和装饰主义的浪潮打开了闸门——通常将古典来源的片段与熟悉的乡土景观元素合并在一起。然而，正如马丁·费勒（Martin Filler）所指出的，后现代主义，"开始时是对僵化和重复的晚期现代主义的大众化拒绝，后来却变成与它打算取代的风格一样，是形式主义和模式化的"。[27]

与此相反，近期大量的建筑批评借鉴了现象学的文献，特别是马丁·海德格尔（Martin Heidegger）对建筑和居住经验的思考，这种经验与存在本身的经验融为一体，因此与日益成为现代居住区特征的无地方性现象完全不同。肯尼思·弗兰普顿（Kenneth Frampton）在一篇旨在批评破坏本土文化传统和区域多样性的"普遍化"，进而提出"抵抗性建筑"的文章中，利用海德格尔来论证"比更抽象、有更多正式传统的现代先锋建筑所允许的，一种与自然的更直接的辩证关系"。弗兰普顿还希望鼓励建筑策略放弃对视觉感知的过度强调，转而赞赏"一系列互补的感官感知……被一个易变的身体所记录的方式：光、暗、热和冷的强度；湿度的感觉；材料的香气；当身体感受到自己的束缚时，几乎可以感觉到砖石的存在；当行走在地面上时，身体牵引脚步的动量和相对的惯性；我们自己脚步声的回声"。弗兰普顿认为，这样的现实"只能从经验本身来解读，不能被简化为单纯的信息、表象或简单地用一个拟像来替代缺席的在场"。[28] 弗兰普顿高度意识到，应将一个人对建筑或场所的生理或心理反应作为建筑或景观实现的关键方面，他反对将图像和布景价值置于首位的主导文化传统。

反思我们文化传统中的历史演变，在评价所接触的景观时，无论我们是否意识到这一点，都倾向于应用某些审美标准，这应该会激发对作为判断依据的替代价值观的探索。如果没有这样的努力，我们将继续盲目地在不能看见的、不能亲密且深刻地理解的环境中生活和行动，而仅仅是因为我们习惯用评价的眼光来看待它们，将它们与我们被教导只需要重视的视觉组织和景观意义的无意识标准相比较，而对我们从童年早期开始接触世界的经验中对场所的宝贵认识、感受和珍视漠不关心。正如雷蒙德·威廉姆斯所说的那样，对工作过程中的环境是否符合视觉标准或美的标准无动于衷。麦克卢汉说，早就应该"把有文化的西方人的冷漠和孤立的角色放在一边了……观点的片面性和专业性，无论多么崇高，在电子时代都不会有任何作用……我们这个时代的愿望是追求整体性、同理心和认识的深度"。[29]

## 注释

题词：Marshall McLuhan and Quentin Fiore, *The Medium Is the Massage* (New York: Bantam, 1967)。

1. Marshall McLuhan, *The Gutenberg Galaxy: The Making of Typographic Man* (Toronto: University of Toronto Press, 1962); Marshall McLuhan, *Understanding Media: The Extensions of Man* (New York: McGraw-Hill, 1964); McLuhan and Fiore, *Medium*.

2. McLuhan and Fiore, *Medium*, 53.

3. John White, *The Birth and Rebirth of Pictorial Space* (New York: Harper and Row, 1972): 190.

4. John Brinckerhoff Jackson, "Landscape as Theater," *Landscape* 23, no.1 (1979): 3-7.

5. Rene Descartes, *Discourse on Method* (1637), 转引自 David Pepper, *The Roots of Modern Environmentalism* (London: Croom Helm, 1984).

6. Pepper, *Roots*, 5, 46-52.

7. J. Alexander Gottlieb Baumgarten, *Aesthetica* (1750). 转引自 Arnold Berleant, "Toward a Phenomenological Aesthetics of Environment," in Don Ihde and H. J. Silverman, eds., *Descriptions* (New York: State University of New York Press, 1985): 112.

8. Berleant, "Toward a Phenomenological Aesthetics," 113.

9. Berleant, "Toward a Phenomenological Aesthetics," 115.

10. 参见 John Dixon Hunt, *The Figure in the Landscape: Poetry, Painting, And Gardening During the Eighteenth Century* (Baltimore: Johns Hopkins University Press. 1976): 39-48。

11. Edmund Burke, *A Philosophical Inquiry into the Origins of Our Ideas of the Sublime and the Beautiful*. 转引自 David Watkin, *The English Vision: The Picturesque in Architecture, Landscape. and Garden Design* (New York: Harper and Row, 1982): 68。

12. Letter of Rev. Joseph Spence to Rev. Mr. Wheeler, Sept. 19, 1751. 转引自 Ann Leighton, *American Gardens in the Eighteenth Century: "For Use or for Delight"* (Boston: Houghton Mifflin, 1976): 333-336。

13. Raymond Williams, *Problems in Materialism and Culture* (London: Vers ol New Left Review Editions, 1980): 80-81.

14. Raymond Williams, *Problems in Materialism and Culture* (London: Vers ol New Left Review Editions, 1980): 81.

15. William Bradford, *History of Plymouth Plantation*, 1606-1646, ed. William T. Davis (New York: Barnes and Noble, 1908). 转引自 Leo Man, *The Machine in the Garden: Technology and the Pastoral Ideal in America* (London: Oxford University Press, 1964): 41。

16. Andrew Jackson Downing, *A Treatise on the Theory and Practice of Landscape Gardening, Adapted to North America....*, 6th ed. (New York: A. O. Moore, 1859): 18.

17. R. Burton Litton, Jr., "Visual Assessment of Natural Landscapes," in Barry Sadler and Alien Carlson. eds., *Environmental Aesthetics: Essays in Interpretation*, Western Geographical Series, no. 20 (Victoria, B.C.: University of Victoria, 1982): 99.

18. R. Burton Litton, Jr., "Visual Assessment of Natural Landscapes," in Barry Sadler and Alien Carlson. eds., *Environmental Aesthetics: Essays in Interpretation*, Western Geographical Series, no. 20 (Victoria, B.C.: University of Victoria, 1982): 103.

19. Gary Zukav. *The Dancing Wu Li Masters: An Overview of the New Physics* (New York: Morrow, 1979): 211.

20. David Ray Griffen, "Introduction: The Reenchantment of Science," in David Ray Griffen, ed., *The Reenchantment of Science* (Albany: State University of New York Press, 1988): 14.

21. Robert Irwin, *Being and Circumstance: Notes Toward a Conditional Art* (Larkspur Landing, Calif.: Lapis Press in conjunction with the Pace Gallery and the San Francisco Museum of Art, 1985): 12.

22. Barry Sadler and Alien Carlson, "Towards Models of Environmental Appreciation," in Sadler and Carlson, *Environmental Aesthetics*, 162-163.

23. James Wines, *De-Architecture* (New York: Rizzoli, 1987): 38.

24. Manfredo Tafuri, 转引自 Wines, *De-Architecture*, 38.

25. Manfredo Tafuri, 转引自 Wines, *De-Architecture*, 26.

26. Robert Venturi, *Complexity and Contradiction in Architecture* (New York: Museum of Modem Art in association with the Graham Foundation for Advanced Studies in the Fine Arts, 1966): 104.

27. Martin Filler, *review of The Most Beautiful House in the World*, by Witold Rybczynski, New York Review of Books 37 (1 Feb. 1990): 26.

28. Kenneth Frampton, "Toward a Critical Regionalism: Six Points for an Architecture of Resistance," in Hal Foster, ed., *The Anti-Aesthetic: Essays on Postmodern Culture* (Port Townsend, Wash., Bay Press, 1983): 26, 28.

29. McLuhan, *Understanding Media*, 4-5.

# 第 8 章

# 奇观与社会：前现代和后现代城市中作为剧院的景观

丹尼斯·科斯格罗夫（Denis Cosgrove）

当代景观最普遍的特征之一是通过场所意象有意识地创造和操纵意义。在新的"绿地"景观中，如西埃德蒙顿购物中心和欧洲迪斯尼乐园，以及在巴尔的摩（Baltimore）和格拉斯哥（Glasgow）等城市的再生遗产景观中，建筑设计参考是为消费而设计的空间获得成功的关键因素。正如评论家大卫·哈维所言，这些景观的销售基础是"投射出一个具有某种特质的地方的明确形象，通过风格、历史引述、装饰和表面多样化的折中组合来组织奇观和戏剧性"。[1]

这种景观的商业成功取决于消费者对它们的解读方式，并受到复杂表现形式的推动。这种表现形式通常直接通过宣传资料、博物馆技术、书面标识、简单和重复的图形主题以及有组织的表演和庆典来提供。[2] 例如，在格拉斯哥——1990 年的欧洲文化之都——有 1000 多个活动和奇观通过重新呈现的景观被安排在公共庆祝活动中。

理解这些后现代景观，对批评家和进步的评论家提出了挑战。理论家们认为这些景观的肤浅、支离破碎、反复无常和壮观的景象以及它们对图像游戏的强调是一种欺骗性的面具，掩盖了更深层的、不那么有吸引力的现实。最坚持和最严肃的批评家之一是大卫·哈维，他将后现代景观与"其奇观的架构……其表面闪光的和短暂的快乐，或展示性和短暂性"解读为对资本主义发展中时空压缩的最新阶段和随之而来的"创造性破坏"周期的逻辑反应。哈维始终将图像当作是无深度的和肤浅的而不信任它们，并将它们与美学相联系，相反，他对文本和叙事代表真实的、因而也是道德的历史的能力赋以特权。"美学已经战胜了伦理学，成为社会和知识界关注的首要焦点，图像主导了叙事。短暂性和碎片化优先于永恒的真理和统一的政治，解释已经从物质和政治经济基础的领域转移到对自主文化和政治实践的考虑。"[3]

在其他地方，哈维将图像和文本之间的对比解读为存在（being）与成为（becoming）之间的对比。前者是反动的，后者是进步的。他认为视觉图像在某种程度上不如文字和文本真实，眼睛的论证不如头脑的论证值得信赖。

哈维果断地解决了视觉和文本真相之间的紧张关系，支持后者，这是本章的主题。但我不会把图像和文本之间的关系说成是对立的，而是把它说成是表征模式或隐喻之间的辩证关系，在历史上对意义进行着持续而激烈的斗争。在西方文化中，视觉和文本的表现模式在戏剧中得到了最充分的整合，自文艺复兴以来，戏剧的历史就与景观的发展密切相关。[4] 我将探讨文艺复兴时期奇观和戏剧作为空间隐喻的使用，以揭示当代景观批评中视觉和文本真理之间的斗争。

为了举例说明这一论点，我将集中讨论 16 世纪的威尼斯。我将研究两幅威尼斯风景画，将它们与历史写作中的文本策略和戏剧表现模式的变化联系起来。威尼斯是中世纪欧洲最大的商业城市，正在努力适应现代世界的经济、地缘政治、技术和文化变化。[5] 景观及其表现在当时威尼斯商业和文化生活中所起的作用与在后现代消费空间中所起的作用相似。

## 文艺复兴时期作为隐喻的奇观和剧院

对图像的不信任在西方思想中根深蒂固，它遵循了一种长期的保守传统，即尊重文本——圣经、学术、哲学——的稳定和实质性权威，不信任与视觉表现相关的易变性、多变性和伪装性。圣像破坏运动与对圣书的道德热情紧密相连，无论是神圣的还是世俗的，无论是拜占庭教会的定期销毁图像，还是加尔文主义和斯大林主义政权的圣像破坏。欧洲文化将视觉作为通向真正知识的首要途径，而同时又对它深表怀疑。[6]西方思想家经常试图在世界的表象之下探寻更深层、更真实的真理，而这些真理只能用文本固定下来：在书面文字或数学符号中。

然而，对于那些关注景观的人来说，似乎不可能不认真对待视觉图像。在欧洲，在景观这个词被应用于实际环境很久以前，它就被用来指代绘画形象。设计景观的构图语言是如此强烈地来自视觉艺术，以至于将景观分析限制在文本隐喻中，正是一些当代评论家所强烈主张的，这在历史上和经验上似乎是不正常的。[7]另一方面，提供一种景观理论确实需要将景观翻译成话语和文本。因此，景观批评家和学者不可避免地在某种程度上被拉回到文本。

16世纪的欧洲既见证了景观作为表现人类与自然环境关系的一种新方式的出现，也见证了在人文主义通过类比和对应来寻求真理的过程中，视觉和文本真理之间短暂的紧密联系。[8]我们可以从此时的视觉术语的隐喻复杂性中观察到这一点。例如，奇观（spectacle）这个词可以指简单的展示，也可以指让人惊叹的东西，神秘而神奇的东西。它也可以具有镜子的意义，通过它可以看到无法直接陈述的真理被反射出来，也许是被扭曲的。最后，它还可能意味着有助于获得更好的视力，如矫正视力的镜片。[9]

虽然文艺复兴时期的人文主义者开始比他们的中世纪前辈更清楚地区分古典意义上的再现历史场景的娱乐活动（pageant）和剧本戏剧（scripted drama），但在戏剧中，奇观始终是一个组成部分。[10]剧院本身不仅包含源自古人的建筑意义，即戏院和在那里上演的表演，而且意味着一种纲要：一个场所、区域或文本，其中的现象被统合起来供公众理解。

毫不奇怪，这种意义上的剧院特别适合表现科学知识，特别是包含了宇宙或地球（globe，莎士比亚自己的剧院以此命名）的更大世界和人体的更小世界。亚伯拉罕·奥特柳斯（Abraham Ortelius）在 1570 年绘制的伟大世界地图集被命名为《世界概貌》(*Teatrum Urbis Terrarum*)，并在朱利奥·卡米洛（Giulio Camillo）于威尼斯建造的著名"记忆剧院"（memory theater）落成之后 10 年左右的时间内出版，该剧院被建造为所有人类知识的记忆体。[11] 画家彼得·勃鲁盖尔（Pieter Brueghel）是奥特柳斯的密友，他把世界的风景描绘成了一个舞台，人类的生活在这个舞台上得以展开。[12] 对当地地区的描述或地方志是以戏剧性的观察来构思的，将书面的历史和地理叙述与图形插图相结合。在今天看来，这些插图与地图一样都是风景画。约翰·斯皮德（John Speed）的作品《大英帝国的剧院》（*The Theatre of The Empire of The Great Britaine*，1611）就是一个例子。这类作品也被冠以"窥镜"（speculum）的名称，以获得视觉上的真实感。因此，剧院被理解为通向更大世界的玻璃或镜子，是一个通过图像和文字的相互作用揭示宏观世界秩序的常见的隐喻。

相应地，在微观世界的情况下，人体被检查并在解剖剧院中作为一个公共奇观展示出来。16 世纪，在意大利帕多瓦（Padua）和博洛尼亚（Bologna）建造了第一批这样的建筑。不断上升的同心圆座位让人可以俯瞰解剖台上展示的遗体的小世界，与大世界的结构相类似。根据法律，解剖剧院必须向公众开放，他们都是戴着面具来参观解剖，这是在狂欢节期间正式安排的，并被视为其一大奇观。[13]

## 威尼斯的奇观

狂欢节的概念经常被用于讨论后现代消费空间的表征和推广。在文艺复兴时期的城市，我们可以看到狂欢节作为公民生活和商业生活的一个重要元素的平行意义。在前现代城市的年历中，狂欢节是最具时间延伸性和社会包容性的公共活动。它通过建筑和景观来产生公民的团结。

文艺复兴时期的威尼斯是上演这种壮观的公民仪式的典范城市。[14] 其城市景观一直被解读和表现为戏剧。在文艺复兴时期的威尼斯，至少有 90 天的正常工作被暂停，用来开展历史学家直到最近都认为是非经济的活动，其中包括 30 个行板（andante），即威尼斯总督前往城市和潟湖内的指定地点进行预定的仪式性访问。[15] 这种精心编排的公开展示时刻需要尽可能广泛的参与，包括公民和游客簇拥着他们。定期的游行和表演将整个社区和政治体联系在一起，以重申城市的政治和道德秩序。它们颂扬并再现了威尼斯人的地方感，即威尼斯是一个完整而完美的世界，这在建筑上首先刻在了城市的政治中心：圣马可广场（Piazza di San Marco）和小广场（the Piazzetta）的伟大舞台布景。[16]

鉴于后现代消费经济的发展，我们逐渐认识到，这些活动也具有相当大的经济意义："公共庆祝活动不仅没有减少工作时间，反而可能延长了工作时间，因为它们为奢侈品的广告和销售提供了机会，刺激了服务业的增长，并创造了临时就业机会。"[17] 在隆重的节日里，例如耶稣升天节，当总督按照仪式将威尼斯与大海结合在一起时，城市里挤满了商人和朝圣者，等待着航海季节的到来，展览具有某种贸易展览会的特征。虽然"一些节日让政府看起来是马基雅维利（Macchiavelli）的门徒，但从另一个角度看，他们就像一个旅游委员会"。[18]

威尼斯仪式的焦点当然是圣马可广场及其周围的建筑。这个著名的城市景观设计常常被描述为一个舞台，事实上是一种兼收并蓄的建筑风格。它的焦点是圣马可大教堂（the Basilica di San Marco）——拜占庭的圣索菲亚教堂（Santa Sophia）的仿制品，由威尼斯人在东部掠夺的随机战利品，如青铜马、斑岩柱和大理石板等装饰。圣马可大教堂的建筑和空间不断被改变和完善，在 16 世纪中叶最为全面。[19] 它提供了一个巨大的环境，城市 1/3 以上的人口可以聚集在这里，参加城市精神（genius urbis）的庆祝活动。用现在经常用于后现代景观的术语来描述这个空间并不准确："其奇观的架构，其表面闪光的和短暂的快乐，或展示性、短暂性与享乐（jouissance）的感觉。"[20] 在广场上，各种类型的公共奇观都可以而且确实发生了，从教会仪式和收集在大教堂的珍贵文物的展示，到总督身边人组织的国家游行，到狂欢节和流行马戏团演员的滑稽表演。

我们可以从日记和其他书面档案资料中发现许多关于威尼斯仪式的记载，但最生动的记录存在于图形图像中，即装饰在威尼斯兄弟会（scuole，在威尼斯社会和礼仪生活中发挥核心作用的慈善和宗教团体）的会议室兼圣殿（alberghi）墙上的巨大画布。虽然向贵族开放，但兄弟会由非贵族管理，他们的宪法和特权反映了国家的宪法和特权，为那些被威尼斯不可逾越的寡头统治剥夺了权利的群体提供了政治和地位方面的出路。兄弟会对国家仪式的参与强调了这一功能，他们的成员会在严密有序、高度分层的游行中争夺特权地位。在这些游行中，身着仪式袍的兄弟会成员展示他们自己的珍贵文物和圣像，同时展示他们的工艺技能："由斯佩奇里（specchieri，镜子和玻璃制造商）提供的双桨船的桅杆上装饰着镜子，在阳光下闪闪发光，刺痛着观众的眼睛。然而，他们被金匠们比下去了。金匠们用一个'完全由金银杯制成的灯笼来装饰他们的船。由于船上到处都陈列着大量金银，所以船从各个角度看都是闪闪发光的。'"[21]

竞争也体现在装饰兄弟会会议室的委托中。标准的形式是委托制作一幅画，以庆祝与兄弟会的赞助人、成员或圣物有关的奇迹事件。几乎无一例外的是，这些事件要么发生在威尼斯市内可识别的地点，要么发生在不可见的城市——通过对威尼斯建筑进行幻想性的重新组合而形成的形象化和想象化的地方。因此，兄弟会中最重要的事件与共和国的公共意义相结合；绘画就像一面壮观的镜子，威尼斯的意义在其中得到了反映和加强。通常情况下，绘画的更换周期与兄弟会持有的、有时也会由兄弟会自己更新的书面编年史相对应——这是一个使兄弟会的神话合法化的文本，但是，正如我们将看到的，这个文本本身从属于视觉图像。

我们将考虑两幅这样的图像，它们的差异揭示了在文艺复兴时期的威尼斯，图像和文本之间的关系正在被重新构建起来。第一幅是贞提尔·贝利尼（Gentile Bellini）的《圣马可广场上的游行》（*Procession in the Piazza di San Marco*），作为 16 世纪初为圣乔瓦尼（San Giovanni）福音大教堂绘制的 9 幅图像的一部分。第二幅是雅各布·丁托列托（Jacopo Tintoretto）在 16 世纪 50 年代为圣马可大教堂制作的《圣马可遗体的运送》（*Translation of St. Mark's Body*）。两幅作品都描绘了一个戏剧性的奇迹般的事件，并都定位在威尼斯的中心地带——贝利尼的作品是在圣马可广场，丁托列托的作品是在总督府的庭院。两者都展示了威尼斯的"身体"，但以不同的方式设置了肉体的隐喻。

## 《圣马可广场上的游行》

贝利尼的《圣马可广场上的游行》是被称为威尼斯叙事画的"目击者"风格（"eyewitness" style）的一个完美例子。这种风格最初是在圣马可大教堂的装饰性马赛克系列中发展起来的，在 16、17 世纪之交的时候，在贝利尼家族、维托里·卡帕奇奥（Vittore Carpaccio）、约翰·曼苏埃蒂（Giovanni Mansueti）和拉扎罗斯·巴斯蒂安尼（Lazzaro Bastiani）为兄弟会绘制的彩绘系列作品中达到顶峰。在这些画家的作品中，编年史家记录的神圣事件被呈现在可识别的景观中，并通过大量普通人的在场得到佐证。

在贝利尼的《圣马可广场上的游行》中，具体的奇迹事件是隐含的，而不是展示出来的，没有经验的观察者不会注意到它，就像画布上的大多数人一样。一群人看着穿着白袍的兄弟会成员在总督的游行队伍中展示他们最珍贵的遗物——真正的十字架碎片时，有一个人跪了下来，他就是雅各布·德·萨利斯（Jacopo de Salis），一个商人，他的儿子此刻正因头骨骨折在布雷西亚（Brescia）处于垂死状态。这位父亲的虔诚之举将带来他儿子完全康复的奇迹。

贝利尼的画作是一个复杂和高度戏剧性的景观表现。对透视的巧妙处理让我们看到了广场的全部宽度，同时也加强了圣马可大教堂的高度，这是共和国的标志性中心。这一事件发生在威尼斯重大日程中的一个关键仪式上，即圣马可节上的总督游行，从宫殿到大教堂的弥撒途中围绕着广场行走。

这样的构图让贝利尼在突出了委托方兄弟会的同时，展示了其成员清醒地参与更广泛的公民仪式的场景，甚至在保护和加强其自身图标的天篷边缘展示了其他兄弟会的图标。因此，威尼斯的慈善和宗教团体，无论是在政治表现上的总督、元老院和大议事会，还是有更多民主形式的兄弟会，都被展示在网格化的广场的有序舞台上。

在同一个空间里，存在一个威尼斯世界性人口的可识别的横截面——popolari（威尼斯人最大的阶级，既不是贵族也不是公民）、德国人、希腊人、土耳其人、穷人和一个侏儒——强调了普遍参与这一事件的常态。像背景一样平坦，但在这幅画的透视点上占据主导地位的是大教堂。它的入口处的马赛克（由贝利尼以惊人的精确度绘制）记录了另一个奇迹的系列，即9世纪圣马可的遗体被运往威尼斯，并被埋葬在大教堂里，这是威尼斯神话的合法故事。

虽然具体的神迹没有被看到，但雅各布的行为被全体威尼斯人和我们所见证，就像游行队伍本身也见证了传教士遗体的安息地一样。贝利尼强调大教堂是圣城的奇迹之心，以及为纪念威尼斯的守护者而举行的仪式性游行，使治疗的具体奇迹更加自然——它发生在一个神圣的地方，而见证人的数量和游行所到达的任意地点使它变得独特。

旁观者是这些"目击者"绘画中的一个重要元素。这些作品的叙事技巧与文艺复兴早期威尼斯仍受欢迎的编年史写作模式相吻合。在这种模式下，文本的真实性取决于最大限度地增加当地细节和证词的数量。事实上，画作本身，如贝利尼的画作，将被后来的编年史家所调用，他们会通过提供绘画中描述的事件的口头描述来验证书面历史的真实性："一幅画作不仅仅是对过去的唤起，也不仅仅是通过表现一个奇迹事件来煽动宗教信仰的工具。事实上，它是一份具有与公共文件或书面历史同等地位的证词，证明这种事件确实发生过。"[22]

这些画中庞大的人物阵容就像希腊戏剧中的合唱团；它的存在在观众和事件之间起着中介作用，建立了后者对前者的可信度。在这个意义上，"目击者"画作是双重戏剧化的。但在戏剧作为奇观或庆典的意义上，它将图像置于文本之上，呈现出静态的存在图像，而不是叙事的或变化的，以及成为的。

## 《圣马可遗体的运送》

文艺复兴时期的人文主义者不相信"目击者"画家只把视觉当作真理的保证，事实上，也不相信编年史写作的整个模式。相反，他们把他们的信任放在了经过认证的文本的权威上。批判性人文主义对历史学术的贡献包括：强调文本的准确性——识别原始文献，并通过文献学技术确保其真实性；文本的语境定位，以建立单一、正确的含义；通过可确认的事实挑战历史神话，包括姓名、日期、词语和文件（即文本）；建立一个从末世论和神的干预中解放出来的世俗历史；使用考古学、钱币学和地形学等新学科作为历史验证的辅助手段。

但是人文主义的历史学家在撰写他们的叙述时，做的不仅仅是记录他们所借鉴的来源。他们的历史是基于真实来源的发明（invenzioni）、个人合成，但其构成方式将揭示他们描述的事件背后的因果结构，并引出表象世界中的潜在秩序。换句话说，他们通过自己的文本揭示真相。实现这一目标的一个关键技术是修辞，即刻意使用优雅的语言和语法，在叙述中获得最大的道德和情感力量。那么，从各个方面来看，人文主义都将文本提升到图像之上：绘画如此，诗歌亦如此（ut pictura poesis）。最高级的绘画体裁是史诗（istoria），它描绘了"伟人的伟大事迹"，并按照明确的、空间的和叙事的层级进行创作。史诗在绘画中提供了一种与历史叙事变化相平行的方式，将图像和文字结合在一起，同时使前者服从于后者。历史画表明了文艺复兴时期人文主义文化的另一个特点：对个人的赞美，包括个人身体的地位和尊严。这些思想从 16 世纪初开始影响威尼斯文化的主流。在文森佐·朱斯蒂尼亚尼侯爵（Marchese Vincenzo Giustiniani）、萨贝里科（Sabellico）和纳瓦格洛（Navagero）的历史著作中，以及在提香（Titian）、保罗·委罗内塞（Paolo Veronese）和丁托列托的绘画中，都体现了这一点。[23]

当我们转向丁托列托的画作时，我们看到了人文主义对文本和图像话语的全面影响。这幅画描绘了公元 828 年，两个威尼斯商人从石棺中取出圣马可的遗体后，抬着它穿过亚历山大城的街道，开始返回威尼斯的旅程。未腐蚀的遗体的存在使商人奇迹般地通过了充满敌意的亚历山大街道，吓坏了那些要阻止遗体被移走的人。[24]

丁托列托的构图以商人为主，最重要的是，还以圣人的肌肉发达、用透视法缩小的遗体为主。圣马可的遗体在威尼斯的存在使威尼斯景观的神话意义合法化，他的身体以解剖学的细节重新呈现在我们面前，就像实际的身体在解剖剧院公开展示那样。它被放置在由建筑环境和广场上的格子标记界定的中央透视轴线的右侧。这条轴线是具有欺骗性的，它穿过戏剧的中心，通向画面深处一座模糊不清的白色建筑。一组复杂的斜线增加了事件的戏剧性：一个倒下的骑骆驼的人试图制服他受惊的野兽，另一个人在地上抓着扬起的窗帘，以及死尸一般的人惊慌失措地冲进左边的建筑，该建筑是以威尼斯总督府的内部庭院为原型。天空电闪雷鸣，光线诡异，气氛阴森可怕。

该作品具有高度的戏剧性，更不用说是夸大的了。事实上，建筑和叙事意义上的"剧院"在这里似乎比"奇观"或"盛会"更合适，这些术语适用于贝利尼的《圣马可广场上的游行》。建筑环境类似于当代悲剧场景的室内舞台设计和帕拉迪奥（Palladio）在维琴察（Vicenza）的当代奥林匹克剧院（Olympic Theater）的尖锐视角。剧中的中心人物们突然向我们冲过来，在紧张的身体互动中紧紧地锁在一起，在一个持续的戏剧中被突然抓住，而不是在我们面前进行单独的、静态的游行。该事件是通过修辞而不是通过事实细节和观察来证实的，这是一种文本上的策略，也是一种视觉策略。

威尼斯文化中叙事和绘画模式的相对权威的转换有复杂的原因。一些原因来自人文主义话语的发展以及绘画中不断变化的影响和时尚，特别是流亡的罗马画家在16世纪中期对威尼斯的影响。它们也反映了政治和意识形态氛围的改变。丁托列托的威尼斯是意大利仅存的一个自由共和国，除此之外的意大利都由西班牙和法国统治，但威尼斯也不再是贞提尔时代（Gentile's time）的安全和宁静的共和国。它受到土耳其势力的严重威胁，它的海上霸权受到新兴大西洋经济体的压力，它正在为争取宗教自主权而与反宗教改革的教皇制度作斗争。它自己的内部意识形态结构正在收紧，公众参与公民奇观和戏剧的模式正在被一个日益贵族化的贵族阶层重新塑造。

威尼斯贵族达尼埃莱·巴尔巴罗（Daniele Barbaro）在20世纪中叶对舞台设计（scenografia）的讨论中，将一种贵族式的人文主义的等级和分类制度应用于戏剧。他不仅接受了亚里士多德的悲剧、喜剧和讽刺剧的分类制度（及其社会、空间、物质和性别方面的关联），而且建议将公共戏剧分为三个等级，即所谓的剧院——用于表演脚本剧和音乐演奏的封闭式结构，用于竞技和体能表演的露天剧院，以及用于角斗士表演和动物演出的马戏团。每一个都应该有自己合适的界限和在城市中的位置，而且每一个都有意识地吸引不同的社会阶级。[25] 很明显，基于文本的表演在这里被提升到了纯粹的视觉奇观之上，而将悲剧提升到所有其他戏剧形式之上，往往会使较低的戏剧类型受到道德上的谴责。基于文本的戏剧形式是那些当权者，那些通过行使理性而拥有权力的人的专利。这种形式的戏剧越来越多地发生在封闭的剧院里，远离庸俗的目光。更加纯粹的视觉、壮观的戏剧形式是为大众服务的——它们迎合的是感官而不是智力。同样的道理，丁托列托呈现的威尼斯人的身体不再是公共的和社团的，而是神秘的和个人的，即圣马可的神圣的、未被腐蚀的遗体。

如果我们把视线从贝利尼和丁托列托的作品之间的几十年间威尼斯社会和文化的局部和偶然变化中抬起，我们就可以在哈维所留心记录的新兴现代主义的更大背景下阅读这两幅图像。威尼斯是前现代的商业资本主义城市的典范。它的景观——通过建筑、仪式和绘画——既表达了其经济生活、社会凝聚力和政治秩序，又使之合法化。到 16 世纪后期，也就是丁托列托作画的时候，导致威尼斯这个经济和政治大国的衰落以及社会秩序的固化的过程越来越明显。新兴大西洋经济体作为世界体系的组织核心的崛起、欧洲在改革和个人主义基督教上的斗争、科技革命，以及对空间和时间的新概念的采用，在威尼斯引起了强烈的反响，并在知识分子和贵族阶级中引发辩论。[26] 虽然将文艺复兴时期的人文主义者视为启蒙运动的简单始祖是不准确的，但他们站在前现代和现代世界的交界处，预见到后者的许多关键知识特征："所有的启蒙运动项目都有一个相对统一的共识，那就是对空间和时间是什么以及为什么它们的合理排序很重要的共识。这种共同的基础部分取决于手表和时钟的普及，以及通过更廉价、更有效的技术传播地图知识的能力。但它也依赖文艺复兴时期的透视主义与个人作为社会权力的最终来源和容器的概念之间的连接。"[27]

这些都是哈维认为目前受到后现代主义挑战的现代主义的所有方面。因此，威尼斯的景观让我们了解到在向现代过渡时期的表征（representation）斗争，这种斗争与今天假定封闭的环境有相似之处。贝利尼的表征策略与今天景观在生产和推广地方意象的方式之间存在着高度的相似性。在贝利尼的静态意象中，展示的美学试图表达整个威尼斯共和国作为一个已实现的完美国家的道德团结。在丁托列托的作品中，我们预见到了现代人对文本高于图像、个人高于集体、成为高于存在的伦理提升。

如果把我们的两幅威尼斯风景画与从前现代到现代的空间理解和表现模式的全部变化联系在一起，那是不对的，尽管我已经指出了这种变化的某些方面可以被解读到。然而，在它们对图像和文本、表面和深度、奇观和戏剧性叙事的截然不同的方法中，它们提醒我们，哈维对后现代文化和城市景观中图像的无深度的肤浅性的批判，以及他对文本真实性的伦理促进，恢复了一场古老的辩论，这场辩论与现代有着复杂而深刻的历史联系。

最后，对这种景观表征的比较，扩展了对将景观和社会理论化的恰当隐喻的探寻。剧院隐喻使我们能够对后现代景观的某些特征做出严肃和批判性的回应，即认真对待视觉图像，将其视为我们可能代表真理的众多话语领域之一，而不仅仅是将剧院隐喻看成"通过构建图像和复原、古装剧、上演的民族节日等，[掩盖]真实地理的面纱"。[28] 剧院隐喻使我们能够将图像与文本辩证地统一起来，并通过类比的话语来处理伦理和政治问题，而不是徒劳地试图构建一个总体化的景观理论。

## 注释

1. David Harvey, *The Condition of Postmodernity* (Oxford, Blackwell, 1989): 93.

2. Harvey, *Condition*, 举了一些例子；另见 David Ley and Kenneth Olds, "Landscape as Spectacle: World's Fairs and the Culture of Heroic Consumption," *Environment and Planning D, Society and Space* 6 (1988): 191-212。

3. Harvey, *Condition*, 328.

4. John Bnnckerhoff Jackson, "Landscape as Theater," *Landscape* 23, no. I (1979): 3-7.

5. Manfredo Tafuri, *Venice and the Renaissance* (Cambridge, Mass., and London: MIT Press, 1989), and Denis Cosgrove, *The Palladian Landscape: Geographical Change and Its Cultural Representation in Sixteenth-Century Italy* (University Park: Pennsylvania State University Press, 1993).

6. Yi-Fu Tuan, "Thought and Landscape: The Eye and the Mind's Eye," in Donald W. Meinig, ed., *The Interpretation of Ordinary Landscapes* (Oxford: Oxford University Press, 1979): 89-102; 以及 "Surface Phenomena and Aesthetic Experience." *Annals, Association of American Geographers* 79 (1989): 233-241.

7. James S. Duncan and Nancy Duncan, "(Re)Reading the Landscape," *Environment and Planning D, Society and Space* 6 (1988): 117-126; James S. Duncan, *The City as Text, the Politics of Landscape in the Kandyan Kingdom* (Cambridge: Cambridge University Press, 1990).

8. Brian Vickers. Introduction, in *Occult and Scientific Mentalities in the Renaissance* (Cambridge: Cambridge University Press, 1984): 1-56; Robert S. Westmann, "Nature, Art, and Psych., Jung, Pauli and the Kepler-Fludd Polemic," ibid., 177-230.

9. Svetlana Alpers, *The Art of Describing: Dutch Art in the Seventeenth Century* (London: John Murray in association with the University of Chicago Press, 1983).

10. James Macarthur, *Foucault, Tafuri, Utopia: Essays in the History and Theory of Architecture* (Brisbane: Queensland University, Department of Design Studies, 1984).

11. Frances Yates, *The Art of Memory* (London: Routledge and Kegan Paul, 1966); Jonathan D. Spence, *The Memory Palace of Matteo Ricci* (London: Faber and Faber, 1984).

12. Waiter S. Gibson, *"Mirror of the Earth" ; The World Landscape in Sixteenth-Century Flemish Painting* (Princeton: Princeton University Press,1989).

13. C. Ferrari, "Public Anatomy Lessons and the Carnival: The Anatomy Theatre of Bologna," *Past and Present* 117 (1987): 50-106; Jonathan Sawday, *The Body Emblazoned, Dissection and the Body in Renaissance Culture* (London: Routledge, 1995), esp. 54-84.

14. Edward Muir, *Civic Ritual in Renaissance Venice* (Princeton: Princeton University Press, 1981); E. Muir and R. F. E. Weissman, "Social and Symbolic Places in Renaissance Venice and Florence," in John Agnew and James S. Duncan eds., *The Power of Place: Bringing Together the Geographical and Sociological Imaginations* (London: Unwin Hyman, 1989): 81-104; Asa Boholm, *The Doge of Venice: The Symbolism of State Power in the Renaissance* (Göteborg: Institute for Advanced Studies in Social Anthropology, 1990).

15. Richard Mackenney, *Tradesmen and Traders: The World of the Guilds in Venice and Europe c. 1250-c. 1650* (London: Croom Helm, 1987).

16. Denis Cosgrove, "The Myth and the Stones of Venice: The Historical Geography of a Symbolic Landscape," *Journal of Historical Geography* 8 (1982): 145-169; Boholm, *Doge of Venice; Boholm, Venetian Worlds: Nobility and the Cultural Construction of Society* (Göteborg: Institute for Advanced Studies in Social Anthropology, 1993).

17. Mackenney, *Tradesmen and Traders*, 147.

18. Mackenney, *Tradesmen and Traders*, 147.

19. Tafuri, *Venice and the Renaissance*, 161-196; Cosgrove, "The Myth and the Stones."

20. Harvey, *Condition*, 91.

21. Mackenney, *Tradesmen and Traders*, 145.

22. Patricia Fortini-Brown, *Venetian Narrative Painting in the Age of Carpaccio* (New Haven and London: Yale University Press, 1988): 79. 我对贝利尼《圣马可广场上的游行》的解读是基于 Fortini-Brown 的作品。

23. 关于威尼斯历史学，见 William S. Bouwsma, *Venice and the Defense of Republican Liberty: Renaissance Values in the Age of the Counter-Reformation* (Berkeley: University of California Press, 1968)；关于绘画，见 Fortini-Brown, *Venetian Narrative Painting*, and David Rosand, *Painting in Cinquecento Venice: Titian, Veronese, Tintoretto* (New Haven and London: Yale University Press, 1982)。

24. Donald M. Nicol, *Byzantium and Venice: A Study in Diplomatic and Cultural Relations* (Cambridge: Cambridge University Press, 1988): 24-25.

25. Daniele Barbaro, *La Practica della Perspettiva di Monsignor Daniel Barbaro eletto Patriarcha d'Aquileia, opera molto profittevole ai pitturi, scultori, et architetti* (Venice: Camilla and Rutilio Borgominieri, 1569). 又见 Giuseppe Barbieri, *Andrea Palladio e la cultura veneta del Rinascimento* (Rome, Il Veltro, 1983): 45-106。

26. Tafuri, *Venice and the Renaissance*; Cosgrove, *Palladian Landscape*, 163-187.

27. Harvey, *Condition*, 258-259.

28. Harvey, *Condition*, 87.

## 第 9 章
## 城市景观史：地方感与空间政治

多洛雷斯·海登（Dolores Hayden）

> 要获得关于空间的真正知识，必须解决其生产问题。
> ——亨利·列斐伏尔《空间的生产》（*The Production of Space*）

美国的每一座城市和城镇都包含了历史文化景观的碎片，与当前的空间结构交织在一起。这片土地遍布着前几代人在经济上的生存、养育子女和参与社区生活的奋斗痕迹，正如约翰·布林克霍夫·杰克逊所写的那样，乡土景观"是我们共同的人类形象——艰苦的工作、顽强的希望和彼此忍让，努力成为爱"。[1] 他的定义将文化地理学和建筑直接带入了城市历史。在这些领域的交叉点，是文化景观的历史，是人类模式在自然环境的轮廓上留下的历史。这是一个关于地方如何规划、设计、建造、居住、占有、庆祝、掠夺和废弃的故事。文化认同、社会历史和城市设计在这里交织在一起。

土著和殖民者，重体力工人和建筑师，移民工人和市长，家庭主妇和住房检查员，都在积极塑造城市景观。随着时间的推移，变化可以在空间的渐进式修改中被追踪到，就像在最初的城市规划或建筑计划中一样。本文提出了一种构建城市空间历史的方法，这是一个与许多领域重叠的学术领域。它结合了美学的方法（基于地理学和环境心理学中人文、建筑和景观传统对地方感的研究）和政治的方法（基于社会科学和经济地理学中的空间研究），并建议如何将两者应用于城市景观的历史。

## 地方感

地方（place）是英语中最棘手的词汇之一，像是一个装得太满的手提箱，盖不上盖子。它承载着城市中的宅地、地点和开放空间的共鸣，还有社会等级中的地位。关于建筑、摄影、文化地理、诗歌和旅行的书籍的作者通常依靠作为一个审美概念的"地方感"（sense of place），但往往满足于以"地点的个性"作为定义它的方式。对这些作者来说，"地方"可能涉及18世纪建筑中的圆润砖块、大平原的一望无际，或满是帆船的港口的喧嚣，但这些印象很容易成为旅游广告的陈词滥调。在19世纪及更早的时候，"地方"还意味着一个人拥有一块土地或成为一个社交世界的一部分的权利。在这个更古老的意义上，"地方"意味着更多的政治历史。像"知道自己的位置"（knowing one's place）或"女人的地方"（a woman's place）这样的短语仍然具有物质的和政治的含义。

人们对那些对他们的幸福或痛苦至关重要的地方产生依恋。正如地理学家段义孚所说，一个人的地方感既是对周围物理环境的生物反应，也是一种文化创造。[2] 从童年起，人类就通过五种感官——视觉、听觉、嗅觉、味觉和触觉——来体验和了解地方。对感知的广泛研究表明，在定位和寻路过程中，这几种感官同时参与。儿童在三岁或更早的时候就对地标表现出兴趣，到了五六岁就能非常准确和自信地阅读航拍图，这显示了人类对景观的感知和记忆能力。[3] 段义孚还指出，跨文化研究表明，人们对某些特定地方的敏感性更高。加拿大北部的艾维利克（Aivilik）人可以描述许多种类的雪景；太平洋的普鲁瓦特岛（Puluwat）的岛民可以识别洋流的微小变化。然而，如果说地方感主要是由这种方式决定的，那是错误的。Aivilik人在认知方面具有显著的性别差异。定居点和贸易站出现在女性绘制的认知地图上，而海岸线则是男性绘制的认知地图的关键。[4]

由于社会关系与空间感知交织在一起，人类对地方的依恋吸引了许多领域的研究人员。环境心理学家塞塔·M. 洛（Setha M. Low）和欧文·阿特曼（Irwin Altman）将"地方依恋"（place attachment）定义为一种心理过程，类似于婴儿对父母形象的依恋。他们还认为，由于个人与亲属和邻居建立了联系，拥有或租用土地，并作为特定社区的居民参与公共生活，地方依恋可以发展出社会的、物质的和意识形态的层面。[5] 彼得·马里斯（Peter Marris）就城市更新后果所做的一些早期社会学研究，表明了对失去的社区的哀悼过程，他使用了依恋理论来解释人类与可能不再实际存在的地方的联系的力量。[6]

文化景观研究，正如地理学家卡尔·索尔所发展的那样，侧重于地方的演变，包括"自然和人造元素的组合，这些元素在任何特定的时间都包括一个地方的基本特征"。[7] 正如索尔介绍的那样，文化景观比地方有着更具体的含义。然而，研究地方和人们对它们的依恋的最早的文化景观方法并不足以充分传达地方的政治层面。与20世纪60年代开始形成的一种偏好城市的社会历史学不同，20世纪40年代以来的文化地理学倾向于研究农村、前工业化的景观，而不是复杂的城市多样性，文化地理学绘制民族以及乡土房屋类型或种植模式，考虑生态，但避免政治争论。[8]

随着文化景观的人口密度越来越高，塑造它的经济和社会力量也越来越复杂，变化越来越快，层次越来越多，往往会导致突然的空间不连续。文化景观研究似乎常常无法充分解答这些不连续的问题。人们不能简单地求助于经济地理学或任何其他类型的定量分析，在那里，人类对地方的体验往往是丧失的。相反，文化地理学家的景观模型需要更好地立足于城市领域，保留传达地方感所需的生物和文化洞察力，同时增加对社会和经济冲突的更集中分析。这就是今天许多对政治敏感的地理学家的研究项目。[9] 同时，环境史学家，如威廉·克罗农（William Cronon）也对一些相同的主题提出了主张，用听起来很像索尔的话来说："如果环境史的项目成功，不同民族如何生活和使用自然世界的故事将成为所有历史中最基础和根本的叙事之一，没有它，对过去的理解就不会是完整的。"[10] 然而，对许多环境史学家来说，土地和自然资源的调配一直是他们关注的核心问题，而对建筑环境的美学和社会方面则没有太多的关注，尽管这两者是相互交织的。

卡尔·索尔的文化景观定义的核心是"一个地方的本质特征"。事实证明，研究文化景观的自然或建筑部分往往比在地方的概念中纠结于将两者结合更为容易。今天，文化景观是大量学术研究的主题，但作者分散在多个学科领域（其中包括历史、地理、建筑、城市规划、景观建筑、艺术史和民俗学）。在城市空间研究取得进展的同时，最近关于20世纪末城市景观的畅销书的作者以全面的新闻方式宣告了城市公共空间的终结，预测大多数美国人将很快生活在一个由购物中心和主题公园组成的"无地方"的商业世界，一个私有化的郊区的"边缘城市"。它可以与一个无政府的、暴力的内城形成对比。内城充满了新移民和长期贫困人口，特别是有色人种和女户主家庭。[11] 作为对这种论战的回应，在美国城市景观史中建立一个更平衡的学术体系是很重要的，探索内城的社区，并讨论政治权力的哪些方面根植于城市场所。

如果地方确实为研究者提供了过多的可能意义，那么正是地方对所有认识方式（视觉、听觉、嗅觉、触觉和味觉）的攻击，使它成为记忆的来源，成为一条线连接另一条线的织物。地方需要成为城市景观史的核心，而不是边缘，因为自然和建筑环境的美学品质，无论是正面的还是负面的，都与城市历史学家和社会科学家经常处理的空间的政治斗争一样重要。

## 空间政治

法国社会学家亨利·列斐伏尔在20多年前就开始写"空间的生产"，他提供了一个框架，可以用来将文化景观研究中遇到的地方感与政治经济联系起来。列斐伏尔认为,历史上的每个社会都塑造了一个独特的社会空间,以满足其经济生产和社会再生产的相互交织的要求。[12] 在经济生产方面,列斐伏尔在确定为采矿、制造、商业或房地产投机而塑造的空间或景观方面与文化地理学相近。更具独创性的是他对社会再生产的空间的分析,这种分析涉及不同的尺度,包括身体内部和周围的空间(生物再生产),住房空间(劳动力的再生产),以及城市的公共空间(社会关系的再生产)。在这里,他以决定性的方式将物质与社会联系起来。[更具推测性的是,他分析了艺术家对空间的表现所起的作用,以及大众政治运动在创造他所谓的与现有政治结构相对立的"反空间"(counter-space)中所起的作用。] 文化评论家弗雷德里克·詹姆逊(Fredric Jameson)评估了列斐伏尔的重要性:列斐伏尔"呼吁一种新的空间想象力,能够以一种新的方式面对过去,并从其空间结构——身体、宇宙、城市——的模板上解读其不那么可感知的秘密"。[13]

列斐伏尔认为,空间是一种媒介,社会生活是通过它来生产和再生产的。一家位于瀑布附近溪流上的小工厂,以及一栋寄宿房屋和几间工人的小屋,宣告了新英格兰在工业化纺织生产的最早阶段;150 年后,一个巨大的航空航天综合体坐落在一片由 10 000 栋相同房屋组成的郊区地带,体现了国防工业及其工作队伍的规模。但列斐伏尔也看到了这些联排房屋、企业摩天大楼中的相同套房和商场中的相同商店之间的共同点,这表明了 20 世纪末资本主义空间的一个特点是创造了许多相同的单元——类似但不是"无地方"(placeless)的地方,它们由大型商业房地产市场创造,这本身已经成为经济的一个突出特征。正如分析人士开始计算这种无尽的可销售空间单元的生产可能带来的环境成本一样,在身份、历史和意义方面的文化成本也可以被权衡。[14]

列斐伏尔关于空间生产的方法可以提供一个框架,以构建一些特定的城市地方的社会历史。根据历史学家想要提出的各种论点(以及口述历史、社会历史和建筑中的可用资源），研究人员可能会探索工作景观、人口中群体的领地历史（territorial history），或建筑类型的政治历史。前者侧重于经济生产，因为它与社会再生产联系在一起；其他则将社会再生产作为主要主题。

## 工作景观

一旦土著居民在一个特定的景观中找到自己，并开始寻找生计，空间的生产就开始了。这个地方可能发展为一个城镇，由新一波的定居者居住。许多城市起源于农业、矿业、渔业或贸易，而不是制造业。农场工人、矿工、渔民或市场上的摊主，以及他们的家人，是最终成为城市的经济企业的最早的建设者。空间的形成既是为了经济生产——谷仓、矿井、码头或工厂，也是为了社会再生产——工人、经理和业主的住房、商店、学校、教堂。随着城镇的发展，配置街道和地段的行为使土地和道路系统的最早用途正式化。接下来是基础设施的建设，如街道、桥梁、供水系统、有轨电车和铁路，所有这些都会对环境产生重大影响。

所有这些不同类型的私人和公共规划活动以及公共工程都有一个社会和技术历史。[15] 公民为它们而战，也为抵抗它们而战。工人们建造和维护它们。挖沟工和打桩工、有轨电车工人和铁路机械师、运河司机和起重机操作员代表着阶级、种族和性别历史，他们塑造景观的方式还几乎未被研究。正如环境史学家帕特里夏·内尔森·里默利克（Patricia Nelson Limerick）所观察到的："工人，通常是少数族裔工人，为环境变化提供了必要的劳动力，而少数族裔的成员往往受到了不成比例的不良环境影响……然而，环境史和民族史一直是相互独立的学科。"[16]

19世纪的铁路史只是许多可能的例子中的一个。人们可以从工程角度理解铁路，如火车和铁轨的历史，或从建筑角度理解车站和货场，或从城市规划角度理解建设铁路的正确和错误，却不能完全把握其作为空间生产的社会历史。里默利克指出，1879 年，在为南太平洋海岸铁路（South Pacific Coast Railroad）修建穿越加利福尼亚州的圣克鲁斯山脉（Santa Cruz Mountains）的莱特斯隧道（Wrights Tunnel）时，有 29 名中国工人死亡，还有几十人受伤。其他历史学家评论说，中国人对加利福尼亚州的经济发展作出了"贡献"。里默利克走得更远："'进步的代价'已经注册在烧焦的人肉的气味中。"她总结道："在我们这个时代，景观的重新发现恰恰取决于像这样的认识。"[17] 人们可以补充说，要想了解景观中的民族历史，就必须重温这种痛苦的经历，以及感知围绕它们的冷漠和否认。

就像工人的住所一样，它可能表明数百万人是如何得到庇护的。像铁路或有轨电车系统这样的基础设施在标记地形的同时，也揭示了城市景观中日常生活的质量。[18] 对一些人来说，它提供设计、施工、运营或维护方面的工作；对另一些人来说，它使穿越城市的工作之旅成为可能；对少数人来说，这可能是一项带来利润的投资。约翰·斯蒂尔戈展示了如何研究铁路沿线不同的乡土建筑类型的聚集，以及铁路空间作为"大都市走廊"（metropolitan corridor）的概念。[19] 正如里默利克所展示的，关于大都会走廊的劳动力和社会空间，还有一类重要的潜在故事可以讲述，从爆破隧道和驾驶火车的人，一直到保持车厢清洁和倒垃圾的工人。从社会历史的角度来看，正是这第二类关于工人的故事，可以将一组 19 世纪的铁轨或货棚变成历史学家关注的城市景观中政治意义的来源。

## 基于种族、民族、阶级和性别的城市地域历史

列斐伏尔强调了空间对于塑造社会再生产的重要性。限制群体的经济和政治权利的一种方式是通过限制对空间的使用来限制社会再生产。

对女性来说，身体、家庭和街道都是冲突的舞台，把它们作为政治领地——有边界的空间，并以某种形式强制执行边界——来研究，有助于我们分析19世纪作家们经常称之为"女性领域"的空间维度。在身体空间的尺度上，在19世纪中叶，一些女性为服装改革和获得节育权而斗争，而另一些女性则为废除奴隶制而斗争，因为奴隶制要求她们生育孩子作为其主人新财富的来源。在住房空间的尺度上，到20世纪最后1/3的时候，一些作为政治活动家和家庭主妇的女性正在寻找方法，将家庭经济重组为一个家庭工作场所，而其他受雇为佣人的女性则于1881年在亚特兰大组织了一次家庭工人的大罢工。而在城市空间的尺度上，在19世纪末和20世纪初，一些中产阶级白人女性的"城市管家"（municipal housekeeping）运动对男性的腐败政府提出了挑战，而选举权运动则将跨越阶级和种族界限的广泛女性联盟带入公共空间，要求获得投票权。[20]

正如性别可以被映射为发生在不同空间尺度上的社会再生产的斗争一样，种族、阶级和许多其他社会问题也是如此。正如迈克尔·迪尔（Michael Dear）和珍妮弗·沃尔奇（Jennifer Wolch）所写的，社会和空间之间的相互作用是恒定的："社会生活构造了领地……而领地又塑造了社会生活。"[21] 犹太社区和西语区、拘留营和印第安人保留地、奴隶制下的种植园和移民工人营地也可以被视为政治领地，而管理它们的习俗和法律可以被视为领地执法。[22] 同性恋社区的领地可以被绘制出来。童年或老年的领地也是如此。阶级的空间维度可以通过观察其他边界和进入点来阐明。[23] 由于这些领地中有许多是相互交叉的，分析个人和群体进入城市景观的途径总是很复杂。

如何才能找到关于这些重叠领地的经验的证据？关于城市空间的观察经常被历史学家忽视，因为这些评论似乎是空间描述，而不是社会分析，但它们可以构成关注城市公共空间进入的领地历史的基础。以20世纪40年代在洛杉矶中产阶级家庭长大的非裔美国律师小洛伦·米勒

（Loren Miller, Jr.）为例，直到 1948 年他去堪萨斯州时，才看到一个种族隔离的电影院。他可以在任何时候乘坐有轨电车去海滩。但是，他观察到："作为青少年，我们知道不要开车到康普顿（Compton）、英格伍德（Inglewood）、格伦代尔（Glendale），因为你会被要求把双手放在车顶上再被赶出来，……洛杉矶警察局也做了同样的事情。你在西部公路上往南走得太远，他们会拦住你。"他还记得，小时候，有日裔美国人的邻居被拘留，他去圣·安妮塔赛马场（Santa Anita race track）的临时住所看望他们，发现"带枪的士兵不让我到桌子的另一边去，他们也不让我和我的朋友一起玩"。[24] 这是一个关于种族空间阻碍的个人叙述。另一位作家林内尔·乔治（Lynnell George）在 20 世纪 40 年代对这座城市发表了评论："在洛杉矶，有色人种的禁区范围很广……不是主街的西部（West of Main），不是黄昏后的格伦代尔，永远不会是丰塔纳（Fontana）及其布满燃烧十字架的尘土飞扬的平原。"[25]

诸如此类的记载使我们有可能为更大的非裔美国人社区绘制空间隔离图：不仅是街道和社区的记载，还有学校、旅馆、商店、消防站、游泳池和墓地的报告，这些都是需要检视的证据。照片也经常传递领地历史，记录了住宅隔离和社区对领地排斥的斗争。[26] 纪实摄影、报纸摄影、商业摄影和业余快照都揭示了一个城市的不同侧面。考虑到摄影师的性别和种族背景，以及为照片选择的建筑主题，可能会有启发。

基于城市公共空间中的性别限制的地域史会使用类似的来源和联锁（interlock），但它会把建筑物或部分建筑物列为禁区，而不是整个社区。[27] 在 20 世纪的前 2/3，常见的性别隔离类型包括私人男子俱乐部、大学教师俱乐部和高等教育项目。这种隔离不一定是绝对的——女性可能被允许听课，但要单独坐着，或者她们可能被允许作为男人的客人进入俱乐部，前提是要她们留在为女士保留的特别房间里。在 19 世纪，性别隔离空间的列表要长得多；禁止女性从事的活动包括投票、进入公共酒馆或坐在集会大厅的主体部分而不是更受限制的阳台上。

为了理解种族、阶级和性别的交叉隔离,"女性领域"的空间维度必须与种族或阶级施加的空间限制结合起来研究。由于白人、中产阶级女性俱乐部、慈善机构和选举权组织往往是种族隔离的,所以非裔美国女性有时会组成平行的团体,有自己的聚会场所,以帮助自己社区的劳动女性和女孩。[28] 或者,另一个例子是,一张 19 世纪 90 年代在一所州立大学向女性开放的课堂的照片显示,男女是分开坐的。同样重要的是要问:是否有有色人种的男女,按性别和种族划分,坐在每组的最后面?

领地的政治划分将城市世界分割成许多飞地,人们从许多不同的角度来体验它们。认知地图是发现比当代人口更全面的领地信息的工具。城市规划师凯文·林奇(Kevin Lynch)通过让人们画地图或指路来研究城市的心理意象。[29] 在 1960 年的时候,林奇提出这些形象可以组合成一个城市的综合肖像画,对城市设计师很有用,但不是所有波士顿人都以同样的方式看待波士顿。随后的研究,包括林奇自己的一些研究,探讨了阶级、性别、年龄和种族问题。最引人注目的是在洛杉矶进行的一项研究,该研究以图表的形式显示了富裕的白人郊区、内城的非裔美国人社区以及靠近内城的混合社区的居民之间的差异。长期以来,这些社区一直是新移民的家,他们在内城的工厂工作,使用内城的几条公交线路。[30] 这座城市的空间,正如这些不同的群体所理解的,在大小和令人印象深刻的特征上都有很大的不同。这些地图令人震惊地显示了城市景观的不平等。

林奇在 20 世纪 60 年代和 70 年代的工作表明,这座庞大的、空间隔离的城市不仅很难让市民绘制地图,而且建筑师和规划师及公共历史专家,在让整个城市在其市民心目中更具连贯性方面发挥着重要作用。从林奇的工作中,产生了弗雷德里克·詹姆逊(Fredric Jameson)所说的"认知地图的美学"。詹姆逊承认林奇工作的一些政治局限性,但他称赞林奇关于如何让个人有更强的对地方感的洞察力的潜力,并认为绘图可以提

高政治意识。³¹

## 普通建筑的政治生活

123　　分析历史上的空间生产的另一个方法是研究权力斗争，因为它们出现在建筑的规划、设计、建造、使用和拆除中。虽然建筑史在传统上是艺术史的一个分支，致力于对一小部分训练有素的建筑师的作品进行风格分析，但近年来，人们对乡土建筑和城市背景给予了更多的关注。³² 建筑为分析早期生活的物质条件提供了丰富的资料。当普通建筑——数以千万计的建筑——被调查、识别，并根据形状和功能进行分类时，有必要对它们的政治意义有更深入的认识。³³ 建筑社会历史学家卡米尔·韦尔斯（Camille Wells）这样说：“大多数建筑可以从权力或权威的角度来理解——作为承担、扩展、抵制或容纳它的努力。”³⁴

124　　城市历史学家小萨姆·巴斯·华纳（Sam Bass Warner, Jr.）研究了波士顿的街车郊区，詹姆斯·博切特研究了华盛顿的非裔美国人的小巷住宅，伊丽莎白·布莱克玛（Elizabeth Blackmar）研究了曼哈顿从殖民时代开始的出租房的发展，他们都展示了建成世界的维度是如何照亮更大的城市经济的。³⁵ 对设计的政治用途感兴趣的建筑历史学家也曾考虑过空间的斗争：关于社区居住区和美国公司城镇的作品研究了土地使用、选址和决策过程以及建筑的设计。利用殖民时期规划者和设计师的档案进行的相关研究表明，通过对建成环境的监管，权力是如何自上而下运作的。³⁶

　　最近关于乡土建筑的研究，受到文化地理学很大的影响，通常集中在农村或小城镇的主题上，如农业或手工业。关于农舍和谷仓的文章多于城市寄宿家庭的文章，关于农村单间学校（one-room schools）的文章多于城市公立高中的文章。³⁷（一些学者仍然喜欢这样定义这个领域。对他们来说，最好的乡土建筑永远是最纯粹的、保存最完好的，或最精致的实物类型。)一座由当地人建造的农村建筑,可能同时拥有和占有它,可以比城市的公寓房更直接地说明空间的生产。它可能仍然包含一些令人惊讶的东西,例如女性从事建筑工作。然而,更大的潜力在于使用针对前工业景观开发的方法来研究城市建筑类型,如公寓、办公楼或公共图书馆,以提供对代表成千上万人的状况的建筑和居所的更广泛社会解释。[38]

撰写建筑的社会历史可以从物质文化理论和方法开始,确定"物质中的思想"[39],但除了将城市建筑作为人工制品进行评估,还必须探究居住和财政的复杂性。我们不仅要看建筑图纸,还要看所有可能存在的关于所有权、税收和监管的公共记录;我们必须考虑购买土地和建造建筑的成本,以及从多少租户收取多少年租金这些基本算术问题。例如,在世纪之交的一个典型的纽约出租房中,许多人的肮脏的居住环境是房东的赚钱机器,每年产生 25% 的投资回报。[40] 几乎没有理由通过维护费用来减少利润,因为建筑法规和安全法规的执行力度很小。

对一个城市建筑类型的研究的最终结果,可能是一个与许多普通建筑相关的复杂的社会历史。参与者不仅包括建筑师和建筑商,还包括开发商、分区和建筑法规的制定者、建筑检查员,可能还有一系列的租户——城市范围内的空间生产涉及他们所有人。一个与下东区房产博物馆有关的社会历史研究小组正在研究位于纽约市果园街 97 号的一处房产。(居住法关闭了这些单元,但侥幸使得建筑中的小商店继续营业,从而使它在几十年内没有任何改变。)现在,研究人员正在追踪 1863—1935 年居住在这里的 7000 多名爱尔兰、德国、意大利、俄罗斯、希腊和土耳其的移民。[41]

就地方的感官体验而言,这种历史意味着什么?人们可以"读"到不健康的生活条件,站在一套公寓里——也许整个家庭有 400 平方英尺① 的生活空间,最小的管道和只有 1 个或 2 个外部窗户让到访者喘着气寻

---

① 1 平方英尺 =0.092 903 04 平方米。——译者

找光线。移民在拥挤、不健康的空间里生活了几十年的幽闭经历（作为劳动力再生产的一部分）被建筑传达出来，这是文字或图表无可比拟的。环境史可能以"黑点"的形式出现，即公寓居民死于肺部疾病的图表，为数百人服务的肮脏的公共厕所的照片，或人行道上堆积的未收集的垃圾，但一座完整的建筑是讲述经历的最好资源。一幢公寓可以讲述整个城市成千上万名开发商和数百万名租户的故事。它代表了世纪之交的日常城市生活，远比建筑质量高的历史建筑要好。[42]

## 从普通住宅到城市居住区

住宅是城市街区基本的重复单元。在19世纪或20世纪初的美国城市中，住宅与相关建筑聚集在一起，如公共浴室、食品市场、面包房、工厂、工会会堂、学校、俱乐部、尼克国际儿童频道、沙龙和安置房。所有这些形成历史上的城市工人阶级社区，现在可以通过桑伯恩公司（Sanbornmaps）的火灾保险地图和工会和安置房的机构记录，以及个别建筑的记录来研究。这里有性别隔离的模式，也有诸如酒馆这些体面的女人不能去的地方。[43] 有民族和种族划分的模式，以及独特的民族建筑类型。

建筑史学家戴尔·厄普顿曾经指出："大型城市民族群体显然很少建造与众不同的建筑，而是通过语言、饮食习惯和社会组织来表达他们的民族性。"[44] 然而，只要仔细观察社会空间的产生，就可以发现民族性以及种族、阶级和性别是塑造美国城市地方的力量。在东欧的犹太人社区，独特的民族建筑类型包括犹太教堂；在华裔美国人社区，有洗衣店、草药店和协会寄宿房；在日裔美国人社区，有寺庙、托儿所和花卉市场。（研究人员不仅要能使用英语，还要能使用意第绪语、汉语和日语的资料。）

户外空间的独特设计传统与不同的种族群体有关——通过院子或花园的特定种植方式，可以识别拉丁裔、非裔美国人，葡萄牙裔美国人，华裔美国人或意大利裔美国人居民的身份。[45] 门廊及其使用方式，也说明了种族和性别。宗教圣地也是如此，儿童的街头游戏也是如此。一个共享意义的世界正在形成，它以住宅和街道之间的小型半私人和半公共区域的语言为载体，支持某些类型的典型公共行为。建筑师兼规划师詹姆斯·罗哈斯（James Rojas）分析了东洛杉矶居民创造和使用这些空间的方式，他称之为"制定的环境"（enacted environment）。[46] 在某些城市，与种族群体相关的更大的空间模式已经被研究，例如华盛顿州亚裔美国人的建筑和所有权模式，加拿大温哥华华裔美国人的大门和地下通道，洛杉矶拉丁裔的公共广场，华盛顿特区非裔美国人的小巷住宅，或纽约波多黎各人的卡西塔小屋（casitas）。[47]

纽约卡西塔小屋的故事，特别吸引人。卡西塔小屋代表了社区组织者的一种有意识的选择，即在东哈林区（East Harlem）、南布朗克斯区（the South Bronx）和下东区（the Lower East Side）等破败的贫民区，建造农村的、前工业化的波希奥（bohio，一种 8 英尺 × 10 英尺的木屋，有门廊和前院）作为一种新的社区中心。在这里，农村乡土建筑具有一种论证功能，强调罗哈斯所说的"制定的环境"作为建筑和自然世界之间的桥梁的重要性。在卡西塔小屋，社区组织者举办政治会议、音乐活动和开设课程。他们经常在空地上组织社区园艺活动。在珊瑚色、绿松石色或柠檬黄色的油漆中，这些住宅让人想起加勒比海的颜色，也让那些身处字母城（Alphabet City）或西班牙哈林区（Spanish Harlem）（东哈林区）的移民想起故乡。

这些卡西塔小屋和它们的社区花园与废弃的公寓和满是垃圾的地段形成鲜明对比。组织者创造了他们自己的公共空间，建立了一系列的对立：过去—现在，邀请—不邀请，私人—公共。他们在自己的空间里提供了另一种社会再生产，同时，他们也为波多黎各工人批判了过去和现在的空间生产。由于它们证明了一种文化景观与另一种文化景观相矛盾的力量,由此提供了列斐伏尔"反空间"的一个例子。在这方面,它们类似东洛杉矶的政治壁画,这些壁画也建立了与周围城市及其拉丁裔工人住房传统的政治对话。[48]

少数民族的乡土艺术传统经常以类似的方式运作,以灌输社区的自豪感,并发出特定社区在城市中存在的信号。日裔美国人为街道创造了花卉装饰。盎格鲁人为节日制作了水果、鲜花和蔬菜建筑。墨西哥裔美国人为商业建筑和卡车开发了手绘标志。许多社区使用不止一种媒介。多萝西·诺伊斯(Dorothy Noyes)对费城南部意大利裔美国人进行的一项研究显示,意大利移民和他们的后裔是如何通过砖石、糖果、橱窗装饰和街道节日设计来使他们的"在场"被感受到的。[49]

节日和游行也有助于通过在城市文化景观中划定路线,从空间角度定义文化身份。尽管它们的存在是暂时的,但它们在宣称地方的象征性、重要性方面非常有效。他们将乡土艺术传统(在服装、花车、音乐、舞蹈和表演中)与空间历史(出发、游行和结束的地点)混合在一起。在新奥尔良街头游行的非裔美国人爵士葬礼、中国新年游行、爱尔兰裔美国人或意大利裔美国人天主教社区的圣人节游行,[50]以及墨西哥裔美国人社区的亡灵节的墓地仪式,都是具有悠久历史的民族传统的例子。正如学者苏珊·戴维斯(Susan Davis)和戴维·格拉斯伯格(David Glassberg)所展示的那样,长期以来,政治游行代表了一系列共同体,从工人到女权主义者。[51]在过去的 40 年里,南方城市的民权游行、女性为"夺回夜晚"或赢得堕胎权而进行的游行,以及主要城市的同性恋骄傲游行,也让他们的参与者在公共空间站稳脚跟,作为实现更大政治代表性运动的组成部分。[52]

一个普通的城市街区也会包含那些反对空间不正义的活动家的历史。不管是使用领地历史、认知地图,还是两者的某种结合,都有可能识别出对反对不同类型空间隔离的特定人群具有特殊意义的历史城市地点。领地历史将指向举行重大民权会议的教堂，争取公平住房的地方报纸，一个城市中女性尝试投票的第一个地方，第一个允许新移民拥有土地的地方，或者第一所综合小学。还有一些暗杀、私刑、屠杀和暴乱的地点，其政治历史不应该被遗忘。在孟菲斯，马丁·路德·金（Martin Luther King）被暗杀的洛林汽车旅馆现在是一个国家民权博物馆，但每个城市和城镇都有类似的地标，在那里进行过领地斗争。寻找这些建筑并解释它们的历史，是将空间的社会和政治含义与城市景观的历史相融合的另一种方式。

## 从城市社区到城市和地区

当人们从社区的尺度转移到城市的尺度时，许多城市历史作品有助于理解文化景观。在过去的 20 年里，一种新的美国城市社会史开始被书写，这种历史以种族多样性为出发点，同时也承认阶级和性别的不同经历。多年来，城市历史被一种城市传记所主导，这种传记投射出一种单一的叙事，即城市领导人或城市之父——几乎总是白人、中上层阶级男子如何塑造城市的空间和经济结构，通过建设城镇和对混乱的移民人口施加秩序而发财。这种城市历史的叙事传统与美国西部的征服历史有许多相似之处。

相比之下，21 世纪的城市史可以从 1984 年注意到白人男性成为美国有薪劳动队伍中的少数人开始。[53] 在 20 世纪 80 年代，随着郊区发展的历史成为城市历史的重要组成部分，空间问题获得了更多的关注。[54] 在 20 世纪 80 年代末和 90 年代，历史学家一直在重建整个城市，从非裔美国人、拉丁裔美国人、华裔美国人、日裔美国人的角度探索整个城市。虽然面向社会的民族和种族研究有着悠久的传统，但新的民族城市史往往强调空间和文化区别的尖锐性。[55] 很快，美国可能会有一部城市史，包括整个人口和整个城市的社会和空间。以前的美国城市史如果只关注城市中繁荣的白人地区——没有哈林区或布朗克斯区（the Bronx）的曼哈顿，没有罗克斯伯里（Roxbury）的波士顿，没有洛杉矶东区或南区的洛杉矶西区——就已经显得过时了。正如托尼·莫里森（Toni Morrison）的《在黑暗中玩耍》（Playing in the Dark）所表明的那样，英美文学往往是利用非裔美国人的存在来帮助定义白人的："通过重要的和突出的遗漏，惊人的矛盾，大量细微的冲突，通过作家在作品中展示这种存在的迹象和主体的方式，我们可以看到，一个真实的或虚构的非洲主义的在场对他们的'美国感'至关重要。"[56]

新的文本问："谁建立了美国？"[57] 不仅不同种族社区的历史变得更加充实，而且历史学家也越来越多地将女性置于城市经济和社会生活的中心而不是边缘。与关注城市之父及其克服经济增长的经济和物质障碍的老式城市传记相比，女性历史带来了对所谓城市母亲的新的强调，即由所有种族和阶层的女性组成的城市的一半，养育其他人口。在10年前研究有色人种女性的学者的带领下，[58] 研究各族裔劳动女性的历史学家们引领了对城市生活最广泛的综合描述，探索了纺织厂和罐头厂、公寓和庭院，在那里女性为自己、家人和社区的生计而奋斗。[59] 家庭工作和有偿工作是女性城市经济活动的补充部分，这表明城市史、民族史、女性史和劳工史并不是独立的类别。所有这些关于城市劳动女性的研究都包含了一个更大的城市叙事的轮廓，将女人、儿童和男人联合起来，在市场经济和家庭中为生存而斗争。

在城市的社会历史越来越具有包容性和空间性的同时，环境史学家们也在展示旧的城市传记传统如何未能传达出建设城市的动态经济和空间过程，这座城市依赖于控制远远超出城市界限的自然资源。一个城市有一个可以依赖的经济腹地。对芝加哥来说，西部的牛群和中西部的麦田是总部设在该市的铁路、屠宰场、谷物升降机和肉类包装厂的所有者所驾驭的环境资源。对洛杉矶来说,城市的发展需要通过欧文斯谷(Owens Valley)和科罗拉多河(Colorado River)的引水渠来实现。对中心城市和这些偏远地区的环境分析,比狭义的观察更能揭示一个城市的经济历史。[60]

## 空间作为一种社会产品:地区的、区域的、国家的、全球的

"空间渗透着社会关系;它不仅被社会关系支持,而且被社会关系生产和制造。"亨利·列斐伏尔这样总结空间复杂而矛盾的本质。[61] 在 20 世纪后期,随着建成空间的生产在强度和规模上的增加,空间的政治变得更加难以描绘。高速公路连接着分散的工作场所和住宅,是当代工作景观的典型。当州际高速公路上的汽车以 55 英里/小时的速度行驶时,分析它们在人类感知和记忆方面提供的经验变得更加困难,但追踪美国汽车空间作为世界上最大、最宏伟的公共工程项目的生产情况却更容易了。[62] 在活动区域分散的同时,资本的全球迁移导致制造过程分散在世界各地,而住房和工厂则被遗弃在美国的老工业中心城市。

在《城市与草根》(*The City and the Grassroots*)中,曼努埃尔·卡斯特尔斯(Manuel Castells)曾指出:"世界资本主义体系的新空间,结合了信息和工业的发展模式,是一个可变几何形状的空间,由在一个不断变化的流动网络中分级排序的地点形成:资本、劳动、生产要素、商品、信息、决策和信号的流动。"他的结论是:"新的倾向性城市意义是人们与他们的产品和历史在空间和文化上的分离。"[63] 同样,地理学家大卫·哈维描述:"生产、消费、信息流和通信的物质实践的变化,加上资本主义发展中空间关系和时间范围的彻底重组"所导致的"前所未有的规模破坏、入侵和重组地方的过程"。[64]

这些变化以破坏性的建筑效果攻击老旧的中心城市，居民需要了解导致目前格局的复杂力量。基于种族、阶级和性别的领地历史，以及对工人的生计和景观的分析，都可以起到启示作用。今天，房地产开发商在郊区商场和边缘城市大量增加商业空间，而许多内城社区却在为经济生存能力而挣扎。市民和规划者都可能发现，城市景观史可以帮助重塑不断恶化的社区的身份，在那里，一代又一代的劳动者度过了他们的一生。正如哈维所言，矛盾的是，"在一个交流、移动和沟通的空间障碍不断减少的世界里，与地方相关的身份的阐述变得更加重要而不是不重要"。[65] 了解城市景观的历史为公民和公职人员提供了一些关于未来的政治和美学选择的基础。它还为设计领域的从业者提供了一个承担更大社会责任的背景。

本章探讨了社会历史嵌入城市景观的一些方式。这个主题需要建立在用五种感官体验地方的美学和将地方作为有争议的领地来体验的政治基础上。对于希望利用地方的社会历史与公众记忆产生更多共鸣的历史学家、保护主义者或环保主义者的组织，或者个人艺术家和设计师，也可以说是如此。地方使记忆以复杂的方式凝聚在一起。人们对城市景观的体验交织着地方感和空间的政治。如果人们对地方的依恋是物质的、社会的和想象的，那么这些都是在城市景观中扩展公共历史的新项目的必要维度，以及美国文化景观和其中建筑的新历史。

## 注释

本文改编自 Dolores Hayden, *The Power of Place: Urban Landscapes as Public History* (Cambridge: MIT Press, 1995)。

题记：Henri Lefebvre, *The Production of Space*, trans. Donald Nicholson-Smith (Oxford, Blackwell, 1991)。

1. John Brinckerhoff Jackson, *Discovering the Vernacular Landscape* (New Haven: Yale University Press, 1984): xii.

2. 段义孚认为，生物学和文化共同构成了人类与地方的联系，见 *Space and Place: The Perspective of Experience* (Minneapolis: University of Minnesota Press, 1977): 6。他还指出，这些术语可能是难以捉摸的："建筑师谈论地方的空间品质；他们同样可以谈论空间的位置（地方）品质。"段义孚将地方描述为时间流中的停顿："如果我们将世界视为一个不断变化的过程，我们就不会有任何地方感。"

3. *Space and Place: The Perspective of Experience* (Minneapolis: University of Minnesota Press, 1977): 30, 79-84.

4. *Space and Place: The Perspective of Experience* (Minneapolis: University of Minnesota Press, 1977): 79-84.

5. Irwin Altman and Setha M. Low, eds., *Place Attachment* (New York: Plenum, 1992). 又见 Denise L. Lawrence and Setha M. Low, "The Built Environment and Spatial Form," *Annual Review of Anthropology* 19 (1990): 453-505，涉及了几百篇作品的综述论文.

6. Peter H. Marris, *Family and Social Change in an African City* (Evanston, Ill.: Northwestern University Press, 1962); Peter H. Marris, *Loss and Change*, 2d ed. (London and New York: Routledge and Kegan Paul, 1986). 又见 Herbert J. Gans, *The Urban Villagers: Group and Class in the Life of Italian-Americans*, 2d ed. (New York: Free Press, 1962).

7. 索尔说："文化是代理（agent），自然区域是媒介（medium），文化景观是结果。"见 "Landscape" in Robert P. Larkin and Cary L. Peters, eds., *Dictionary of Concepts in Human Geography* (Westport, Conn.: Greenwood, 1983): 139-144。

　　对文化景观研究有所贡献的学者中包括约翰·布林克霍夫·杰克逊和唐纳德·迈尼格。见杰克逊的 *Landscapes* (Amherst: University of Massachusetts Press, 1980), *Discovering the Vernacular Landscape* (New Haven: Yale University Press, 1984), 和 *A Sense of Place, a Sense of Time* (New Haven: Yale University Press, 1994); 以及迈尼格编辑的文集 *The Interpretation of Ordinary Landscapes*

(New York and Oxford: Oxford University Press, 1979) 和 *The Shaping of America* (New Haven: Yale University Press, 1986)。

最近的文集包括 Dell Upton and John Michael Vlach, eds., *Common Places: Readings in American Vernacular Architecture* (Athens: University of Georgia Press, 1986) 和 Michael Conzen, ed., *The Making of the American Landscape* (New York: Harper. Collins, 1990)，两者都有大量的参考书目。康岑是这两者中更偏向城市、范围更广的。另见 Wayne Franklin and Michael Steiner, eds. *Mapping American Culture* (Iowa City: University of Iowa Press, 1992)。

景观设计师安妮·惠斯顿·斯宾（Anne Whiston Spim）在她即将出版的《景观的语言》(*The Language of Landscape*) 一书中，将为景观研究和设计提供更全面的美学和环境科学基础。见她的论文 "From Uluru to Cooper's Place: Patterns in the Cultural Landscape," *Orion* 9 (Spring 1990): 32-39, 和 "The Poetics of City and Nature: Towards a New Aesthetic for Urban Design," *Landscape Joumal* 7 (Fall 1988): 108-127。

8. 有两本关于美国乡村景观中的族裔空间模式和乡土建筑的文集，但没有任何一本关于城市族裔地区乡土建筑的文集可供比较：Alien C. Noble, ed., *To Build in a New Land: Ethnic Landscapes in North America* (Baltimore: Johns Hopkins University Press, 1992), 以及 Dell Upton, ed., *America's Architectural Roots: Ethnic Groups That Built America* (Washington, D.C.: Preservation Press, 1986)。

9. 见 Michael Dear and Jennifer Wolch, eds., *The Power of Geography* (Boston: Unwin Hyman, 1990); Kay Anderson and Fay Gale, eds., *Inventing Places* (New York: John Wiley, 1992); John A. Agnew and James S. Duncan, eds., *The Power of Place: Bringing Together Geographical and Sociological Imaginations* (Boston: Unwin Hyman, 1989); Jame S. Dunean and David Ley, eds., *Place/Culture/Representation* (London and New York: Routledge, 1993); Derek Gregory, *Geographical imaginations* (Oxford: Blackwell, 1994); Neil Smith, *Uneven Development: Nature, Capital, and the Reproduction of Space* (Oxford: Blackwell, 1990)。

10. William Cronon, "A Place for Stories: Nature, History, and Narrative," *Journal of American History* 78 (March 1992): 1347-1376.

11. Michael Sorkin, ed., *Variations on a Theme Park: The New American City and the End of Public Space* (New York: Noonday, 1992) 这本书的文章水平参差不齐，但包含了历史学家玛格丽特·克劳福德（Margaret Crawford）关于购物中心的一篇精彩文章。记者乔尔·加罗 [Joel Garreau , *Edge City: Life on the New Frontier* (New York: Doubleday, 1991)] 和詹姆斯·霍华德·昆斯特勒 [James Howard Kunstler, *The Geography of Nowhere: The Rise and Decline of America's Man-Made Landscape*（New York: Simon and Schuster, 1993）] 同意索金（Sorkin）认为美国人面临着有意义的地方和公共空间的终结的观点。

12. Lefebvre, *Production of Space*.

13. Fredric Jameson, *Postmodernism, or, The Cultural Logic of Late Capitalism*, (Durham: Duke University Press, 1991): 364-365.

14. 有关这些问题的更复杂信息，见 Gregory, *Geographical Imaginations*, 以及 David Harvey, *The Condition of Postmodernity* (Oxford & Blackwell, 1989): esp. table 3.1。

15. 列出几个与政治争论相关的作品作为例子：关于住房，Margaret Crawford, *Building the Workingman's Paradise: The Architecture of American Company Towns* (London: Verso, 1995); 关于城市规划，Gwendolyn Wright, *The Politics of Design in French Colonial Urbanism*(Chicago: University of Chicago Press, 1991); 关于公园，Galen Cranz, *The Politics of Park Design* (Cambridge: MIT Press, 1982), 以及 Ray Rosenzweig and Elizabeth Blackmar, *The People and the Park* (Ithaca: Cornell University Press, 1992)。

16. Patricia Nelson Limerick, "Disorientation and Reorientation: The American Landscape Discovered from the West," *Journal of American History* 79 (December 1992): 1021-1049.

17. Patricia Nelson Limerick, "Disorientation and Reorientation: The American Landscape Discovered from the West," *Journal of American History* 79 (December 1992): 1031-1034.

18. 丹尼斯·伍德（Denis Wood）的《北卡罗来纳州罗利博伊兰高地社区地图集》（*Atlas of the Boylan Heights neighborhood of Raleigh, N.C.*）是一个极好的例

子，通过记录其景观轮廓以及道路、小巷、桥梁、下水道和水管、窨井、街旁树、街道标志和停车标志的模式，可以唤起人们对整个城市社区的回忆。Denis Wood, *Dancing and Singing: A Narrative Atlas of Boylan Heights*, proof copy from the author, 1990, School of Design, North Carolina State University, Box 7701, Raleigh, N.G 27695-7701. 可以为承担学校项目的教师提供一些材料的基础文本是 Cerald Danzer, *Public Places: Exploring Their History* (Nashville, Tenn.: Association for State and Local History, 1987)。

19. John R. Stilgoe, *Metropolitan Corridor: Railroads and the American Scene* (New Haven: Yale University Press, 1983).

20. 两个涉及女性和空间的历史研究是 Dolores Hayden, *The Grand Domestic Revolution: A History of Feminist Designs for American Homes, Neighborhoods, and Cities* (Cambridge: MIT Press, 1981) 和 Mary Ryan, *Women in Public: Between Banners and Ballots, 1825-1880* (Baltimore: Johns Hopkins University Press, 1990)。最近关于女性和空间的地理学著作包括 Gillian Rose, *Feminism and Geography: The Limits of Geographical Knowledge* (Minneapolis: University of Minnesota Press, 1993) 以及 Doreen Massey, *Space, Place, and Gender* (Minneapolis: University of Minnesota Press, 1994)。关于与地理分析无关的"女性领域"（women's sphere）的讨论，见 Linda Kerber, "Separate Spheres, Female Worlds, Woman's Place: The Rhetoric of Women's History," *Journal of American History* 75 (June 1985): 9-39。

21. Dear and Wolch, *Power of Geography*, 4.

22. 有许多文章涉及这些地方的一个或多个方面，例如本文集中丽娜·斯文策尔的文章；Dell Upton, "Black and White Landscapes in Colonial Virginia," in Robert Blair St. George, ed., *Material Life in America, 1600-1860*, (Boston: Northeastern University Press. 1988): 357-369; Manuel Castells, "Cultural Identity. Sexual Liberation and Urban Structure: The Gay Community in San Francisco," in *The City and the Grassroots* (Berkeley: University of California Press, 1983): 138-172, 以及 George Chauncey, *Gay New York: Gender, Urban Culture, and the Makings of the Gay Male World, 1890-1940* (New York: Basic Books, 1994)。

23. 例如 Allen Scott and Michael Storper, eds., *Production, Work, and Territory: The Geographical Anatomy of Industrial Capitalism* (London: Alien and Unwin, 1986); Dear and Wolch, *Power of Geography*。

24. Charles Perry, "When We Were Very Young," *Los Angeles Times Magazine* (4 February 1990): 13-14 中对小洛伦·米勒的采访。

25. Lynell George, *No Crystal Stair: African Americans in the City of Angels* (London: Verso, 1992): 222-223.

26. 这样的照片往往出人意料地难以找到，因为只有某些档案愿意保存它们。Lonnie C. Bunch's *Black Angelenos* (Los Angeles: California Afro-American Museum, 1989) 中有一些精选。

27. 如果要从社会学的角度来看待这些空间问题，见 Daphne Spain, *Gendered Spaces* (Chapel Hill: University of North Carolina Press, 1992)。

28. Miller, in Perry, "When We Were Very Young," 13, 包括一张他的母亲20世纪50年代在洛杉矶参加的非裔美国女性社交俱乐部的照片。

29. Kevin Lynch, *The Image of the City* (Cambridge, MIT Press, 1960).

30. 彼得·奥尔良（Peter Orleans）讨论了特里迪布·班纳吉（Tridib Bannerjee）的这个作品和其他作品，在 "Urban Experimentation and Urban Sociology," in *Science, Engineering, and the City*, publication 1498 (Washington: National Academy of Sciences, 1967): 103-117; 另见 Peter Could and Rodney White, *Mental Maps* (Boston: Allen and Unwin, 1986)。

31. Jameson, *Postmodernism*, 54. 但从全球资本主义的角度来看，这将如何运作更难说。另见 Doug Aberle, ed., *Boundaries of Home: Mapping for Local Empowerment* (Gabriola Island, B.C., and Philadelphia: New Society, 1993)。

32. Thomas Hubka, "In the Vernacular: Classifying American Folk and Popular Architecture," *The Forum* (Society of Architectural Historians) 7 (December 1985): 1.

33. Barbara Wyatt, "The Challenge of Addressing Vernacular Architecture in a State Historic Preservation Survey Program," in Camille Wells, ed., *Perspectives in*

*Vernacular Architecture II* (Columbia: University of Missouri Press, 1986): 37-43.

34. Camille Wells, "Old Claims and New Demands," in Wells, *Perspectives*, 9-10. 即使通过这种分析呈现的媒介也能反映这些权力斗争。威尔斯指的是当地学术界和博物馆观众的解释之间的潜在冲突．对普通建筑和社区的研究为学者（在历史和建筑史领域）和实践者（在公共历史和历史保护规划领域）提供了一座桥梁，但后一类人，如博物馆馆长和保护主义者，可能会面临为某些观众和资助者服务的压力，并可能被要求避免将冲突和剥削作为研究主题．这也是建筑记者经常遇到的问题。

35. 小萨姆・巴斯・华纳在 *Streetcar Suburbs: The Process of Growth in Boston, 1870-1900* (Cambridge: Harvard University Press, 1962) 中率先使用了基于建筑物的证据。华纳的《城市荒野，私人城市：费城发展的三个阶段》(*The Urban Wilderness, the Private City: Philadelphia in Three Stages of Its Growth*) 和《居住就是花园》(*To Dwell Is to Garden*) 是很好地利用了建筑环境的城市历史学经典之作。其他例子包括 James Borchert, *Alley Life in Washington: Family, Community, Religion and Folklife in the City, 1850-1870* (Champaign: University of Illinois Press, 1980) 以及 Elizabeth Blackmar, *Manhattan for Rent, 1785-1850* (Ithaca: Cornell University Press, 1989)。

36. Dolores Hayden, *Seven American Utopias: The Architecture of Communitarian Socialism, 1790-1975* (Cambridge: MIT Press, 1976); Crawford, *Building the Workingman's Paradise*; Wright, *Politics of Design*.

37. 最近关于社区空间研究例子是 Gerald L. Pocius, *A Place to Belong: Community Order and Everyday Space in Calvert, Newfoundland* (Athens: University of Georgia Press, 1991). *Perspectives in Vernacular Architecture I, II, III, IV* (Columbia: University of Missouri Press, 1982-1989) 提供了乡土建筑论坛（Vernacular Architecture Forum）成员的作品精选集。关于过程对乡土建筑研究的重要性，见 Dell Upton, "Vernacular Buildings," in Diane Maddex, ed., *Built in the USA: American Buildings from Airports to Zoos* (Washington: Preservation Press, 1985): 167-168. 厄普顿还呼吁建筑史学家从研究设计大师的单个建筑（从而成为建筑行业的新闻代理人），转向研究景观史："Architectural History or Landscape History?" *Journal of Architectural Education* 44 (August 1991):

195-199。

38. Daniel Bluestone, *Constructing Chicago* (New Haven: Yale University Press, 1991); Abigail Van Slyck, *Free to All: Carnegie Libraries and American Culture* (Chicago: University of Chicago Press, 1995). 保罗·格罗思选择独室房屋作为一种本土建筑类型，对分析城市更新和无家可归问题具有重要意义（见"'Marketplace' Vernacular Design: The Case of Downtown Rooming Houses," in Wens, ed., *Perspectives*, 179-191）。这是一个新的工作领域可能使用这些旧的方法的例子。另见 Paul Groth, *Living Downtown: The History of Residential Hotel Life in the United States* (Berkeley: University of California Press, 1994)。关于乡土建筑的扩展参考书目，以及中等收入者住房部分，见 John Michael Vlach and Richard Longstreth, "Teaching Vernacular Architecture at George Washington University," *ASA News* (newsletter of the American Studies Association ) (Fall 1993): 11-14。了解13种住房类型的概述，见 Gwendolyn Wright, *Building the Dream: A Social History of Housing* (New York: Pantheon, 1981)。

39. Jules David Prawn, "Mind in Matter: An Introduction to Material Culture Theory and Method," in Robert Blair St. George, ed., *Material Life in America, 1600-1860* (Boston: Northeastern University Press, 1988): 17-34. 另见 Thomas J. Schlereth, *Cultural History and Material Culture: Everyday Life, Landscapes, Museums* (Ann Arbor: UMI Research Press, 1990), 和 Dell Upton, "The City as Material Culture," in Anne Yentsch and Mary Beaudry, *The Art and Mystery of Historical Archaeology* (Boca Raton: CRC Press, 1992): 51-74, 以及 "Another City: The Urban Cultural Landscape in the Early Republic," in Catherine Hutchins, ed., *Everyday Life in the Early Republic, 1789-1828* (Wilmington: Winterthur Museum, 1995)。

40. Anthony Jackson, *A Place Called Home. A History of Low-Cost Housing in Manhattan* (Cambridge: MIT Press, 1976): 1-29, 概述了问题，但没有计算。

41. 其他住房类型可能也会导致更广泛的社会分析。例如，关于郊区住房，见 Dolores Hayden, *Redesigning the American Dream: The Future of Housing, Work, and Family Life* (New York: Norton, 1984); 和 Gwendolyn Wright, *Moralism and Model Home: Domestic Architecture and Cultural Conflict in Chicago, 1873-1913*

(Chicago: University of Chicago Press, 1980)。

42. 下东区公寓博物馆的旧店面和一些住宅单元向公众开放（整个建筑因其社会重要性已被列入国家历史遗迹名录）。类似地，苏格兰国家信托基金会在格拉斯哥有一套公寓也对公众开放。这里以前是一位制作女帽和衣服的裁缝的家。这是他们最受欢迎的景点之一。

43. Christine Stansell, *City of Women: Sex and Class in New York City, 1789-1860* (New York: Knopf, 1986) 探讨了这些问题。

44. Upton, *America's Architectural Roots*, 14.

45. 有关在农村环境中进行的此类出色研究，见 Richard Westmacott, "Pattern and Practice in Traditional African American Gardens in Rural Georgia," *Landscape Journal* 10 (Fall 1991): 87-104, 以及他的 *African American Gardens and Yards in the Rural South* (Knoxville: University of Tennessee Press, 1992)。一份关于纽约无家可归者花园的新文件正在出版：Diana Balmori and Margaret Morton, *Transitory Gardens, Uprooted Lives* (New Haven: Yale University Press, 1993)。因为他们记录的许多无家可归者都是非裔美国人，所以可能会有一些模式让人想起韦斯特马科特（Westmacott）的乡村花园。马顿（Marton）也有一个关于无家可归者住宅的独立项目："The Architecture of Despair," forthcoming. 另见 Joseph Sciorra, "Yard Shrines and Sidewalk Altars of New York's Italian Americans," *Perspectives in American Architecture* 3, ed. Thomas Carter and Bemard L. Herman (Columbia: University of Missouri Press, 1989): 185-198。

46. James T. Rojas, "The Enacted Environment of East Los Angeles," *Places* 8:3 (Spring 1993): 42-53.

47. 见 Gail Lee Dubrow, "Property Types Associated with Asian/Pacific American Settlement in Washington State," in Gail Lee Dubrow, Gail Nomura, et al., *The Historic Context for the Protection of Asian/Pacific American Resources in Washington State* (Olympia, Wash.: Department of Community Development, forthcoming); Gail Lee Dubrow, "Asian Pacific Imprints on the Western Landscape," in Arnold R. Alanen and Robert Z. Melnick, eds., *Preserving Cultural Landscapes in America* (Baltimore: Johns Hopkins University Press, forthcoming),

David Chuenyan Lai, *Chinatowns: Towns Within Cities in Canada* (Vancouver: University of British Columbia Press, 1988); "Plaza, Parque, Calle,"《地方》杂志的一个关于拉丁美洲空间的特辑 (*Places* 8:3 [Spring 1993]); Kay J. Anderson, *Vancouver's Chinatown: Racial Discourse in Canada, 1875-1980* (Montréal and London: McGill-Queen's University Press, 1991), 以及 Borchert, *Alley Life*。

48. Joseph Sciorra, "'I Feel Like I'm in My Country': Puerto Rican Casitas in New York City," photographs by Martha Cooper, *Drama Review* 34 (Winter 1990): 156-168. 另见 Genevieve Fabre, forthcoming work on ethnic celebrations in the United States.

49. Dorothy Noyes, *Uses of Tradition: Arts of Italian Americans in Philadelphia* (Philadelphia: Samuel S. Fleisher Art Memorial, 1989).

50. Joseph Sciorra, "Religious Processions in Italian Williamsburg," *Drama Review* 29 (Fall 1985): 65-81.

51. Susan Davis, *Parades and Power: Street Theater in Nineteenth-Century Philadelphia* (Berkeley: University of California Press, 1986); David Glassberg, *American Historical Pageantry: The Uses of Tradition in the Early Twentieth Century* (Chapel Hill: University of North Carolina Press, 1990).

52. Temma Kaplan, "Making Spectacles of Themselves," 她正在进行的关于女性利用公共空间作为政治抗议的一部分的作品中，有一篇文章阐述了这一点。

53. William Serrin, "Shifts in Work Put White Men in the Minority," *New York Times*, 31 July 1984: 1. 1954年，白人男性占有薪劳动力的62.5%。

54. Dolores Hayden, *Redesigning the American Dream*; Sam Bass Warner, Jr., "When Suburbs Are the City" (paper delivered at the symposium "The Car and the City." University of California, Los Angeles, 1988); Kenneth T. Jackson, *Crabgrass Frontier: The Suburbanization of the United States* (Oxford and New York: Oxford University Press, 1985).

55. 例如，Ricardo Romo, *East Los Angeles: The History of a Barrio* (Austin: University of Texas Press, 1983)。或者从历史地理学家的角度来看，见 Kay J. Anderson, "The Idea of China town: The Power of Place and Institutional Practice

in the Making of a Racial Category," *Annals of the Association of American Geographers* 77 (December 1987): 580-598. Robin D. G. Kelley 即将开展的工作将着眼于美国各地的非裔美国人城市。

"族裔"（ethnic）可能是所有词汇中最难一致使用的。虽然"族裔"在其语言根源中暗示"民族"（people），但在美国，它经常被用来暗示外人（outsider），特别是 17 和 18 世纪新英格兰和东海岸的英国白人新教移民。（很少有这种出身的人被描述为族裔，因此一些社区团体认为族裔一词是一种暗指非白人或工人阶级的编码方式。）然而，这里用"族裔"来表示一种共同的文化传统，无论是美洲土著部落的文化传统，还是移民群体的文化传统——例如英国、非洲、爱尔兰、墨西哥、德国、日本、中国或波兰的。

"少数族裔"是一个根据时间和地点来定义的术语，并非可以被精确定义。有时"少数族裔"被用来描述人口中的所有非白人群体；在这种情况下，"多元文化"（multicultural）或"多族裔"（multiethnic）将被用来指代多样化的人口。参见 Stephan Thernstrom, Ann Orlov, and Oscar Handlin, eds., *Harvard Encyclopedia of American Ethnic Groups* (Cambridge: Harvard University Press, 1980) 和 Werner Sollars, *Beyond Ethnicity: Consent and Descent in American Culture* (New York: Oxford University Press, 1986)。有关这些术语及其用法的讨论，见 Wilbur Zelinsky, "Seeing Beyond the Dominant Culture," *Places* 7:1 (Fall 1990): 32-34, 以及反驳，见 Rina Swentzell, David Chuenyan Lai, and Dolores Hayden, 35-37。

56. Toni Morrison, *Playing in the Dark: Whiteness and the American Literary Imagination* (New York: Vintage, 1990): 6.

57. 一个新的综合性的文本是 American Social History Project, *Who Built America?* 2 vols, (New York: Pantheon, 1992)。

58. Gloria T. Hull, Patricia Bell Scott, and Barbara Smith, *All the Women Are White, All the Blacks Are Men, but Some of Us Are Brave: Black Women's Studies* (Old Westbury, N.Y.: Feminist Press, 1981).

59. 例如，Elizabeth Higginbotham, "Laid Bare by the System: Work and Survival for Black and Hispanic Women," in Amy Swerdlow and Hanna Lessinger, eds., *Class, Race and Sex: The Dynamics of Control* (Boston: G. K. Hall, 1983); 另见

Higginbotham's excellent *Selected Bibliography of Social Science Readings on Women of Color in the United States* (Memphis: Center for Research on Women, Memphis State University, 1989)。

60. William Cronon, *Nature's Metropolis: Chicago and the Great West* (New York: Norton, 1991).

61. Lefebvre, *Production of Space*, 286.

62. David Brodsly, *LA Freeway: An Appreciative Essay* (Berkeley: University of California Press, 1981) 和 Mark Rose, *Interstate: Express Highway Politics, 1939-1989*, rev. ed. (Knoxville: University of Tennessee Press, 1990). 另见 Martin Wachs and Margaret Crawford, eds., *The Car and the City: The Automobile, the Built Environment, and Daily Urban Life* (Ann Arbor: University of Michigan Press, 1992) 和 Virginia Scharff, *Taking the Wheel: Women and the Coming of the Motor Age* (New York Free Press, 1991)。

63. Manuel Castells, *The City and the Grassroots*, 314.

64. David Harvey, "From Space to Place and Back Again: Reflections on the Condition of Postmodernity," paper delivered at University of California. Los Angeles, Graduate School of Architecture and Urban Planning Colloquium, May 13, 1991, 39.

65. David Harvey, "From Space to Place and Back Again: Reflections on the Condition of Postmodernity," paper delivered at University of California. Los Angeles, Graduate School of Architecture and Urban Planning Colloquium, May 13, 1991, 39.

# 第 10 章
# 视觉的政治

安东尼·D. 金（Anthony D. King）

我从一个印度婆罗门同事讲的故事开始。一个人为了寻求开悟，向他的导师征求建议。他表明："我要到最高的山上去，在那里我要睁大眼睛环顾四周。"导师回答："这将是你的第一个错误。"

这个简短的故事引发了一些对本文集主题至关重要的问题：视线（sight）或视觉（vision）与信仰、信仰与知识、知识与权威的关系是什么？在复述印度婆罗门传统中的这个故事时，我强调了视觉和信仰（以及随后的知识建构）发生的文化特殊性，以及特定拓扑对这一知识创造过程的重要性：我的故事强调了视觉、文化和景观这三个相互关联和相互作用的概念，这些概念也是本文集的核心。我要讨论的正是这三个概念。

## 视觉（vision）与视觉主义（visualism）

在中世纪的欧洲，从 13 世纪末到 15 世纪末的大约 200 年时间里，视觉一词指的是"普通视线以外看到的东西，特别是在睡眠或异常状态下超自然地呈现在心灵中的预言性或神秘性的现象"。视觉是"一种独特或生动的精神概念：一种精神沉思的对象，一种高度想象的心路或预见"。[1]

除了这种对象化的视觉之外，还有一种主观的视觉："看到或思考不在眼前的行为或事实，一种神秘的、超自然的洞察力。"直到 15 世纪末，"视觉"才有了"用肉眼看的行为，或视力指令的行使"的含义，[2] 这也是现在这个词普遍被理解的含义。

这两个含义，一个来自想象，另一个来自身体视觉的概念。这两个含义为讨论当代西方文化[3]中视觉的特权[约翰·法比安（Johannes Fabian）称之为"视觉主义"[4]]，以及考虑这种特权的一些理论和实践意义，尤其是在设计领域，提供了一个出发点。

人类学中的一些理论批判已经将注意力引向了过于依赖视觉的知识理论的不足之处。例如，詹姆斯·克利福德（James Clifford）提到了沃尔特·翁（Walter Ong）的研究，这些研究提到在不同的文化和不同的时代中，不同的人类感官是如何按等级顺序排列的。克利福德认为，在西方的文学文化中，视觉的真实性比其他感官——声音、触觉、嗅觉和味觉——提供的真实性更有优势。他指出，人类学的主要方法论隐喻是"参与式观察"、数据收集、观察和对象化。西方的分类学想象也同样具有强烈的视觉主义性质，尤其是将文化设置为让人看到的空间阵列。[5]

法比安也发展了这些对过度依赖视觉方法的批评的观点，讨论了只把那些被观察到的东西，而不是那些在对话中听到的、转录的或发明的东西作为文化事实的意义。许多人类学家假定，将一种文化视觉化的能力在某种程度上是理解它的能力的同义词。这种假设源于某些方法论上的预设，因为关于文化的论述一般都立足于现实或精神空间，理论和概念命题是通过参考鲜为人知的文化来表达的，例如夸扣特尔人（Kwakiutl）、特罗布里恩人（Trobriands）或恩登布人（Ndembu）文化。更特别的是，视觉作为现象主义，一直是经验主义和实证主义知识理论的一部分。这种观念认为在事物被看到之前，它们不能被正确地认识，其结果是，给未知的他者作为知识的对象以特权地位。他者必须是独立的，最好是远离认识者的。距离近且能被看见的东西，既是更可认识的，因此也是更容易被认识的。[6]

从历史和地理的角度来看，这种强调在知识建构中使用视觉的做法，取决于知识生产的特定政治经济学。从 19 世纪 80 年代开始，殖民主义世界政治结构的主导地位、人类学学术学科的出现以及摄影技术的发展等多种力量的结合[7]，为民族志作为观察和收集的概念提供了新的动力，也为摄影在文化上的单方面使用提供了新的动力。在挪用视觉图像的行为中，构建了视觉上的"他者"文化，这些文化的存在有助于在进化时间和文明空间中定位欧洲或美洲。这些技术（不仅是摄影，还有各种印刷和复制技术）的垄断开始了一个巨大的文化积累过程——产生知识、文化和政治利益的视觉表现档案。随着世界性展览时代的到来，这种对图像的挪用转化为对整个村庄或城镇模型的复制。[8]

在当代西方文化中，自 19 世纪以来，摄影、电影和电视与市场资本主义的政治经济学相结合，构建了通过视觉图像的扩散和消费而存在，甚至依赖视觉图像的扩散和消费而存在的社会和文化的表征。20 世纪末，在新兴的全球资本主义时代，照相机和电视的普及使人们的视觉意识趋于饱和。因此，窗户在中世纪早期被视为通风装置（词源为"风眼"，wind-eye），在现代已成为一种消费景观的机制，不仅在视觉上（如"观景窗"），而且在经济和社会上也是如此，用亨利·列斐伏尔的话说，当代的空间观念预设并暗示着"一种可视化（visualization）的逻辑"。[9]

事实上，对视觉差异的迷恋——包括亚文化风格、产品营销和消费方面——不仅是建立在当代资本主义经济的基础上；与心灵和精神相比，它还过度教育和刺激了眼睛，有些人会补充说，心灵和精神也相应地变得贫乏。

在当代资本主义社会中，文化生产过程被分割成知识和文化实践的各个部分，视觉主义被理解为视觉与文化整体的分离，成为一种特殊的自负，一种物化。正是这种分离使"视觉文化"这样的短语变得如此有问题，充满了矛盾和歧义。第一，正如我已经指出的，这种态度将可以看到的东西置于可以听到、触摸到、闻到、知道或仅仅是体验到的东西之上。我们会提出一个问题：一个失明的人可以获得什么样的艺术史洞察力？

第二，"视觉文化"这个短语充满了模糊性。例如，我们必须问谁在视觉化，他们看到了什么？[这就是人类学中的跨文化还是单一文化（emic and etic）问题，也就是说，"看"是从文化内部还是外部进行的。]这些问题都很重要，无论我们是在考虑我们自己对其他人文化的视觉消费，还是在考虑生产者自己或其他消费者有意识或无意识地用于视觉消费的可看的物质物品的生产。

第三，特别是在建筑环境或景观方面，"视觉文化"这一短语将看到的东西与思考、建造、买卖、交换、记忆中的东西或遗忘的东西分离开来，并赋予它特权。正是这种误解允许物体（无论是绘画还是建筑）被视为主要是视觉的对象，而不是社会的、经济的，或者最终是具有一系列意义的政治对象[10]，并为构建神秘的形式主义分析提供基础。这种视觉或视觉享乐的特权地位也鼓励了建筑师、艺术家，甚至景观设计师的去教育化，他们因此认为他们主要从事的是在某种程度上与经济、社会和政治领域相分离的视觉活动。

## 文化和族裔

20世纪80年代末，文化话题重新回到知识界的议程上，这既是一种讽刺，也是一种矛盾，尤其是在一个以马克思主义影响、资本分析至上和强烈的经济决定论为特征的城市问题分析时期之后。当然，对于一些研究景观、空间和环境的学生来说，文化从未离开过议程；然而，即使对他们来说，文化的概念化也不得不改变。

在这一阶段早期的许多写作中，以及在对社会、城市和环境变化的许多解释中，问题似乎在于要么采取唯物主义的方法，要么进行文化分析，并提出优先考虑世界观、生活方式、价值观和信仰的解释。

在文化分析方法中，文化被视为某种独立的分析或解释变量，要么被忽视，要么没有得到特别关注。也许文化分析方法中最具代表性的是文集《文化背景下的城市》（*The City in Cultural Context*），其目的在于对抗和修正被视为城市政治经济学家的过度经济范式的东西。[11]

在唯物主义的方法中，重点是解释不断变化的生产模式和与由此产生的城市和空间形式之间的关系，或者，在一个更加本地化和历史性的背景下，解释空间与经济、社会组织系统以及政治控制的关系。在城市领域，这一传统的代表是苏珊和诺曼·费恩斯坦（Norman Fainstein）等人编辑的作品和曼努埃尔·卡斯特尔斯（Manuel Castells）及大卫·哈维早期的改变范式的作品。[12]

这两种方法都没有对文化进行充分的理论化，但都清楚地表明，有一些文化属性是特定的生产模式、经济和社会组织体系以及政治控制类型所共有的——不管它们可能出现在哪些不同的、地理上相异的文化中。[13]这些共同的文化属性还没有得到应有的关注——这是大多数研究，特别是文化研究，经常在主要的国家背景下进行的结果（我将在下面回到这一点）。

最近，这种"非此即彼"的情况得到了修正。将文化概念化为"价值观、信仰、世界观、生活方式"（正如彼得·杰克逊所指出的，这个概念在以前支撑着许多古老的文化地理学，并将景观简单地描述为特定文化影响的反映或接受者[14]），现在已经让位于更动态的理解，即强调文化是意义的积极建构，或意义被建构、协商、传达和理解的过程与准则。

这种对认知和互动的强调也涉及文化产生来自的更大的经济、社会和政治背景。在杰克逊看来，没有提及这些更大的社会和经济进程（例如国家的影响）是早期文化地理学的特点，它的解释以提及文化是某种超有机的整体而告终,然而,没有人能够解释其不断变化的性质。[15]

我认为,我们现在所拥有的是文化生产的政治经济学概念中这两种方法的结合,承认文化生产的政治和经济条件,以及对文化本身会影响生产条件的这一过程的互动性质的理解。

我坚持认为,正是资本主义世界经济的当代条件,在很大程度上使文化 [ 以及族裔性,文化通常(但不一定)与之相关 ] 重新坚定地回到了知识和学术议程上。我们的文化和族裔意识因为以下三个因素而变得更加敏锐:国际劳动力迁移的迅速加速;人口迁移的数量越来越多,其中大部分是民族国家政策(以及存在)的结果;文化产业(以及总的文化生产)在西欧和北美的核心经济体中日益重要的地位。

**国际劳工移民迁移加速**。后殖民时代的国际劳工移民是全球资本重组的主要因素之一,特别是在欧洲、北美、南美、中东,其次是在非洲可以表现出来。文化(以及族裔)的这一现象,在 20 世纪中期之前,在学术界被认为主要局限于全球边缘地区,但在全球核心地区却以一种报复性的姿态出现。当然,这一说法的主要例外是美国,它有长期的移民历史,包括被迫和自愿的移民。

文化是一种反应性的现象:它首先是别人拥有的东西。文化作为一个知识和实践的领域,最初是在权力关系的背景下发展起来的,[16] 而且通常是在殖民地的情况下:在美国、法国和英国,与当地的非洲人、美洲人、亚洲人或其他人的关系。[17] 这种古老的人类学意义上的文化[18],直到 20 世纪 50 年代,都是一个相对深奥的课题,人们对被政治控制着的人口进行远距离研究。此外,当你"抓"到一些文化时,你会把它封装(往往是字面意思)在人种学博物馆里。只有在最近,人类学家才把他们的实践主要看作提供文化批判。[19]

正如罗兰·罗伯逊(Roland Robertson)所指出的,由于社会和文化人类学学科对全球异质性有更多的接触,它们允许文化(经常被认为是价值、信仰和象征符号的领域）进入分析图景，作为解释社会现象的一种方式，或者被后者解释。另一方面，社会学学科通常倾向于研究现代社会的各个方面，并更多地接触到明显的同质性。因此，它倾向于认为文化只在解释社会结构和社会行动领域的变化时才重要。用罗伯逊的话说，社会学和社会人类学对文化的不同定位，以及这两个学科之间最初的分离，是由于"全球化长期进程中的一个特殊时刻"（全球化是"世界成为一个单一的地方"的过程）。[20]

只有在20世纪五六十年代，随着外部（以及内部）殖民主义的结束（就欧洲而言），这种研究的对象才走出了博物馆。根据斯图尔特·霍尔（Stuart Hall）的说法，现代意义上的文化研究始于20世纪50年代中期理查德·霍加特（Richard Hoggart）和雷蒙德·威廉姆斯的工作。[21] 然而，这些研究多年来主要关注在经济上和社会上按阶级划分的本土（英国）人口，并且他们把民族国家作为地理边界。

文化地理学（按照彼得·杰克逊的说法，它包括研究"人"对景观的影响[22]）可以被认为是从20世纪20年代中期开始的，在更复杂的意义上［包括克罗伯（Kroeber）的工作］，始于20世纪50年代初。到了20世纪80年代末，才出现了向后来被称为"公共文化"的成熟概念的转变——这种概念很特别，它承认文化现象是由跨国文化流动和影响造成的，并且使用了文化研究的新范式。[23]

**人口迁移与文化和种族（族裔）认同**。与对文化的重新关注密切相关的是对种族、阶级和族裔的高度关注，我们都认为所有这些是社会构建的范畴。虽然用种族这个词来指代有共同生理特征的一群人在科学上可能没有任何效力，但种族作为一个民间概念在西方和非西方社会中既强大又重要，在特定的种族主义做法中既用来分类又用来排斥特定人群。其中，居住歧视是最明显的，尽管必须注意到居住歧视的程度、范围和种类在历史上和地理上的差异。从这些本质上是社会的、相互联系的经济的和政治的实践中,产生了不同的文化。我们是否应该将这些文化称为种族或族裔文化,或者是否应该结合阶级术语来理解它们,这是可以争论的;不可争辩的是,它们本质上是受到国家政策实质影响的社会文化。

与文化一样,族裔性是一种反应性的现象;这两个类别被调动的程度都取决于结构性背景,无论是政治、经济、社会,还是地理环境。简而言之,在政治斗争的背景下,一个声称具有族裔独特性的群体与一个被具有某种政治优势的群体强加给它独特性的群体之间是有区别的。[24] 殖民时期(或现在的)摩洛哥或阿尔及利亚的法国人并不比印度的欧洲人更多地被概念化地视为少数族裔。英国的英国人和美国的盎格鲁人也都没有被称为多数族裔。

位于任何特定国家的社会、空间和经济结构的不同夹缝中的社会团体或个人,为什么决定不只是强调他们所谓的族裔性,而是积极地构建和代表它(或构建一个),这一点并不容易解释,尽管可以提出一些看法。

首先,我们可以注意到,ethnos 在希腊语中的原意是指部落、人民或民族,是用来描述希腊人以外的人。即使在相对较新(1980 年)版本的《牛津英语词典》中,ethnic 的意思首先是"与非基督教或犹太教的民族有关:外邦人、异教徒",其次是"与种族或民族有关"。只有在 20 世纪,ethnic 这个词才有了"指由……一个民族或城市的名字衍生出的族裔"的意思。[25] 因此,族裔是一个有着悠久历史的术语,在这个背景下,人类的各个部分在我们/他们的术语中有着不同的定义。

此外,如前所述,族裔性的存在要么是通过族裔群体自己的推举,要么是通过他人的强加。正如西摩·史密斯(Seymour Smith)将族裔群体定义为"任何将自己与其他群体区分开来的群体"——我们可能会问这是否应该或——"与他们互动或共存的其他群体在语言、种族或文化等方面存在区别"。她继续说:"因此,这个术语使用非常广泛,它被用来涵盖城市和工业社会中的社会阶层以及少数种族或民族群体，也被用来区分本地人口中的不同文化和社会群体。"最重要的是："族裔群体的概念结合了社会和文化标准，对族裔的研究恰恰侧重于文化和社会进程在识别这些群体（以及它们之间的互动）方面的相互关系。"[26]

然而，正如伊曼纽尔·沃勒斯坦（Immanuel Wallerstein）所指出的，"少数群体（minorityhood）不一定是一个基于算术的概念；它指的是社会权力的程度。数字上的多数也可能是社会中的少数。然而，我们衡量这种社会权力的范围不是整个世界体系，而是各个独立的国家。因此，在实践中，族群的概念和民族的概念一样，与国家的边界相联系，尽管这从未被列入定义中。不同的是，国家往往有一个民族和许多族裔群体"。[27]

因此，在讨论族裔群体时，我们的注意力显然集中在国家层面。在这种情况下，有人可能会说，在讨论"美国的建立根基"时，我们同样可以研究"建立族裔群体的美国"和"建立美国的族裔群体"。[28]

作为一种社会建构的现象，族裔性在不同的经济和政治体系中都或多或少地得到了发展。由于资本主义通过差异生存和运作，[29]鼓励分割和发展市场商机，因此在市场导向的社会中，族裔性（ethnicity）的商品化程度更高。族裔可以作为社会动员的工具来对抗压迫，也可以被文化上和政治上的霸权集团用来剥削在经济和社会上处于不利地位的群体。通过强调独特的"身份"，族裔性掩盖了人们的共同经济和社会利益。

**文化生产的边界**。像文化的其他方面一样，知识在很大程度上是由各个民族国家的人和机构组织、资助和生产的。我们只要走进最近的书店，就会发现绝大多数的学者都毫无疑问地把自己的民族国家作为分析的单位。

在一个（受西方影响的）世界里，至少有 50% 的人口拥有口头文化，但文化霸权在于以文字为中心的西方，最大量的公认知识来自核心国家——那些拥有全球主导地位的经济体。在过去的 20 年里，一个后工业化的时代，随着经济体转向（作为新的国际分工的结果）第四级功能——银行、金融服务、研究或是高等教育，这种趋势已经增加。越来越多的所谓国际学生来到核心国家的机构学习。世界银行的总部设在华盛顿，而不是达卡（Dacca）。

在这些核心国家，知识生产发生了有趣的（甚至是奇怪的）发展。当世界被（核心国家）划分为"发展中 / 先进""第三世界 / 第一世界"或"北方 / 南方"国家，而不是按民族或种族划分时，新的研究课题就出现了。我可以通过参考我最熟悉的国家（英国）和学术领域（建筑环境 / 规划研究）来容易地说明这一点。尽管世界政治经济有明显的相互联系，且世界被视为一个单一的、相互依存的地方的概念，但学术课程的教学和知识的构建都是以"海外建筑研究和开发"或"发展中国家的建筑设计"为主题。这意味着，尽管在学生面前存在着明显的矛盾，但其含义是，无论是在历史上、文化上，还是经济上，发展中国家或海外国家在某种程度上与核心国家都有着某种不同，最重要的是，它们的这些方面也与核心国家没有任何内在联系，也不是核心国家所必需的。提供给国内学生的平行课程并不像我们逻辑上所期望的那样，是"非海外或国内的建筑和发展"或"经济发达国家的建筑设计"；相反，它们只是被标记为"建筑"。对于"海外"学生 [更准确地说，在 20 世纪末，是"飞行"（through-the-air）学生 ] 来说，这些课程很少涉及"发展""政治和经济因素""设计中的文化因素"，甚至可能是"族裔性"等话题，尽管最近才加入了国内学生的建筑课程中。

## 景观

对这些问题和类似问题的明显答案（在这里我进入了我的第三个主题）是找到一个大于和超越国家边界的分析单位。有人已经提出了几种方法，尽管每种方法都取决于其支持者的社会、文化以及政治定位和空间定位。在认识到全球压缩的程度越来越高的情况下，这些方法试图找到概念化和经验化的方法，将世界绘制为一个单一的地方。[30]

越来越清楚的是，我们需要一个参考框架，在它最相关的地方（可能不是所有地方），认识到建筑环境和其他景观产生的全球背景，以及它们被消费的同样的全球背景（尤其是在国际移民人口方面）。我们需要发展世界城市化和建筑环境的全球生产和消费的政治经济学。例如经济和政治权力在全球范围内的组织：纽约、伦敦、洛杉矶、巴黎和东京的公司总部大楼、国际银行和全球化的投资大楼；加勒比海地区的后勤职能；博帕尔（Bhopal）和圣保罗（Saõ Paulo）的跨国化学工厂；墨西哥的农业综合企业田；以及加勒比海的种植园。[31]

与此相关的是全球文化生产的历史、地理和政治经济学，它将研究，例如，建造第一座高层办公楼或摩天大楼的想法、资金和技术；资本主义和社会主义社会的城市规划意识形态和理论；郊区发展理念和郊区房屋的模式；抵押贷款的机构；或交通技术，以及它们如何被移植到世界各地的城市中心，特别是后殖民主义的边缘地区。[32]

这种研究的目的很简单：对普遍性和差异性进行历史性和经验性的分析。我们不会认为纽约世贸中心的文化形式主要来自"美国族裔建筑"（不仅是因为现在亚洲、拉丁美洲和欧洲也有类似的摩天大楼），就像我们不会认为南非白人农场的文化形式主要是由荷兰或英国族裔产生的结果。然而，在这两种情况下，资本主义发展中固有的经济和政治力量，在世界各地产生相似的建筑形式——无论族裔或民族文化如何——尽管仍然在次级层次上带有特定的文化印记。同样，在最广泛的分析层面上，许多城市周围的单户郊区房屋开发项目在居住区和房屋形式上的相似性多于它们的差异性。族裔性可能会告诉我们它们为什么不同。但我们需要一个更优的解释来告诉我们为什么它们是相同的。

文化对保守派和激进派来说都是一个可以产生问题的概念；[33] 它也是

一把双刃剑。我们可以选择在邻里、国家或世界的层面上对文化和种族差异进行研究。我们也可以选择从居住者的收入、房屋的规模和功能或者人口在国际分工中的地位等有关的角度来研究住房（或无住房）形式。每种类型的研究都会产生结果。在不同的情况下，一种会比另一种有更大的解释力。

总的来说，我想回到我一开始提到的关于视觉的两个概念：作为梦的视觉和作为视线的视觉。正如我所表述的，我们可能被视线所迷惑：眼睛可能不如心灵（mind），甚至不如心（heart）可靠。

## 注释

1. *The Compact Edition of the Oxford English Dictionary* (Oxford: 1980).

2. *The Compact Edition of the Oxford English Dictionary* (Oxford: 1980).

3. Johannes Fabian. *Time and the Other: How Anthropology Makes Its Object* (New York: Columbia University Press, 1983): 106.

4. 或者说，因为我对使用这个总体化的表达作为分析范畴有所保留，至少在某些方面是这样。

5. James Clifford, "Introduction: Partial Truths," in James Clifford and George E. Marcus, *Writing Culture: The Poetics and Politics of Ethnography* (Berkeley: University of California Press, 1986): 11.

6. Fabian, *Time and the Other*, 105-123.

7. Ira Jacknis, "Franz Boas and Photography," *Studies in Visual Communication* 10 (Winter 1984).

8. Timothy Mitchell, *Colonizing Egypt* (Cambridge Middle East Library, Cambridge University Press, 1988). 电影的起源与"帝国计划的高度"的巧合的讨论，见 Ella Shohat and Robert Stam, "Media Spectatorship in the Age of Globalization," in Rob Wilson and Wimal Dissanayake, eds., *Global/Local Cultural Production and*

*the Transnational Imaginary* (Durham: Duke University Press, 1996): 145-172。

9. Henri Lefebvre and Donald Nicholson-Smith, trans., *The Production of Space* (Oxford, Blackwell, 1991): 198.

10. Arjun Appadurai, ed., *The Social Life of Things: Commodities in Cultural Perspective* (Cambridge: Cambridge University Press, 1988); M. Csikszentmihalyi and E. Roshberg-Halton, *The Meaning of Things: Domestic Symbols and the Self* (Cambridge: Cambridge University Press, 1981).

11. John Agnew, John Mercer. and David Sopher, eds., *The City in Cultural Context* (Boston: Allen and Unwin, 1984). Janet Abu-Lughod, "Culture, 'Modes of Produchon,' and the Changing Nature of Cities in the Arab World" (pp. 44-117). 这是我评论内容的一个例外。

12. Susan Fainstein, Norman Fainstein, Richard C. Hill, Dennis Judd, and Michael Peter Smith, *Restructuring the City: The Political Economy of Urban Redevelopment* (New York: Longman, 1983); Manuel Castells, *The Urban Question* (London: Edward Arnold, 1977); David Harvey, *Social Justice and the City* (London: Edward Arnold, 1973).

13. 这个话题由阿布-卢戈德（Abu-Lughod）在"Culture, 'Modes of Production,' and the Changing Nature of Cities in the Arab World"中提出。

14. Peter Jackson, *Maps of Meaning: An Introduction to Cultural Geography* (London: Unwin Hyman, 1989): 23 and passim. 在这种情况下，另见 Nicholas B. Dirks, Geoff Eley, and Sherry Ortner, eds. *Culture/Power/History: A Reader in Contemporary Social Theory* (Princeton: Princeton University Press, 1993)。

15. 杰克逊引用了卡尔·索尔和威尔伯尔·泽林斯基作为这一研究路径的代表。

16. Michel Foucault, *Power-Knowledge: Selected Interviews and Other Writings* (New York: Pantheon, 1980).

17. Talal Asad, ed., *Anthropology and the Colonial Encounter* (London: Ithaca Press, 1973).

18. 爱德华·B. 泰勒（Edward B. Tylor）在题为《原始文化》（*Primitive Culture*）

的重要著作中，将文化描述为"一个复杂的整体，包括知识、信仰、艺术、道德、法律、习俗，以及人类作为社会成员所获得的任何其他能力"（引自 Charlotte Seymour Smith, *Macmillan Dictionary of Anthropology* [New York: Macmillan, 1986], 65). 根据 Raymond Williams, *Keywords: A Vocabulary of Culture and Society* (London: Fontana, 1984): 20。

19. George Marcus and Michael Fischer, *Anthropology as Cultural Critique* (Chicago: University of Chicago Press, 1986).

20. Roland Robertson, "The Sociological Significance of Culture: Some General Considerations," in *Theory, Culture and Society* 5 (1988): 3-24.

21. Stuart Hall, "Cultural Studies: Two Paradigms," in Tony Bennet et al., Graham Martin, Colin Mercer, and Janet Wollacott, eds., *Culture, Ideology and Social Process* (London: Batsford, 1987): 19-38.

22. Jackson, *Maps of Meaning*, 16-17.

23. 见 *Public Culture: Bulletin for the Center of Transnational Cultural Studies* (Philadelphia: University Museum, University of Pennsylvania, 1988-1993; Chicago: University of Chicago Press, 1993—)。

24. Nicholas Abercrombie, Stephen Hill, and Bryan S. Turner, eds., *The Penguin Dictionary of Sociology* (London: Penguin, 1988). 词条 "ethnic group," 90。

25. Seymour-Smith, *Macmillan Dictionary of Anthropology*, 95 ( 词条"ethnic group"); *Compact Oxford English Dictionary*. 词条 "ethnic"。

26. Seymour-Smith, *Macmillan Dictionary of Anthropology*, 95.

27. Immanuel Wallerstein, "The Construction of Peoplehood: Racism, Nationalism and Ethnicity," *Sociological Forum* 2: 2 (1987): 373-386, 385.

28. Dell Upton, ed., *America's Architectural Roots: Ethnic Groups That Built America* (Washington, D.C.: Preservation Press, 1986).

29. Stuart Hall, "The Local and the Global; Globalization and Ethnicity," in Anthony D. King, ed., *Culture, Globalization, and the World-System: Contemporary Conditions for the Representation of Identity* (Minneapolis: University of Minnesota Press,

1997).

30. 见 Anthony D. King, "Identity and Difference: The Internationalization of Capital and the Globalization of Culture," in Paul Knox, ed., *The Restless Urban Landscape* (Englewood Cliffs, N.J.: Prentice Hall, 1992), 我指的是五种这样的路径：世界体系、全球化、后现代主义、后殖民主义，以及后帝国主义。另见 Preface to the revised edition of King, *Culture, Globalization, and the World-System* and Peter J. Taylor, "On the Nation-State, the Global, and Social Science," *Environment and Planning A* 28 (1996), 里面有 14 位学者就全球化问题发表的评论。

31. Anthony D. King, *Global Cities: Post-Imperialism and the Internationalization of London* (London and New York: Routledge, Chapman, and Hall, 1990); Saskia Sassen, *The Global City: New York, London, Tokyo* (Pnceton: Princeton University Press, 1991).

32. Anthony D. King, "Worlds in the City: Manhattan Transfer and the Rise of Spectacular Space," *Planning Perspectives* 11 (1996): 97-114.

33. 我把这种洞察力归功于伊曼纽尔·沃勒斯坦。

## 第 11 章

# 乡土建筑的未来

约翰·布林克霍夫·杰克逊（John Brinckerhoff Jackson）

建筑学，尤其是室内建筑学，倾向于将某些关系正式化和制度化。我不清楚为什么会出现这种情况，但我相信西方世界——特别是美国——正处于对建筑或设计空间态度的根本性转变之中。

几个世纪以来，我们的文明一直依靠封闭的空间来建立关系和身份；但现在我们正在放弃这些空间，转向更自然或更不正式的空间。当然，我们在未来将使用的乡土（Vernacular）或日常空间会包括建筑。但我们会更喜欢开放的空间，如街道、公路、田野，甚至沙漠。

80 年来，我（和其他美国人）一直生活在一个主要由封闭空间组成的世界里。所有这些空间都有明确的定义，其特征是或多或少的可达性，如教堂、学校、图书馆、住宅，以及工作场所。所有人都小心翼翼地将自己与街道及其所代表的东西隔离开来。我们这一代人可以回忆起一个时代，当时所有具有中产阶级背景的美国人都被教育不要相信街道和街头生活，并相信家庭的神圣性。

我们听说过街头生活的魅力，对它的邪恶和自由有高度浪漫化的印象，但我们很少涉足它。一旦我们回到家，关上前门，我们就有一种快乐的归属感。在家里，每个房间、每个通道都有其独特的特点，每个空间、每个小时都有其适当的行为。在家的快乐的一个重要部分是，我们可以掌控谁可以进入它，谁会被排除在外。

我对自己住过的房子以及朋友和亲戚的房子的记忆仍然如此清晰，

以至于曾有一段短暂的时间，作为美国住宅建筑专业的学生，我认为我可以识别和描述美国住宅的原型外观。但我也很快发现，我根本做不到这一点。随机抽取十几个上一代的美国中产阶级家庭，他们都住在同一个城镇，都有大致相同的教育程度和收入，你会发现一个家庭住在白色木板搭建的两层楼房里，另一个家庭住在都铎式别墅里，另一个家庭住在他们父母的维多利亚式房子里，还有一个家庭住在一个缩小版的南方种植园里。

但是，一旦我学会了思考室内的原型，我就有了安全感。我学会识别的中产阶级的家只是房间或空间的组合，其中容纳了某些被珍视的家庭价值：隐私、家庭连续性、无可争议的占有，以及最珍贵的提供正式招待的能力。

在这种类型的房子里，人们会发现正式的门厅，通常是会客厅，一个所谓的化妆间，以及楼上的客房和浴室（在那个时代，大多数房子都有两层）。小餐厅（现代中产阶级家庭很少使用）会有一张漂亮的桌子和一套能坐 8 个人的椅子（尽管家里只有 4 个人）。这里会展示银器和瓷器。巨大的前门及其铃铛、风铃或门环也是接待设备的一部分，在那些遥远的年代，甚至会有一个可以让客人停车的地方。我所描述的许多房子都通过小牌子强调其有限的可达性，上面写着"禁止推销""谢绝推销员"或"商人入口在后面"（即厨房门口）。

接待的习俗，它所需要的空间，以及它的各种形式和安排，为定义住宅及其居住者的地位提供了最佳途径。标准的中产阶级待客之道表明，房子是一个领地，一个限制进入的领域，有它自己的规则和习俗。邻居和商业伙伴都不会被自动邀请。以坐下来吃晚餐或举办鸡尾酒会的形式出现的礼节并不意味着庆祝或任何别有用心；这只是一种婉转的方式，以显示你的生活方式，并保护房子不被太多的人随意来访。隐私是一种宝贵的商品。

在工人阶级家庭中，那种需要提前邀请并在厨房精心准备的正式款待并不常见。这不仅是因为这种餐饮的费用，还因为工人阶级家庭没有专门的款待房间。如果你是主人的朋友，即使你的来访是一个惊喜，你也会受到欢迎。代替正式招待的是在附近的餐馆或社会组织举行的宴会或舞会，这种活动通常是庆祝家庭成员的生日、婚礼或毕业。它不要求回报。

在富人和名人中，接待的规模是很奢华的，甚至是浮夸的，其目的是实现几个明确的目标：在社会和商业领域的谈判交易和联盟，展示主人的财富和地位，以及审核可能成为权力结构成员候选人的人。如果你通过了审查，你将被邀请参加一个更小、经过进一步筛选的聚会。如果你失败了，你将永远不会再被邀请。

接待的概念与乡土建筑景观的未来有什么关系？我可以用一个词来回答：领域性（territoriality）。但一个更好的答案涉及这两个概念的历史。据我所知，对于景观史爱好者来说，没有什么比研究中产阶级住宅的演变及其与土地的关系变化更吸引人的了。在我看来，这种演变已经结束了，但我们可以通过历史看到住宅不仅在建筑上，而且在权威和声望上的发展；它如何逐渐成为稳定、对土地的依恋、礼仪和行为准则甚至道德的象征。

当罗马帝国作为一种景观解体，黑暗时代笼罩欧洲西北部时，曾经由奴隶工作的大型农业庄园被遗弃，或被用于放牧。到了7世纪和8世纪，一种新的农业企业开始在一些广泛的修道院庄园中发展起来。一个同意在土地上生活、工作、纳税和偶尔服兵役的家庭永久地获得了适当数量的农田。这些要求创造了有时被称为"道德单位"（moral unit）的东西———一个具有宗教、社会和经济身份的永久领土，能够与最高权力者达成协议。

中世纪早期的那些家园大多是小而贫寒的。但是，即使它们的地位远远低于较大的封建庄园，它们也比农村无产阶级或城市工人的住宅和土地优越得多。他们的地位得到了官方承认：王室授予他们"维持国王的和平"的权利，也就是说，在没有警察干预的情况下执行法律和维持秩序，约束和保护他们的工人，惩罚入侵者和保卫他们的边界。我们可以把这一特权称为对家庭隐私权的早期认可；我们也可以把它称为对提供接待的权利的早期认可，因为它意味着享有特权的土地所有者可以掌控他人对其房屋和土地的访问。

在黑暗时代的初期，自耕农的家只是一个容器，一个除了提供庇护所外没有其他特殊功能的房子。但随着时间的推移，一些全新的建筑技术逐渐发展起来，再加上对当地气候和材料更了解之后，产生了一种能够抵御天气和维持几十年的房屋。这种房子可以有一个预想的计划，既能满足家庭需要，又能提供大型开放的、不受约束的内部空间。它很适合当地的耕作方式，自给自足的家庭生活以及居住者的公共地位；它提供了储存、隐私、工作和接待的空间。

如果认为这种房子是这 1000 年来唯一的一种住宅，那将是一个错误。贵族和教会有他们自己的、更复杂的建筑传统，普通的自耕农只能从远处欣赏。还有一个更古老、更普遍的传统，就是一种非常不同的住宅：拥有少量土地的家庭通过为他人工作来养活自己，因此他们与土地及其资源的关系不同。这种没有土地的人似乎至少占了中世纪人口的 1/3。其规模逐渐扩大，直到 18 世纪末，它几乎占了人口的一半。

工薪阶级的房子就是我们现在所说的乡土建筑，不仅因为它是用当地材料粗制滥造的，而且因为它是最贫穷阶级的住所。（不幸的是，乡土这个词仍然暗示着低劣，意味着不符合标准的版本，因此扭曲了这种差别。但这个术语持续存在，为了让人理解，我们必须使用它。）

自耕农的农舍和工薪阶级的房屋不仅在大小和结构上不同，而且它们在各自居住者的生活中所扮演的角色以及各自的价值方面也不同。工薪者的房屋没有参与中产阶级房屋的结构演变，仍然顽固地忠于起源于遥远的、没有记录的前罗马时代的住房传统。

那个时代的典型房屋，也就是我们认为与欧洲西北部的野蛮人入侵有关的房屋，是粗糙的、容易建造的、没有任何个性的——由垂直木板构成，用周围森林中的木材快速拼接而成，用杆子支撑着沉重的茅草屋顶。泥土地面上有一个炉灶和一个壁炉，但没有烟囱，也没有天花板。通常有两个房间，其中一个被牲畜占据。外面有一个小的、简陋的花园和一些棚子、附属建筑和谷仓。

一个大家庭会住在这样的房屋群中。所有的土地和资源都是共同拥有的；每家每户都有小块麦田。养牛、狩猎、捕鱼和打仗是主要职业。当当地的草和木材资源耗尽时，或者当一个不友好的团体威胁要入侵时，所谓的村庄就会转移。流动性是这些人生活的重要组成部分，以至于他们的神圣建筑是一个带轮子的小棚屋或神龛。塞西亚（Scythia）的一个部落完全生活在移动的马车上。他们被称为 hamaxobii（"住在马车上的人"），学术界在讨论移动房屋时可能会采用这一术语。

流动性是主宰因素。所有移动的东西——流动的水、植物、火——都是共同拥有的。甚至牛吃的草也是共同财产，因为它随风而动。也许是因为人们认为大部分自然环境属于每个使用它的人，所以习俗认为这些生存所必需的空间都不能被改变：除在田地周围以防止牲畜进入外，不能砍伐或种植树木，不能破坏水资源，不能挖井，也不能建造围栏。

很难说这种异教徒的传统在中世纪的普通民众中传承了多少。我们很容易看到原始野蛮人的房子和中世纪茅屋之间的相似之处，至少在结构上是如此。茅屋是一个简陋的有一到两个房间的框架结构，由泥土和灌木构成，有一个茅草屋顶。由于没有粮食需要储存，没有动物需要喂养，它只是一个住所，一个满足家庭基本需求的容器。它很容易被拆开，然后在其他地方重新组装，只要有工作的地方就可以。它是一种基于流动性和勉强糊口的生活方式的乡土文化的缩影。

乡土茅屋和住在里面的人，几乎完全依赖他们周围环境的资源，包括社会资源和物质资源。居住者每天大部分时间都在户外度过。乡村当局或贵族提供大量（有偿）的设施——公共磨坊、公共酿酒厂或啤酒厂、浴室、公共户外洗衣设施、市场。村民可以在公共草地放牛或放鹅，他们可以在公共森林中收集落下的树枝作为燃料，他们可以砍伐一定数量的树木（根据严格的配给规则）来建造或修理房屋。

这种慈善性的安排似乎是为了让本地人对自己的命运感到满意，因为任何试图以更私密的方式生活的行为都被阻止了。警察在没有任何警告的情况下突击检查别墅，以制止过多的招待。另一方面，淡化房屋作用的古老传统在一定程度上说明了公众喜欢短暂地使用（借用）公共空间，然后不加任何改变。教堂、墓地、村子里的绿地，甚至是贵族家里的某些房间，有时都被所有的村民自由使用。

这种长期的户外生活和不待在家里的后果是一个活跃的、有时是无序的街景。中世纪的公共空间不仅用于交际和放松，还用于工作、商品、服务和信息的交换，甚至还用于暴力和竞争性的运动和游戏。当我们现在谈论公共空间的使用时，我们通常想到的是友好的互动和无恶意的娱乐。我们已经忘记了这些空间曾经是用来补充家庭生活的所有需要和欲望的，就像我们忘记了祖先的信念，即所有空着的空间都是当地家庭的财产。

16和17世纪出现了一种新的、更复杂、更昂贵的建筑（石头和砖块，有更多专门的房间和空间），几乎淘汰了业余的房屋建造者。工人或农民的房子是王室或富裕的雇主的产品，而我们称之为乡土建筑的大多是土木或军事工程师或专业建筑商的作品。在殖民时期的新英格兰和弗吉尼亚州都是如此。奴隶房屋虽然是由奴隶自己建造的，却是由种植园主设计的。对马萨诸塞湾（Massachusetts Bay）的房屋研究表明，其中许多房屋是由专业的木匠或细木工建造的。

这是一个有规划的村庄和统一的街道外墙的时代,这是一个从一个城市到另一个城市寻找工作的人会受到严厉惩罚并被命令留在属于他们的地方的时代,这是一个迄今为止向公众开放的许多空间——花园、森林、教堂、宫殿——被宣布为禁区的时代。曾经是众多活动现场的街道被重新设计,以利于交通,并成为城市艺术作品。

许多改革都考虑到了公众的福利,特别是较贫困的公众,但重点是在家庭和公共生活中培养中产阶级的标准,而理想往往是在田园风光中自给自足的家庭的神话般的村庄。乡土建筑意味着村庄建筑,土地所有者的建筑,他们对私有财产的神圣性和扎根于土地的必要性有着明确的想法。房屋成为这种永恒性宗教的圣地。

半个世纪前,在我年轻的时候,这种对乡土建筑和房子的态度就盛行了。但那时,对房屋重要性的重新评估早已开始了。历史学家指出,早在19世纪20年代,在这个国家,旧的三要素,即生活在土地上、工作在土地上、拥有土地——歌颂房子的作用的方式,已经开始变得毫无意义。房子、土地和家庭,这个在十个世纪前的黑暗时代首次制定的道德单位,正在被房子、工作和土地之间的分离所取代。旧的传统景观开始瓦解,首先是在美国。

住宅作为一个道德单位的消亡与我们对建筑的外部经验日益增长的品位有关,与我们在美国的新的街道生活有关。所有这些发展都导致了一种新型景观的传播,它较少地基于领地和限制进入的专门空间,而更多地基于那种对流动和临时使用公共或半公共空间的乡土喜好。

我第一次注意到美国的这种巨大变化是在"二战"期间我在海外呆了三年后回来的时候。我惊讶于我们的城市是如何发展的,街道是如何拥挤和充满活力的,公共场所的许多新用途已经出现,以及一种新的流行建筑如何在全国蔓延。

我为《景观》杂志写的首批文章中,有一篇试图理解商业街。它的特点之一是可达性,另一个特点是建筑的新式外观:花哨而不拘一格,显然是为了吸引流动的消费者,吸引他们停下来。这条街道仅仅是一种建筑的最早例子,旨在从外部经验吸引过往的驾车者。我们很快就发明了免下车银行、免下车电影院和免下车教堂。然后是超级卡车站、超级汽车旅馆、超市,以及(仍在发展中的)超级汽车服务中心——一个精心规划的景观,包含所有可能的汽车导向业务,从轮胎修理到油漆作业,再到汽车销售。

每一个地方的访问都变得更容易和更有吸引力。新的建筑使我们能够立即接触到我们所寻找的东西:不再等待店员来问你要什么,不再等待服务员把你的要求送到厨房。我们也不需要与店员或服务员进行正式的互动,对于百货公司或餐馆来说,也不需要如同家庭招待一样的社会礼仪。什么都可以自助;即时可达是关键词。

外部建筑空间的流行——人行道、小型广场、连接大型建筑的空中通道或隧道——提醒我们,新型的街道文化已经对城市景观产生了影响;它也告诉我们,街道空间是城市的核心,而非绿色和宽敞的公园或人们工作和生活的砖石建筑。

最近,就连当代的城市公园和公共广场的功能也发生了根本性的变化。[1] 我们的房屋和公寓越是向街道溢出,街道就越是成为家庭活动和关系的宽敞的延伸和替代。公共空间不再是安静和可敬的:它们已经成为政治对抗、非正式即时接触、买卖和思想交流的场所。公共空间越来越多地成为包括白领和工人在内的人工作的场所。我们的社会地位与其说取决于我们提供接待的能力,不如说取决于我们了解街头生活的细微差别的能力。

在我看来,将乡土住宅作为独特的建筑特征来讨论已经不再现实了。越来越多的低收入群体(工薪阶层和许多服务行业的工人)的住宅几乎与中产阶级的住宅一模一样,至少从外观上看是如此。我们所能依靠的对乡土住宅的定义是它的居住方式以及它与周围日常环境的关系。

尽管如此,我仍在继续寻找一些关于当代美国乡土住宅本质的视觉线索,我想我已经找到了一个。我认为乡土住宅是被大量汽车包围的房子。汽车停在通往车库的车道上,停在后院里,有时停在前面的草坪上,也停在路边。丈夫有一辆车去上班(通常他的车是一辆卡车或面包车,他整天都在使用——运送、收集、搬运、维修并运输人员和货物)。妻子有一辆车去工作。孩子中的一个开着他或她自己的车去学校。

房子周围的汽车、皮卡和吉普车代表小规模的投资。这些从经销商或拍卖商那里以低价买来的汽车,经过调整、改装、定制,然后出售获利,这是资本积累的一个小开端。在某些社区,汽车泛滥的景象并不吸引人,但我在这样的想法中找到了某种安慰,即所有这些汽车都代表着从房子的限制中解放出来:与周围世界更容易接触的前景,值得炫耀的前景和最重要的前景——实现隐私。

汽车并不局限于本地居民,10个家庭中有9个拥有汽车。但在任何地方,汽车都没有像在蓝领社区那样真正改善生活方式。汽车已经接管了一座房子,清空了房子里嘈杂的人群,提供了迄今未知的隐私,并减轻了房子的家务和责任负担:带家人去日托中心、自助洗衣店、超市、免下车餐厅和医院的急诊室。房子剩下的只是一个专门用于休闲和童年乐趣的环境。

这种新的景观可以被称为"汽车乡土景观"。虽然主要是在城市,但它正在全国范围内蔓延。(即使是我们认为是老式农村和小镇的"农业乡土建筑",它致力于土地和稳定,也正在被致力于流动和短期规划的景观所取代。)它不仅让人联想到中世纪的原型,也让人联想到野蛮人的原型,其强迫性的游荡,对房屋和其他传统机构的随意态度,以及最重要的——其分享或借用公共空间的习惯。

真正的挑战是如何定义汽车乡土景观。目前,我认为它是由为适应汽车而设计的结构和空间组成的，与为适应人而设计的空间不同：州际公路、停车场、大道、加油站、市中心的立体停车场、赛车道以及无数的储存和运输设施。移动的消费者在掌控方向盘，但空间的布局是为乡土建筑运动而设计的，这并不发生在人的尺度上。类似的地方在农村也绝不缺乏；为适应拖拉机或飞机的起降跑道而改造的田地也有同样的非人尺度的空旷之美和吸引力。

令我震惊的是，那些因汽车而存在的户外公共空间以及由汽车创造的、将我们聚集在一起的结构和空间的数量如此之多。我曾在一个加油站工作过，我意识到许多加油站有一种非常明确的地方感，甚至在最不显眼的路边设施中也能发展出一种兄弟情谊的感觉。尽管我对卡车站和服务站很有兴趣，但我不愿意把它们看成是现代的"道德单位"。然而，它们是陌生人聚集的地方，他们经常在那里寻求帮助、建议和陪伴。在强调流动性和借用空间的汽车乡土景观的许多地方都有希望成为培养可以被称为联谊会（sodality）的地方或机构——一个不是基于领土、地位和可达性，而是基于共同利益和互助的社会。

我们的汽车和街道文化的活力，其进化和自我约束的能力，与我们文化中基于住宅和永久社区的那一部分的衰败形成了鲜明的对比。随着房屋数量和质量逐年下降以及贫民窟不断扩大，无家可归者的人越来越多，我们景观的某些特征似乎在我们眼前瓦解了。其中一部分新建了办公楼、高速公路、超级停车场和公寓，而一排排破旧拥挤的内城住宅、废弃的公寓楼、学校和教堂则等待着被推土机夷为平地。难怪我们对街道和汽车的新暴政感到愤慨。

然而，在某种非常温和的层面上，这两个元素有时会结合在一起，形成一种新的小型城市景观。你可以在每个美国城镇现在都有的边缘社区瞥见它：最新的、最穷的和最缺乏技能的少数族裔家庭居住的地区。通常情况下，它不过是几组破旧的拖车、活动房屋和露营车，或者有时是匆忙建造的棚屋——太过简陋而不能称之为乡土建筑。沿着一条没有铺砌的短街或无形的公共空间，你会发现一个便利店、一个自助洗衣店、一个日间护理中心、一个双语福音教会，以及一个名为"心手相连"或"光明明天"的建筑，那里贴着海报，严厉地警告我们要远离毒品。在那里面，志愿者们听着被殴打和包扎刀伤的故事。

但也有一个加油站，一个二手车市场，一个修理散热器的商店，甚至还有一个洗车店。在一天结束的时候，车道和小巷里到处都是正在修理的汽车和卡车，有着华丽油漆涂装的低矮的改装车或类似的车，在街上来回咆哮，排放出蓝色的排气云。社区，就像现在这样，开始活跃起来，你开始认为这是一个社区和汽车同在的世界，就像面包和黄油或火腿和鸡蛋一样。

1000年前，出于无奈，我们试图设计一种新的安排——房子和土地。在经历了一个艰难的开始后，它站住了脚；而且正如我们都知道的那样，它创造了一个丰富而美丽的景观。也许我们可以再次这样做。

### 注释

1. 对这种情况如何发生以及当地活动如何改变许多街道进行的出色讨论，见 Mike Helm and George Tukel, "Restoring Cities from the Bottom Up: A Bi-Coastal View from the Street," *The Whole Earth* (Spring 1990)。

# 评论和未来方向

## 第 12 章
# 超越主流文化的视野

威尔伯尔·泽林斯基（Wilbur Zelinsky）

157　　也许我对关于"超越主流文化的视野"的讨论所能作出的最有用的贡献就是对"族裔景观"这一概念进行批判性的审视，并特别提到美国的情况。

对我们近代的大多数同胞来说，族裔（ethnic）这个术语已经获得了相当有限的定义，但我更愿意用更广泛的方式来框定它，而且我相信，它指的是"民族"（ethnie），或者也可以说是"国家"（nation）。这样一个术语确定了一个相当真实的，或者也许是想象中的那些珍视独特的文化或历史，认为他们的特殊性是特别重要的，使他们与其他社会群体区分开来。这样的社区可能——但往往不是——会有某种程度的政治自治。如果我们采用这样的定义，那么在美国，什么样的族裔景观曾经存在过，或者可能存在？

在地理事实中，我们发现，在夹在魁北克（Quebec）和美国中部边境地区之间的大约 300 万平方英里的领土上，有一种单一的主导文化——一个普遍存在的族群——一个我们可以恰当地称之为英美的实体。（为了简化论证，我忽略了密切相关的英裔加拿大人社区；两个社区之间的相互关系密切、复杂，而且尚未完全解决。）英美民族景观是各种移民群体及其文化包袱（cultural baggage）从欧洲西北部早期转移的产物，然后在这里新的环境和社会条件的影响下发生了一定的转变，随后，数百万后来者和他们的后代自动接受了由此产生的文化景观。

入侵的欧洲人在北美遇到了各种真正的预先存在的族裔景观，这些景观是许多世代文化变革的结果。我们对这些被人类化的地方中的大多数在可见的、有形的方面是什么样的只有一个模糊的认识，而且对很多地方来说，几乎没有任何信息。湮灭几乎是所有美洲原住民景观的命运，也许只有一个主要的地区例外——在新墨西哥州和亚利桑那州幸存的那些零散但相当真实的斑块。（如果考虑到阿拉斯加的一大部分地区，我们可以把这个数字增加到两个。在其他地方，今天美国原住民居住或常去的地方与他们祖先的家园几乎没有什么相似之处。）

当然，极其强大的英美文化体系有其区域性的变化，而随着这种变化，有一系列独一无二的区域（但绝不是族裔）景观。碰巧的是，我的大部分职业生涯都在探索这些迷人的区域细微差别。因此，新英格兰、宾夕法尼亚文化区、中西部、加利福尼亚南部、摩门教文化区和其他特殊地带有个体特征，但都被锁定在一个统一的文化范围中。最接近于真正的自主民族的做法——这也是一种近似的做法——是在南方持续的特殊性中发现的。也有与外来但相关的文化部分杂交的例子，如路易斯安那州的阿卡迪亚纳（Acadiana）和从南加州延伸到格兰德河入海口（the mouth of the Rio Grande）的族裔破碎区。当然，整个系统在外部刺激和自身内部逻辑的作用下不断地发展。

但是，尽管在一个中心主题和时间的影响下有各种耐人寻味的区域性变化，但对于一个普遍存在的、或许在很大程度上是下意识的、管理在美国空间上安排人类事务的适当方式的准则，确实没有什么严峻的挑战：如何保护自然栖息地；如何设计城镇、城市、房屋、其他构筑物或墓地；如何占据农村土地；以及一般来说，如何与我们的周围环境发生关系。

如果为了这个论点，你可以接受这个推理，那么我们可以对前面3篇论文中提出的各种景观有什么想法？我发现了两种不同的情况，这两种情况都不能让那些喜欢把美国想象成一个多民族国家的人感到非常高兴。

丽娜·斯文策尔在第 4 章中对两种完全不同的心态的冲突，两种处理地球表面和地球上的事物的不可调和的方式进行了深刻的描述，提醒我们，400 多年前在美国西南部开始的冲突尚未完全结束；没有任何解决方案是两个相互冲突的民族可以接受的。到了紧要关头，要说起哪一方会占上风，难道还会有疑问吗？

我们只能希望，一些普韦布洛（Pueblo，在拉丁美洲或美国西南部）的景观将保持完好并持续下去，这既是为了我们自己的启蒙，也是为了民族完整的普遍事业。显然，对于这种被包围并不断受到霸道的国家社会侵袭的群体的困境，没有一个令人感到舒服的答案。但在美国西南部的环境中，有一个优势，那就是周围有一些幸存的原有景观碎片，在这种情况下，甚至对外人都有特别的吸引力，可以用它来进行抵抗。

那些来自亚洲、拉丁美洲（或那些更早之前来自非洲）和来自培育我们主流文化创始人的区域，以及欧洲地区以外的相对较晚的移民则没有这样的优势。这些移民面对的是一套预先形成的、预定的规则，一套已经被牢牢锁定的定居法则，他们只能在更微不足道的细节上进行修改。

在大量不情愿的非洲人涌入的情况下，这当然是真实的。如果有一定的运气，你可能会发现一些或许有非洲血统的有形实体，或者你也可能不会看见。而我想到的是一些南部非洲裔美国人教堂建筑的风格、某些坟墓的装饰、光秃秃的前院和一些园艺做法之类的。但是即使是最非洲化的南部农村地区也不会复制尼日利亚或加纳的任何部分，而城市非裔美国人的贫民窟也绝不会被误认为是非洲大都市的任何街区。

我和其他人一样，喜欢在我们城市的所谓民族街区徘徊，看任何可以看到的东西。但我必须承认，我从来没有在任何美国城市中发现任何非美国的民族景观。当然，在一个城市的某些区域，某个特定的移民群体或其后代占全部或大部分人口。而且，可以肯定的是，人们会遇到所谓的民族标志，如独特的商店招牌、院子里或门廊上的异国宗教物品、短暂的节日装饰、某些公墓的特点、一座偶尔才会遇到的历史纪念碑，或葡萄牙裔美国人和其他上色比较大胆的群体购置的有着令人吃惊的新颜色模式的房屋［更不用说入侵的魁北克人对新英格兰的美国佬（Yankee）的农舍所做的事情］。也许最接近民族声明的是教会建筑——那些外来的犹太教堂、清真寺和非基督教新教的基督教会教堂建筑。然而，经过进一步的审视，这些建筑被证明是妥协的结构，是两种截然不同的民族世界的风格和建筑技术的融合。

但是，无论人们在这些"族裔"社区收集到什么异国情调的东西，都是相当临时的旅居者的手笔，而我们是在涉足化妆品而不是基本用品。移民们并没有设计或建造这些社区，而且几乎不可避免地会在某一天把它们传给其他新移民。同一个社区（包括这里的教堂）可以在不同的移民群体中循环使用。我们在几个较大的都市中观察到的爱尔兰人、德国人、意大利人、东欧人、犹太人、非裔美国人、西班牙人和东亚人的教科书式序列只是实际情况之一。

此外，直到100%的美国人向这些流动群体中的一些人介绍了这个问题，他们才知道他们所谓的民族身份。这似乎是许多意大利裔美国人、德裔美国人、南斯拉夫人、非裔美国人和其他一些人的经历，他们以前除了在旧世界的村庄或地区的群体意识外，几乎没有其他群体意识。

令人感到不安的事实是，我们似乎真的没有波兰裔美国景观、希腊裔美国景观、犹太裔美国景观、非洲裔美国景观或其他任何意义上的民族景观。黎全恩对美国和加拿大的各种类型的唐人街进行了很好的分类和描述（见第6章），但在这里我必须再次质疑它们作为民族表达的真实性。事实上，黎全恩在一句关键的话中揭示了这些街区在视觉上的虚假性，他说："西方建筑师或承包商建造了大多数唐人街的老建筑，但他们试图通过修改或处理标准的西方建筑形式来创造'中国风'或异国情调。"

当然，从外表上看，越来越多的华裔美国人居住的房屋和社区与老式美国人的没有什么区别。我邀请读者视察大亚特兰大或华盛顿的高档非裔美国人区，底特律或芝加哥以犹太人为主的郊区，以及日裔或韩裔美国富人经常光顾的大洛杉矶地区，然后向我展示他们的民族特色。当然，其寓意是，所有这些来自非白种盎格鲁 - 撒克逊新教徒（non-WASP）都被期望符合并尽可能迅速地融进美国生活的更大的物质结构中，且绝大多数人都非常乐意这样做。

在现代唐人街中，无论其历史渊源如何，我们得到的似乎是有形的幻想，一个游客或顾客愿意想象的中国，或者是最能将游客与他的现金分开的中国。它们是一个更大的路边景点部落的标本，其中包括人造的西部边陲小镇和在北卡罗来纳州西部的切罗基县（Cherokee country）以及其他地方发现的那些花哨的印第安村庄。我们还在更远的地方遇到它们的同类，在好莱坞电影制片厂后面的北非村庄、墨西哥广场或波利尼西亚（Polynesian）天堂拍摄的电影中。任何与文化现实的相似之处都是偶然的。

这种娱乐类型可以追溯到1893年的芝加哥哥伦布博览会，如果不是更早的话，当时为了让游客得到乐趣，人们炮制了一系列异国情调的村庄。在我的记忆中，1933—1934年芝加哥世博会的比利时村和其他绝对非中西部的村庄在密歇根湖岸边神奇地建立起来，这个场景仍然历历在目。这种传统在一些较新的主题公园中仍然存在，但也是一种时尚。

在考虑多洛雷斯·海登深入参与的"地方的力量"项目（见第9章）时，我们面临着一个完全不同的现象或问题——如何最好地记住，或复活和庆祝民族历史。碰巧的是，我在个人和意识形态上完全赞同她的说教策略，我赞扬所有这样的努力，以提醒我们一个在很大程度上被遗忘的、常常是不光彩的过去——因此，至少间接地帮助修补一个需要所有可以得到的治疗的当代世界。但是，我不得不再次对我们可能正在抢救、恢复或制造的任何景观的民族真实性表示保留。

海登的章节提出了一个更广泛的问题：作为一个社会，我们如何处理过去的全部，而不仅仅是其中的民族方面？有多少东西要被保存或重新发现？在我们日常生活的可见结构中，哪些片段是我们应该坚持的，哪些是应该允许改变或消失的？哪些元素，如果有的话，应该被博物馆化？我们如何将可保存的过去与不规则的现在和谐地结合在一起？但这又是另一本书，或者说是一连串无休止的讨论。

确实，超越主流文化，了解所有这些许多外来民族在试图应对我们称之为美国文化体系的巨大的、吸收性的现象时的情况当然很重要，而我所质疑的是，把考察伪族裔景观作为了解文化调整或生存的策略是否有效。

就像我们的政治和法律体系一样，我们的建筑景观也是完全公共的，而且在某种程度上是官方的。它对外国的入侵或修改不以为然，因为严重偏离规范的行为对集体的视野来说实在是太冒犯了。如果我们想探索我们边界内的少数民族文化正在发生什么，就必须求助于文化行为中不太明显的部门，求助于那些有实验空间、即兴创作和交叉融合的场所（如礼拜、美食、社会组织、文学和艺术）。

然而另一方面，还有其他的动机来审视美国的其他民族景观。这些地方都属于娱乐或幻想景观的范畴。如果我们真的想从大体上更多地了解美国人，这些值得我们认真关注。

## 第 13 章
## 不被看见的与不被相信的：文化地理学家中的政治经济学家

理查德·沃克（Richard Walker）

在卡尔·索尔和约翰·布林克霍夫·杰克逊的故乡伯克利待了近20年后，我被要求对文化地理和景观研究发表意见，这让我感到很新鲜。时代的变化是艰难的。多年来，由于我将经济分析和马克思主义理论密切结合，我被当作地理学怀抱中的"毒蛇"。[1] 文化研究和政治经济学之间的这种分裂，长期以来阻碍了思想的重要融合。现在，老旧且顽固的大坝已被打破，一股新的思想流正冲刷着伯克利地理学。[2] 更广泛地说，新的文化地理学正由一代学者打造——本文集中的代表人物是丹尼斯·科斯格罗夫、德里克·W. 霍兹沃斯和保罗·格罗思——他们广泛接受社会理论教育，愿意参与政治经济学，并从马克思主义阵营中特立独行的文化唯物主义者，特别是从雷蒙德·威廉姆斯那里得到启发。[3] 同时，许多在政治经济学和马克思主义理论基础上成长起来的人已经转向了另一个方向，引起了城市文化研究的复兴。[4]

在当前的景观研究方法中，文化研究和物质研究之间存在着巨大的创造性张力。在这种相交的边缘地带有些肥沃的地方，然而，仅仅宣布善意就足以警告理论框架和解释习惯的冲突所带来的危险，这可能是草率的假设。我的出发点是科斯格罗夫的文章《奇观与社会：前现代和后现代城市中作为剧院的景观》（*Spectacle and Society: Landscape as Theater in Premodern and Postmodern Cities*），本文集的第 8 章。科斯格罗夫这篇博学的文章，让人想起他那本非凡的《社会形成与象征景观》(*Social Formation and Symbolic Landscape*)，书中提出了一系列重要的问题，他与大卫·哈维的《后现代的状况》(*The Condition of Postmodernity*) 的回旋（pirouette），暗示了一些困难的问题，他认为最好是轻装上阵（dance lightly）。[5] 我所写的内容是围绕科斯格罗夫所触及的关键主题展开的。

## 戏剧、奇观和日常景观

戏剧是一种宝贵的隐喻和分析工具，可以用来理解景观的创造、展示、利用和消费。[6] 科斯格罗夫与最近关于社会奇观和城市生活戏剧的重要性的思考非常一致，这种方法打破了对景观严格的功利性或功能性解释。城市景观的标志作为共同的参考点，象征性地带有集体神话的力量，涉及历史的改写和对未来的预期。

然而，目前对梦幻的和奇异的图标的喜悦，使很多东西被排除在画面之外。壮观的场所和物体——无论是广场、雕像还是建筑——与城市的日常片段，如平凡而卑微的住宅、工厂、圣地和人行道之间的关系是什么？加利福尼亚州的橘郡（Orange County）让我印象深刻的不是它的后现代亮点，就像图像设计者（iconographer）爱德华·索亚（Edward Soja）所阐述的那样，而是另一片郊区的完全平庸。[7] 居伊·德波（Guy Debord）——"奇观社会"的流行语就是从他那里来的——对试图通过摆出高级艺术或高级媚俗的姿势来掩盖日常生活的平庸的图像学（iconography）进行了严厉的批评。[8] 但对日常景观的审视并不容易；它需要对普通人的生活有更深刻的熟悉，需要当代卑微的考古学家对乡土线索的密切关注。在此，约翰·布林克霍夫·杰克逊的景观学派为我们指明了方向。[9]

丹尼斯·科斯格罗夫所实践的那种知识分子历史不稳定地栖息在社

会金字塔的顶端。在新的文化地理学中，科斯格罗夫对大广场和帕拉第奥别墅（Palladian villas）的看法与彼得·杰克逊对大众文化重要性的声明或保罗·格罗思对本地城市景观的声明之间存在着未解决的矛盾。[10] 作为高级文化的景观与普通人构建的世界之间的交集是什么呢？

正如科斯格罗夫所指出的，欧洲的景观理念首先是一种绘画性的理念，它被系统地应用于建造大公园和贵族宅邸。但并非所有的显性景观都有如此崇高的起源。虽然像克洛德·洛兰或安德里亚·帕拉第奥（Andrea Palladio）这样的伟大艺术家可能会深刻地改变看待和构想景观的方式，但思想在知识分子中的传播（更不用说不识字的人对思想的理解）是一个不确定的过程，必须从思想的漩涡中跳出来，就像威廉姆斯努力捕捉那个时代作家的"感觉结构"一样。[11] 同样，虽然强大的市民阶级或贵族可能能够支配大片土地的建筑形式 [或像托马斯·杰斐逊（Thomas Jefferson）那样在整个国家强加一个线性的土地测量系统 ]，但大部分的改善和建设是在较小的掌控者手下进行的，产生了大多数普通城市和农村土地不可思议的混乱。

同样，关于城市的后现代辩论的局限性之一是对现代建筑和规划形式的迷恋，它从未战胜过城市的乡土部分。[12] 甚至大卫·哈维也被这种高端的潮流（drift）所吸引，当他把后现代主义定义为"风格、历史的引用、装饰和表面多样化的折中混合"。[13] 尽管哈维意识到了现代主义文化中的逆流，但他似乎忘记了一种历史主义的、浪漫的、折中主义的城市主义形式在北美的城市中有着长期而卓越的存在——郊区，资产阶级消费的珍贵景观。正如罗伯特·菲什曼（Robert Fishman）所说，"如果……我们正在寻找最能揭示'现代文明的精神和特征'的建筑，那么郊区可能比这些建筑本身更能告诉我们关于建造工厂和摩天大楼的文化"。[14] 对纪念性和现代性的迷恋使人们忽视了商业空间和消费空间之间的关键差异，这是两种景观，两种资产阶级的乌托邦，它们往往是相互矛盾的。[15] 郊区是一个严重感染了对城市主义及其资本主义根源的阶级否认的景观；人们不必等到后现代建筑来发现资产阶级景观品味中的这种特质。艺术和景观中的这种系统性的回避，缺失的视觉，使得人们很难确定物质文化和意识形态文化之间的关系，或者对主流社会秩序的批评和肯定之间的关系。

具有讽刺意味的是，乡土主义者往往和思想史家一样，犯有猎獗的精英主义和理想主义的错误，尽管他们声称要衣衫褴褛、风尘仆仆地走在街上。一个常见的伎俩是把流行的建筑风格归结为"杰斐逊式的理想（the Jeffersonian ideal）"等超越的概念，而没有充分注意到大众接受崇高概念的实际基础，或者实际建筑前进的实用限制。[16] 相比之下，菲什曼的《资产阶级的乌托邦》（*Bourgeois Utopias*）实现了景观分析中主导理想和乡土影响的模范融合，该书追溯了从18世纪末自英国起源到20世纪的北美公园中住宅的郊区形式。在给予设计师约翰·纳什（John Nash）和弗雷德里克·劳·奥姆斯特德（Frederick Law Olmsted）应有的待遇的同时，菲什曼小心翼翼地将这些与英国福音派的集体行动相结合，最终与从费城到洛杉矶的整个郊区市民阶层结合起来。

然而即便如此，这仍然是一个相当高的层面，需要像安东尼·D. 金的《平房》（*The Bungalow*）这样的研究来补充，这些研究填补了关于日常住房的美学、生产和形态演变的基本细节。[17] 此外，人们必须认识到郊区理想和房地产市场的乌托邦效应之间的紧张关系，因为资本投资和土地投机的计算影响了大多数试图开辟简陋居住区的人的郊区梦想。[18] 因此，正如德里克·W. 霍兹沃斯提醒我们的那样，文化作为象征符号（symbol）和标志（sign）、传统和民族签名的痕迹，必须对诸如租客与房东的关系、财产和物品清单的关系等世俗考虑给予应有的重视。[19]

最后，必须考虑到住宅区与城市生产区域和景观的关系，这一点最近才被经济地理学家所重视。[20] 景观学派对美国主流资本主义政治经济的这种系统性力量，以及对于谁和什么创造了城市和农村环境的问题，一直避而不谈。[21]

## 视觉、文本和景观的意识形态

科斯格罗夫主张图像和文本的辩证关系，主张认真对待视觉图像，与许多后现代评论家的文字策略相比，这无疑是正确的。在文字上长大的知识分子可能会对其他的认知方式不信任。他特别指出哈维"对图像的不信任和对文本的信仰"。[22] 同时，他责备文化地理学家被景观的纯粹视觉特质所迷惑，被欧洲文化中视觉的主导地位所俘虏，被上层阶级、白人、男性视角或"凝视"的控制性扫视所玷污。[23]

对于景观研究来说，空间的视觉控制是非常重要的。科斯格罗夫在他的书中表明，文艺复兴时期意大利的透视主义的出现为现代世界的空间组织提供了一个主要轴心。他将透视主义与在欧洲经济加速发展的商业时代的商业活动推动下出现的理性化的测量和绘图方法联系在一起。[24] 他进一步指出："线性透视的一个重要作用是在某一特定时刻阻止历史的流动，将该时刻冻结为一个普遍的现实。透视法在从一个旁观者视角构造和引导普遍的现实时，承认它所投射的对象有且只有一个外部主体。因此，按照画法规则绘制的风景画，或被训练成将其视为景观的眼睛所观察到的自然，在重要方面远远不是现实的……现实主义的主张实际上是意识形态的。"[25]

这些都是强有力的洞察力，但对视觉主导地位和透视主义的兴起的一概而论的判断，会使历史解释的必要微妙之处消失。视觉和文字在欧洲历史中的作用很难解开——以至于科斯格罗夫和安东尼·D.金（在本文集的文章中）在哪个是真正的主导上似乎自相矛盾。[26]

首先，文本的阅读本身就是一种视觉实践，随着印刷术的出现，它战胜了口头认识的传统。反过来说，艺术史家们经常争论绘画中是否存在文本模式，斯韦特兰娜·阿尔珀斯（Svetlana Alpers）甚至将南欧的文本性和北欧的视觉性区分开来。[27] 在欧洲绘画的发展过程中，透视主义的发展也不是没有问题的；诺曼·布赖森（Norman Bryson）认为，透视绘画一经发明，就被修改并推向了意想不到的方向；很快，多视角和抽象的视角被引入，产生了惊人的、完全原创的结果。[28] 事实上，15 世纪贞提尔·贝利尼的《圣马可广场上的游行》和 16 世纪雅各布·丁托列托笔下的圣马可形成了鲜明的对比，科斯格罗夫（Cosgrove）在这幅作品中做了大量的描绘，这是一个很好的例子，来说明对透视的戏剧性把控获得了非常不同的效果（贝利尼显然不是一个预透视画师）。17 世纪的风景画大师克洛德·洛兰的作品也是如此。[29] 后来，透视和整个绘画模式被印象派讽刺地玩弄，然后被立体派彻底粉碎。[30]

地理学家中年长的政治经济学家大卫·哈维敏锐地意识到现代主义立场中的视觉支配和瓦解的游戏。因此，哈维对资本主义操纵城市景观和图像表现以获取商业利益的关注，并不像科斯格罗夫所说是对图像和后现代主义不真实的否定那般。它更像是一个"对谁来说是真实的？"的问题，因为图像能带来真实的利润和宣传。事实上，哈维不厌其烦地表明，后现代戏剧就其表面上的混乱、分裂和游戏性而言，都是为了掩盖（和转移）城市的肮脏和阶级冲突的目的性建构。[31] 在这一点上，科斯格罗夫应该同意，从他对丁托列托的戏剧性的分析来看，他的绘画充满了神话和情节，掩盖了威尼斯社会变革的不太愉快的现实。[32]

正如科斯格罗夫深知的那样，他曾写道："景观……是一个意识形态的概念。它代表了一种方式，即某些阶级的人通过他们与自然的想象关系来意指自己和他们的世界，并通过这种方式强调和传达他们自己的社会角色和其他人与外部自然的关系。"[33] 建筑景观具有强烈的意识形态性，对于它们在权力、利润和激情系统中的地位充满了幻想。（无论它们是建筑师的统一愿景，还是许多人的不同的艺术，其一致性都是想象和生活的共同方式的无意结果）。城市和它的纪念碑是一场无休止的奇观、高尚的戏剧、低级的闹剧，以及在粗糙的石头上的表现——从古典的雅典到伊斯兰的开罗，或者从乔治 - 欧仁·奥斯曼（Georges-Eugène Haussmann）男爵的巴黎到弗兰克·盖里（Frank Gehry）的洛杉矶。城市结构记录了统治阶级为使他们的秩序和设计与无数城市居民明显不一致的模式相抗衡而做出的反复努力，涉及高级艺术和低级艺术之间的斗争，权力服务和游戏性，以及纪念碑和当地的生活组织。

科斯格罗夫所推崇的图像和文本的游戏，在追求这种累积的城市象征主义和景观意识形态的对立面方面根本不够深入。无论是实证主义科学的虚假客观主义，还是对表征游戏的含糊的解构，都不足以揭示意识和物质生活在制造充满文化意义和意识形态的领域中的作用。

相比之下，批判理论要求通过所有可用的分析抽象能力来解构意识形态，因为主流的表征是对社会生活和物质实践的所有内容的局部、扭曲和误导的表现。[34]哈维有理由说，眼睛的论证不如头脑的论证可靠（用科斯格罗夫的话说）；我们需要洞察力、对结构的感觉，以及针对特定话语、绘画或景观的批判性解构的艰苦工作，以揭示其许多方面和意义的层次。约翰·巴雷尔（John Barrell）的作品是视觉和文本表述模式相结合的典范，涉及英国的农业改良和景观美学时代的内容。他密切关注文学策略如何在特定形式的农业和空间组织中建立感觉结构的方式，并阐明阶级立场之间和内部的观点对立——无论作者是现代派的阿瑟·扬（Arthur Young）还是批判诗人约翰·克莱尔（John Clare）。[35]

值得称赞的是，约翰·布林克霍夫·杰克逊和年长的文化地理学家们努力教育对他们周围的景观视而不见的美国公众。但是，作为意识形态批判的一部分，人们必须将日常的东西非自然化，而不仅仅是欣赏它。这样做需要对各种令人不安的社会力量——从种族主义到资本积累——

在当代物质文化的塑造中所起的作用，采取批判的立场。[36] 德里克·W. 霍兹沃斯正确地将景观作家的这种失败归咎于此，并认为有必要穿透景观的图像，揭示在物体和表征的直接领域背后起作用的不太明显的经济和政治力量。[37] 解码景观的意识形态，剥去政治经济学的坚硬机器上的文化面纱并不容易，然而，单靠一剂马克思主义理论的强心剂是无法完成这项工作的。[38] 我们需要的还是一种复杂的文化唯物主义。

**东奔西走：寻找现代**

科斯格罗夫在他的论文中采取了后现代主义的转向，采用了前现代—现代—后现代的宏大叙事；但现代性概念对他所研究的景观史的分析性作用是什么？[39] 如果不考虑内部阶级斗争、政治立场之争和不平衡发展的复杂性，对现代性的兴衰做出草率的结论，就会产生严重的错误。这些困难可以通过一系列的问题来表明。

随着1500年前后一种景观观察方式的出现，视觉化和景观形成方面发生了多大的突破呢？科斯格罗夫为威尼斯提出了贝利尼绘画的延伸叙事形式和丁托列托的集中戏剧性之间的对比作为证据。尽管我们可以清楚地将贝利尼的视觉奇观和丁托列托的风格主义（mannerist）戏剧区分为不同的表现艺术形式，[40] 但在艺术与它所服务的城市的意识形态关系上，却很难看到巨大的变化：这两幅画都是带有意识形态色彩的画作，通过其主要标志确认了城市的社会秩序。科斯格罗夫认为，个人更像是贝利尼城市全景画的参与者，[41] 但这在很大程度上取决于一个人在社会等级制度和意识形态序列中的地位。虽然贝利尼的全景景观没有丁托列托那么个人化和有距离感，但它的意义不亚于观察者的命令感和对奇观的参与。关键的政治差异在于，他的参与者仍然包括通过大型兄弟会的企业制度整合起来的小商人和手工业者。[42]

16世纪的威尼斯是一个新兴资本主义崛起和随之而来的走向现代

化的有效案例吗？科斯格罗夫的文章勉强提到了威尼斯不断变化的社会战场，但他的书对"文艺复兴时期意大利被捕的资本主义"（arrested capitalism in Renaissance Italy）有更明确的描述。[43] 在商业帝国解体的背景下，发生了封建复辟。最富有的资本家投资于威尼托（Veneto）的土地庄园，而曾经强大的那些小的掌控者和商人的公司系统在经济上被削弱，在政治上被边缘化。尽管最初有改善农业的冲动，但农业资本主义并没有像北方那样在意大利取得突破。[44]

文艺复兴与资本主义的崛起有什么关系？科斯格罗夫非常清楚文艺复兴时期人文主义的混合血统，虽然它无疑受到意大利商业进步的刺激，但在许多方面代表了封建主义的高潮。[45] 我们必须小心，不要采用亚当·斯密（Adam Smith）及其追随者的资产阶级立场，即城市和商业完全是资本主义诞生地，是与其在封建制度中完全不同的实体。这样做是在剥夺过去（空洞、空虚的前现代）的历史、活力和人类成就。[46]

戏剧和奇观是严格意义上的现代（更不用说后现代）现象吗？当然不是，正如科斯格罗夫的作品所说明的，15世纪的威尼斯充斥着庆典、奇观和模仿，其精细程度、丰富程度和计算能力令大多数微不足道的后现代努力蒙羞，如巴尔的摩的海港广场（Harbor Place）。每年仍有数以百万计的人蜂拥而至，观看地球上最伟大的城市标志组合之一。威尼斯尚存的景观是一个自信的商业阶层的证明，也可能是奥斯曼对巴黎的改造之前最大的城市重建工作。[47]

规整的景观（formal landscape）是资产阶级及其现代理性形式的产物吗？规整的景观，无论是城市的严格管制还是田园式的乡村，都带有贵族姿态、国家专制主义和理性主义知识分子的傲慢。严格来说，这些都不能被归结为现代或资产阶级。巴洛克城市规划与罗马的反宗教改革、北欧的专制主义与美国的联邦主义政治密切相关。科斯格罗夫对巴洛克艺术进行了精彩的分析，认为它是对文艺复兴和宗教改革的一种浪漫主义反应，人们可以说它在政治上类似于今天后拿破仑时代欧洲或后现代美国的浪漫主义。[48] 即使在文艺复兴时期的人文主义中也充满了矛盾：莱昂内·巴蒂斯塔·阿尔贝蒂（Leone Battista Alberti）有着与勒内·笛卡尔（René Descartes）一样的傲慢，把神圣的理性世俗化为少数伟人（城市规划师和建筑师）的天才。这种专制主义（absolutist）的心态对现代性来说是必不可少的，还是说它代表了一种失败，没有超越中世纪天主教的虔诚的确定性？[49]

在现代景观的观察方式中，整个欧洲的共同性有多强？科斯格罗夫在他的书中，被迫在一个不平衡发展的转变历史中进行谈判，因为商业资本的中心从意大利转移到低地国家，然后到英国，后来到美国。16 和 17 世纪的荷兰风景画（和城市）几乎没有显示出阿尔贝蒂和帕拉迪奥的意大利的自命不凡的理想主义和贵族统治，更不用说乔瓦尼·洛伦佐·贝尔尼尼（Giovanni Lorenzo Bernini）的罗马。虽然许多英国人和苏格兰人与荷兰人有着相同的清教徒和平均主义者（Leveler）的品位，但 18 世纪英国的资产阶级和商业化的贵族却向更南边的意大利人 [ 或者说，法国和意大利的克洛德·洛兰、尼古拉斯·普桑（Nicholas Poussin）和萨尔瓦多·罗萨对巴洛克时代的神话化描绘 ] 寻找灵感，在他们新兴的乡村庄园周围组织"令人愉快的前景"。从意大利到英国的转变中的另一个转折是，乡村的城市化变成了城市的农村化，郊区的田园式景观最终占据了主导地位。尽管有一些乔治亚时代（Georgian）的梯田和新的城市规划，意大利的理性主义景观想象在北方并没有产生深刻的共鸣，而浪漫的野生景观的品位则占据了上风。

然后是法国人，他们从未放弃过城市文化或对规整的花园的偏爱。还有，尽管美国的地籍调查以理性主义为基调，但杰斐逊式的革命启蒙很快就被土地投机和 19 世纪美国的浪漫情怀所拖累。[50] 人们很容易在这些不同的历史中读出太多的同质性，而在其文化多样性中读出太多的政治经济。

**冲突的景观：物质主义与文化的不稳定的结合**

政治经济学和文化研究之间的接触是不可避免的，因为在人类生活中，物质约束和大众创造力之间、结构和机构之间、生产和占有之间的拉锯战是不可避免的。不幸的是，大多数参与者都把它当作一场正义与邪恶的战争，偏袒一方，而不是解决艰难的智力问题。[51] 20 世纪 80 年代，文化主义者占了上风，政治经济学在某些学术领域成为一个"肮脏"的词。因此，我对科斯格罗夫的后现代主义倾向有些不安，他回到了文化地理学的古老的、具体的、浪漫的原罪中，正如他在最近的几本书中一样试图恢复这个领域。

我同样对用目前流行的后现代主义术语——意义的不稳定性、能指和所指之间的差异、表征、以及所有这些——对完全适用的马克思主义意识形态概念的重新标记感到不安。[52] 当科斯格罗夫对约翰·罗斯金（John Ruskin）大谈特谈，认为他预示了今天的后现代情感时，我更加担心了——尽管他完全知道罗斯金的保守主义色彩和对神话、理想过去的理想化。[53] 我进一步感到沮丧，因为科斯格罗夫开始与约翰·伯格（John Berger）和雷蒙德·威廉姆斯所谓的"经济基础和文化上层建筑的马克思主义分层"保持距离，好像这就是文化唯物主义的全部。[54] 而我根本无法接受的是，像他这样有分析能力的人会得出这样的结论："从这样一种后现代的角度来看，景观似乎不像是一个其真正的或真实的意义可以通过正确的技术、理论或意识形态来恢复的复写本，而是一个显示在文字处理机屏幕上的闪烁的文本，其意义可以被创造、扩展、改变、阐述，并最终通过最简单的按钮被抹掉。"[55] 当我说这是胡说八道时，科斯格罗夫不可能错过我的文字的意义。意义不仅仅是蝙蝠在夜里的窃窃私语，它们凝聚成群，在社会思想的洞穴中沉睡，并以雷霆万钧之势重新出现，共同点燃无数想象力。这些东西是可以被理解和追踪的，这就是社会科学的工作。

从地理学家的角度来看，关于文化与政治经济、特殊性与普遍性、必要性与抵抗性的争论，由于与一个完全不同的辩证法，即地方与全球的辩证法混为一谈而变得相当混乱。文化地理学还没有认识到特定民族的多样性与市场、工业技术和金融资本等全球力量的普遍化拥抱之间不可避免的张力。马克思主义传统中的本质主义的危险，被后现代主义者大肆抨击，尤其是在资本主义工业支离破碎、世界人口开始新的迁移、领土联盟重新组合的时刻。正如安东尼·D. 金在《视觉的政治》一章中所指出的，对文化和多元文化视野的兴趣的复苏与这些变化息息相关。[56] 然而，这些跨越全球的剧变需要强大而全面的概念来匹配其过程和后果，政治经济学准备提供这些概念。仅仅退回到碎片中，并宣布它们是所有确定的东西或所有能够对抗全球一体化浪潮的东西，是不够的。[57]

特别有争议的是消费领域——商业化销售、人类欲望的表达和人类需求的实现之间的相遇——在这里，文化研究和政治经济学轰轰烈烈地走到了一起。[58] 正如科斯格罗夫指出的那样，哈维等马克思主义者可能对资本主义消费文化的操纵极为不信任，从而使自己与伯克利学派的拒绝一切形式的现代性形成了奇怪的并列。相比之下，景观学派的学者们在拥抱日常商业和住宅景观的过程中，一直在藐视心高气傲的批评家。当然，消费景观不仅仅是短暂的欲望、被操纵的时尚和浅薄的图像游戏的场景，尽管这也是事实；它们还是巨人的劳动、创造性的人类活动和压迫性的性别和年龄关系发生的场所，以及与从丰富的资本主义市场上带回家的商品的活跃、玩耍和严肃的互动。

这就是伯明翰学派对青年亚文化的研究引起共鸣的地方，正如彼得·杰克逊所指出的，它为文化地理学提供了一个充满活力的模型。例如，在保罗·威利斯（Paul Willis）的文化分析中，当代亚文化并不只是资本主义同质化趋势的受害者，它们依附于传统的价值观，而且能够挪用和修改主流文化术语和人工制品，成为自我主张和团结的意外途径。[59] 然而，文化地理学并不一定是与现代消费实践进行庆祝性的接触。在这一点上，约翰·布林克霍夫·杰克逊和朋友们在面对普通人的粗俗和令人不愉快甚至是丑陋的习惯时，往往过于尊重。民粹主义既可以是保守的，也可以是进步的，对普通人的尊重不等同于媚俗。[60]

然而，旧的文化地理学对物质文化的证据有一种健康的尊重，在这个领域的重新创造中，物质文化有滑落的危险。彼得·杰克逊否定了对日常景观文物的研究，拒绝沉溺于"伯克利学派对文化即文物的痴迷兴趣"。[61] 虽然文物必须与文化实践的观念方面辩证地看待，但如果不考虑文化使用和生产的对象，就试图把握文化，这在我看来是无望的唯心主义，也是不实在的（insubstantial）。这不仅仅是一个收集证据的问题，[62] 而是要认识到人类发展过程本身，它取决于意识的对象化，以促进观念的进一步演变。[63]

考虑一下大众消费所释放的潜力，它使人们能获得因它而生产出来的对象。这些资本主义市场的产物并不是无声的对象，而是它们自身在身体和表面上的表征，从中可能会产生进一步的表现、风格和时尚、高层次和低层次的艺术，在这些艺术中，想象力、时间、自由空间和金钱都是有供应的。它们也是意识形态和现代全球主义主导文化的物质承载者。在消费辩证法的这一关键点上，我必须全面谴责：景观学派对文化的看法过于静态（而且往往是反现代的），新文化地理学家对文化唯心主义的回归，以及政治经济学家对消费文化的轻视。

## 结语：关于风格的世界

与丹尼斯·科斯格罗夫和凯瑟琳·豪威特等具有文学天赋和戏剧天赋的人不同，我是那种擅长世俗的分析的人，主要想知道事物是如何运作的，而不是它们是如何影响情感的。当然，我还没有傻到认为人类的劳动是没有想象力的，或唯物主义可以摆脱意识和行动的辩证法。然而，我对文化主义阵营中许多学者的高度敏感可以被用来把一点点可燃材料转化为蔓延在知识领域的烟尘的方式有一种挑剔的眼光。我很容易对后现代主义者装腔作势和矫揉造作的话语风格感到恼火，这种风格轻率地谴责线性、逻辑性和证据性的文章，而支持文学典故的片段和自由抛出的拉康主义的词汇沙拉，这给可怜的读者留下了一条微弱而曲折的拟像痕迹。

因此，我注意到丹尼斯·科斯格罗夫用"软隐喻"代替"技术类比"的提法，这让我有些忧虑，因为它沿用了分裂人类理性中不能分裂的东西的习惯。[64] 隐喻和想象力的发挥不是只有人文主义者和后现代主义者可以声称的：事实上，它们是所有精神活动和"推理"的基本要素。创造性的头脑同时也在不断地进行自我约束、划界、定型和逻辑分类。[65] 我们既是人文主义者，也是处于萌芽状态的科学家，知识分子中文化和唯物主义的思想转向之间的分歧，更多的是与学术界的分工有关，而不是与人类生活中绝对和不可磨灭的分裂有关。因此，我最后呼吁克服地理学和邻近学科的错误二元论，并呼吁文化地理学家和政治经济学家的结合和相互教育。

## 注释

我要感谢保罗·格罗思邀请我参加视觉、文化和景观会议，感谢蒂莫西.詹姆斯.克拉克（T. J. Clark）纠正我在艺术史上最令人震惊的错误，感谢托德·W.布雷西的编辑。

1. 克拉伦斯·格拉肯（Clarence Glacken）是这种盲目态度的最大例外，他是一个了不起的、温和的人，他热情地接受了我这个新加入的人，并引导我阅读许多有价值的文化研究文献。

2. 例如 AlIan Pred and Michael Watts, *Reworking Modernity: Capitalisms and Symbolic Discontent* (New Brunswick: Rutgers University Press, 1992); Roderick Neumann, "The Social Origins of Natural Resource Conflict in Arusha National Park, Tanzania" (Ph.D. diss., University of California, Berkeley, Department of Geography, 1992); George Henderson, "Regions and Realism: Social Spaces, Regional Transformation, and the Novel in California, 1882-1924" (Ph.D. diss., University of California, Berkeley, Department of Geography, 1992)。

3. 例如 Denis Cosgrove, "Towards a Radical Cultural Geography" *Antipode* 15 (1983):1-11; Denis Cosgrove and Stephen Daniels, eds., *The Iconography of Landscape* (Cambridge: Cambridge University Press, 1987); Denis Cosgrove and Peter Jackson, "New Directions in Cultural Geography," *Area* 19:2 (1987): 95-101; Peter Jackson, *Maps of Meaning: An Introduction to Cultural Geography* (London: Unwin Hyman, 1989); Deryck W. Holdsworth, "Evolving Urban Landscapes," in Larry Bourne and David Ley, eds., *The Changing Social Geography of Canadian Cities* (Montreal: McGill-Queen's University Press, 1993): 33-51。

4. 例如 David Harvey, *Consciousness and the Urban Experience* (Baltimore: Johns Hopkins University Press, 1985); Edward Soja, *Post-Modern Geographies* (London: Verso,1989); Mike Davis, *City of Quartz: Excavating the Future in Los Angeles* (London: Verso, 1990); Elizabeth Wilson, *The Sphinx and the City* (Berkeley: University of California Press, 1991); Michael Sorkin, ed., *Variations on a Theme Park: The New American City and the End of Public Space* (New York, Hill and Wang/Noonday Press, 1992)。

5. Denis Cosgrove, *Social Formation and Symbolic Landscape* (London: Croom Helm, 1984); David Harvey, *The Condition of Postmodernity* (Oxford, Blackwell, 1989).

6. John Brinckerhoff Jackson "Landscape as Theater," *Landscape* 23: 1 (1979); Jean-Christophe Agnew, *Worlds Apart: The Market and the Theatre in Anglo-American Thought, 1550-1750* (New York: Cambridge University Press, 1986).

7. Edward Soja, "Inside Exopolis: Scenes from Orange County," in Sorkin, *Variations on a Theme Pork*, 94-122.

8. Guy Debord, *Society of the Spectacle* (Detroit Black and Red Books, 1983).

9. 例如 John Brinckerhoff Jackson, *American Space, The Centennial Years: 1865-76* (New York: Norton, 1972); John Brinckerhoff Jackson, *Discovering the Vernacular Landscape* (New Haven: Yale University Press, 1984); Thomas R. Vale and Geraldine R. Vale, U.S. *40 Today: Thirty Years of Landscape Change in America* (Madison: University of Wisconsin Press, 1983). A personal favorite is Phil Patton, *Open Road: A Celebration of the American Highway* (New York: Simon and Schuster, 1986)。

10. Peter Jackson, *Maps of Meaning;* Paul Groth, *Living Downtown: The History of Residential Hotels in the United States* (Berkeley: University of California Press, 1994).

11. Raymond Williams, *The Country and the City* (London: Chatto and Windus, 1973). Also, Peter Schmitt, *Back to Nature: The Arcadian Myth in Urban America* (New York: Oxford University Press, 1969).

12. 关于平衡评估的尝试，详见 Edward Relph, *The Modern Urban Landscape* (London: Croom Helm, 1987)。

13. Harvey, *Postmodernity*, 42.

14. Robert Fishman, *Bourgeois Utopias: The Rise and Fall of Suburbia* (New York: Basic Books, 1987): 3.

15. Michael Heiman, "Production Confronts Consumption: Landscape Perception and Social Conflict in the Hudson Valley," *Society and Space* 7: 2 (1989): 165-178. 比较 Raymond Williams, *Culture and Society, 1780-1950* (London: Penguin, 1963); Hugh Prince, "Art and Agrarian Change, 1710-1815," in Cosgrove and Daniels, *Iconography*, 98-118. Davis, in *City of Quartz*, 成功地将这两个主题融合在一起。

16. 我记得我曾就伊利运河（Erie Canal）的时代纽约州北部带边房的房屋（upright-and-wing house）的起源问题与皮尔斯·刘易斯进行过辩论，我坚持认为，19世纪30年代，杰斐逊式的农业主义在自由土壤和小城镇的繁荣中熠熠生辉。

17. Anthony D. King, *The Bungalow: The Production of a Global Culture* (London: Routledge and Kegan Paul, 1984); Anthony D. King, ed., *Buildings and Society: Essays on the Social Development of the Built Environment* (London: Routledge and Kegan Paul, 1980); Michael Doucet and John Weaver, *Housing the North American City* (Montréal: QueensMcGill University Press, 1991); Deryck W Holdsworth, "House and Home in Vancouver: Images of West Coast Urbanism, 1886-1929," in G. Stelter and A. Artibise, eds., *The Canadian City* (Toronto, McClelland and Stewart, 1984): 187-209.

18. 正如 Richard Walker, "A Theory of Suburbanization: Capitalism and the Construction of Urban Space in the United States," in Michael Dear and Mien Scott, eds., *Urbanization and Urban Planning in Capitalist Societies* (New York Methuen, 1981): 383-430 中所处理的那样; David Harvey, *The Urbanization of Capital* (Oxford: Blackwell, 1985); John Logan and Harvey Molotch, *Urban Fortunes: The Political Economy of Place* (Berkeley: University of California Press, 1986)。

19. 见本文集第 3 章的 Deryck W. Holdsworth, "Landscape and Archives as Text"。

20. 例如 Alien Scott, *Metropolis* (Los Angeles: University of California Press, 1988); Michael Storper and Richard Walker, *The Capitalist Imperative: Territory, Technology and Industrial Growth* (Cambridge, Mass., Blackwell, 1989)。

21. 更不用说在建筑环境中缺乏对父权制的批判，试比较 Leslie Weisman, *Discrimination by Design: A Feminist Critique of the Man-Made Environment* (Chicago: University of Illinois Press, 1992); Deryck W. Holdsworth, "I'm a Lumberjack and I'm O.K.: The Built Environment and Varied Masculinities," in Carter Hudgins and Betsy Cromley, eds., *Perspectives in Vernacular Architecture V* (Knoxville: University of Tennessee Press, 1994)。

22. 哈维在《后现代的状况》(*Condition of Postmodernity*) 中有些地方滑向了对图像及其生产的扁平化认知，但这并不是他贡献的要点。我们想知道科斯格罗夫是如何看待他的同事——后现代主义文化地理学家詹姆斯·邓肯（James Duncan）的，詹姆斯·邓肯认为人们必须将景观看作文本。James Duncan,

*The City as Text: The Politics of Landscape Interpretation in. the Kandya Kingdom* (New York: Cambridge University Press, 1990)。

23. 关于地理学中的视觉偏好，见 Cosgrove, *Social Formation*, 27-33. 他的主要目标是对景观进行静态可视化，以消除工作中的社会过程。为了获得更广泛的视角，见 Martin Jay, *Downcast Eyes: The Denigration of Vision in Twentieth-Century French Thought* (Berkeley: University of California Press, 1993)。

24. Cosgrove, *Social Formation*; Harvey, *Postmodernity*.

25. Cosgrove, *Social Formation*, 15.

26. 将金（King）的《视觉的政治》（本文集第 10 章）中参考文献的"西方文化中的视觉特权"与他对"文本中心的西方"（the scriptocentric West）的暗示进行比较。

27. Svetlana Alpers, *The Art of Describing: Dutch Art in the Seventeenth Century* (Chicago: University of Chicago Press, 1983).

28. Norman Bryson, *Vision and Painting: The Logic of the Gaze* (New Haven: Yale University Press, 1983). 凯瑟琳·豪威特在《独眼人称王的地方》（本文集第 7 章）中，谈到在"巴洛克建筑和城市设计的伟大时代""越来越喜欢操纵视角视野"，这与她的僵化的视角秩序的概念没有任何矛盾之处。

29. John Barrell, *The Idea of Landscape and the Sense of Place, 1730-1840: An Approach to the Poetry of John Clare* (Cambridge: Cambridge University Press, 1972): chap. 1.

30. T. J. Clark, *The Painting of Modern Life* (New York Knopf, 1985); Robert Herbert, *Impressionism: Art, Leisure and Parisian Society* (New Haven: Yale University Press, 1988); Stephen Kern, *The Culture of Time and Space, 1880 1918* (Cambridge: Harvard University Press, 1983). 奥斯曼（Haussmann）的线性林荫道和戏剧性的远景孕育了一代画家，他们破坏了画布上的这种观察方式，而现代交通和通信手段对空间的控制能力又如何影响了立体派对绘画形式的拆解，这都具有相当的讽刺意味。

31. Harvey, *Postmodernity*, esp. chap. 4. Cr. Davis, *City of Quartz*. 哈维的批评者忽

略了这一点，如 Rosalind Deutsch, "Boy's Town," *Society and Space* 9:1 (1991): 5-30。哈维对后现代主义建筑的论述对于所有的意识形态来说都是真实的：它不是一个连贯的和强加的话语，而是支离破碎的和充满矛盾的。意识形态"因其关系性而伤痕累累、支离破碎；因其必须不停地在其中进行谈判的冲突性利益"；它不是"社会团结的基本原则，而是在政治阻力下努力在想象的层面上重建这种团结"。Terry Eagleton, *Ideology: An Introduction* (London: Verso, 1991): 222.

32. 这表明科斯格罗夫和哈维之间的一致性多于对立性，科斯格罗夫暗示"一场古老的辩论，其与现代的联系是复杂和历史性的"（《奇观与社会：前现代和后现代城市中作为剧院的景观》，本文集第 8 章），而哈维则不厌其烦地论证"在广泛的现代主义历史和被称为后现代主义的运动之间，连续性远远多于差异"。哈维认为后者是"前者中的一种特殊的危机，一种强调零碎的、短暂的和混乱的危机。" Harvey, *Postmodernity*, 116. 当然，对高度现代主义、斯大林主义和法西斯主义景观的批判不用等到 20 世纪 70 年代的后现代主义来进行。

33. Cosgrove, *Social Formation*, 38, quote at 26. 比较 Williams, *Country and the City* 和 Barrell, *Idea of Landscape*. 奇怪的是，科斯格罗夫接着说，景观不再具有"在其最活跃的文化演变时期所附加的道德意义"（*Social Formation*, 2）。这几乎肯定是错误的。正如当代国家公园的图像学所显示的那样；见 Neumann, *Social Origins*。

34. Eagleton, *Ideology*. 科斯格罗夫的"奇观与社会"的导言部分讨论了图像和文本，而随后对威尼斯描写的讨论中，科斯格罗夫很随意地使用了意识形态一词，这两者之间存在不和谐。见我在下面对他的后现代主义倾向的评论。

35. Barrell, *Idea of Landscape*. 试比较 Clark, *Painting of Modern Life*, 这是艺术批评的另一个好例子，适用于 19 世纪巴黎的城市景观。

36. 比较 Peter Jackson, *Maps of Meaning*, 对于地理学家来说，这样一个关键的项目是非常重要的。

37. Holdsworth, "Landscape and Archives as Text."

38. 参照霍兹沃斯的评论，在理解建筑环境的建设方面，"马克思主义的批判使学术议程更加清晰"。出处同上。

39. 相比之下，他的《社会形成》(*Social Formation*) 一书，是对马克思主义从封建主义到资本主义的顺序的解释力的雄辩简介。他对政治经济学的承诺在 20 世纪 80 年代的保守 10 年中已经减少了。

40. Cr. Bryson, *Vision and Painting*.

41. Cosgrove, "Spectacle and Society". 另见 *Social Formation*, 87-98 and 111-112。

42. 关于"全景图"(panoramic pictures) 中的社会地位和声望的发挥，见 Patricia Brown, *Venetian Narrative Painting in the Age of Carpaccio* (New Haven: Yale University Press, 1988)。

43. Cosgrove, *Social Formation*, 80-82.

44. 相反，出现了农村的再封建化和农村对曾经的最高城市的更大控制，其结果与同一时期中欧和东欧的第二次封建主义相当。Cosgrove, *Social Formation*, 155-160. Robert Brenner, "The Agrarian Roots of European Capitalism," *Past and Present* 97 (1982): 16-113.

45. Cosgrove, *Social Formation*, 82-83.

46. 关于在此之前的欧洲的活力，见 Michael Mann, *States, War and Capitalism: The Sources of Social Power* (New York: Cambridge University Press, 1986)。

47. Cosgrove, *Social Formation*, 114-115. 然而，在文艺复兴时期的威尼斯，对城市不同形态区域的建筑处理是引人注目的。圣马可广场和总督府在 1500 年前后以罗马复兴风格进行了改造，而城市的商业中心里亚尔托(Rialto)却从未重建，尽管帕拉迪奥和弗拉·乔孔多(Fra Giocondo)在 1514 年大火后制订了重建计划；军火库以优良的专制主义军事风格，被一堵无窗墙所包围着。Cosgrove, *Social Formation*, 114-117. 另见 Manfredo Tafuri, *Venice and the Renaissance* (Cambridge: MIT Press, 1989)。

48. Tafuri, *Venice and the Renaissana*, 157-160.

49. 关于 Descartes，见 Stephen Toulmin, *Cosmopolis: The Hidden Agenda of Modernity* (New York: Free Press, 1990)。

50. Fishman. *Bourgeois Utopias*.

51. 正如对哈维的《后现代的状况》的一些反应所体现的那样，见 Deutsch, "Boys Town" 以及 David Harvey, "Postmodern Morality Plays" *Antipode* 24:4 (1992): 300-326。

52. Cosgrove and Jackson, "New Directions," 98; Cosgrove and Daniels, *Iconography*, 7.

53. Cosgrove and Daniels, *Iconography*, 5. 参见 Williams, *Culture and Society*; Wilson, *Sphinx in the City*, chap.9。

54. John Berger, *Ways of Seeing* (New York: Viking, 1973); Raymond Williams, *Problems in Materialism and Culture* (London: New Left Books,1980).

55. Cosgrove and Daniels, *Iconography*, 7-8.

56. King "Politics of Vision."

57. 保守的文化地理学家、传统的左翼劳工主义者和激进的文化民族主义者都持这种立场。它出现在本文集中豪威特和金的文章中。豪威特跟随 Kenneth Frampton, "Toward a Critical Regionalism: Six Points for an Architecture of Resistance" in H. Foster, ed., *The Anti-Aesthetic: Essays on Postmodern Culture* (Port Townsend, Wash.: Bay Press. 1983)，陷入了"抵抗结构"的死胡同，该结构旨在"克服破坏本土文化传统和地区多样性的'普遍化'"。（她后来在结尾引用麦克卢汉的话时反驳了这一点："我们这个时代的愿望［是］对整体性、同情心和认识深度的渴望。"）金更善于捕捉大规模经济体系的共同文化和更多地方化的、不同的共同文化的相互作用，并且明智地呼吁"对普遍性和差异性进行历史和经验性的规划"（见本文集第 10 章）。他指出，民族性（ethnicities）就像亚文化一样，在很大程度上是对资本主义和欧美生活模式的霸权主义入侵的反应。然而，他对地方和全球之间的碰撞的看法几乎和豪威特的一样并不乐观。

58. 例如，Susan Buck-Morss, *The Dialectics of Seeing* (Cambridge: MIT Press, 1989); Sorkin, *Variations*; Peter Jackson, "Social Geography and the Cultural Politics of Consumption," *Nordisk Samhallsgeografisk Tidskrift* 9 (1991): 3-16; Stewart Ewan, *Captains of Consciousness* (New York: McGraw-Hill, 1976); Roger

Miller, "Selling Mrs. Consumer: Advertising and the Creation of Suburban Sodo-spatial Relations," *Antipode* 23 (1991): 263-306。

59. Jackson, *Maps of Meaning*; Paul Willis, *Common Cultures* (Boulder, Colo., and San Francisco: Westview, 1990).

60. 参见金在《视觉的政治》中对文化的两面性的评论。

61. Jackson, *Maps of Meaning*. 19.

62. 尽管正如霍兹沃斯所观察到的，景观中往往很少有关于普通人生活的证据，他们简陋的建筑消失得太快了，而富人和权贵的建筑却继续困扰着现在。

63. Daniel Miller, *Material Culture and Mass Consumption* (Oxford: Blackwell, 1987).

64. 毫无疑问，主要责任在于笛卡尔主义哲学家，包括康德和启蒙哲学家，并一直延续到20世纪的逻辑实证主义者，他们对变性的理性，对人类思维像分析机器一样运作提出了相当离谱的主张。见 Toulmin, *Cosmopolis*。

65. George Lakoff, *Women, Fire and Dangerous Things* (Chicago: University of Chicago Press, 1987).

## 第 14 章
# 看得见的，看不见的，以及场景

戴尔·厄普顿（Dell Upton）

景观中可见和不可见的关系是什么？在研究景观时，我们应该给予看得见和看不见的东西怎样的相对权重？这些问题潜伏在本文集的背景中，其背后是景观研究中视觉的首要地位问题。[1]每一章都提醒我们，景观比可见的东西更重要。这一点是至关重要的，也是正确的，每一章都提供了一些关于"更多"可能是什么的线索。那么，在我们对场景的分析中应该包括哪些看不见的东西呢？

空间的特点和人们对空间的经验在这些文章中被奇怪地低估了。在景观的概念化中，空间比意象（imagery）要靠后。但对景观的关注要求同时关注可见和不可见的东西，特别是关注可见的场景和不可见的空间之间的关系。

空间和景观之间的联系是什么？全球空间、社会空间和心理空间本身是否就是景观，尽管是看不见的，或者景观仅仅是一个场景，是一个更大的空间秩序中整齐的视觉片段？例如，詹姆斯·博切特观察到，俄亥俄州莱克伍德的许多房子看起来是单户住宅，但实际上是由几个小型出租单元组成的（见第 2 章）。也就是说，可见的秩序描述了一种社区，而空间秩序则暗示了另一种。视觉意象是否只是为了愚弄我们，将公寓伪装成郊区的房子，以避免敌意或获得尊重，还是在分配给个人家庭的空间和由外部意象组织的公共空间之间存在某种更复杂的关系？在另一段话中，博切特提到，不同的白天和夜晚的社会世界占据了同一个空间：

对一天中的时间的社会建构把相同的可见地形变成了非常不同的地方。第三段话提供了一个耐人寻味的观察，即公寓楼（以及由此产生的开发商）是中产阶级敌意的焦点，而公寓居民与莱克伍德街道上的其他市民没有区别，因此逃避了对抗。在每一个例子中，可见秩序和社会空间之间的脱节都为考虑可见和不可见之间的关系提供了一个耐人寻味但尚未开发的机会。

我们在博切特写的莱克伍德郊区中观察到的视觉秩序与空间、景观的整体性和其中的个人经验之间的未解决的关系提醒我们，许多景观研究向我们掩盖了这些张力。景观是许多个人精神和身体行为的产物，但我们却用集体术语来描述它。这一悖论揭示了我们对景观生产的理解。

德里克·W. 霍兹沃斯称之为"乡土"或"文化景观"研究的方法将个人和集体置于不被承认的悬浮状态。许多学者采取了霍兹沃斯所说的"民粹主义"方法，赞美个人的聪明才智或文化抵抗，而不是社会经济环境。然而，这种方法往往是在集体——一种文化、社会、传统、阶级——的概念背景下提出的，它给景观带来了一种共识的色彩。我们寻找大规模的模式，好像它们是一个统一的社会的项目，往往没有问及它们与特定社会群体和个人行为者的关系。谁或什么创造了这些模式？谁是创造这些模式的智囊团？任何大规模的描述都不可避免地将文化的动态过程冻结在作为文化景观研究基石的形态学模式中。

强调模式和连续性也倾向于消除景观创造中的分层和分裂。视觉主义给场景带来了一种欺骗性的统一，而霍兹沃斯试图破坏这种统一。霍兹沃斯很想为理解重组了地方和地区以及景观结果的[经济和社会转型]的必要性而争论，这些转型可能需要人们"摆脱和超越景观"。作为一种纠正性的分析策略，他希望我们密切关注经济和政治领域的具体项目和相互冲突的价值。这需要关注记录在档案中，以土地价格、生活标准或建筑成本描述的更复杂、更不明显的景观。即使是博切特，他对"传统的历史来源，如人口普查记录和报纸"的反应也让我们想起了历史学家在 15 或 20 年前发现物质世界时的兴奋，他转向用社会经济数据来解释莱克伍德偏离刻板的郊区形象的方式。

但是，这种忽略了对物质景观的详细考察的策略，也给了个人和集体之间的紧张关系以文化景观研究一样的短视。安东尼·D. 金在其他地方讨论了景观研究的纯视觉方法的"反个人主义取向"，它"低估了作为人的主体的动机、价值和信仰"，这同样适用于博切特的弱视觉的城市形态学和霍兹沃斯的反视觉方法。[2]

可以肯定的是，霍兹沃斯承认有一些东西可以从人工制品中学习。他含蓄地接受了景观对视觉统一性的主张，认为其具有欺骗性或不相关。但是谁被欺骗了呢？眼见不一定为实，因为我们可以通过眼睛以外的其他器官来体验景观，也因为除了景观可能告诉我们的故事以外，还有适用于景观的故事。我们不需要把民间浪漫化，也不需要采取民粹主义的立场来表明，因为景观的意义和经验是支离破碎和争论不休的，塑造景观的政治和经济过程并不是其意义的最终解释。相反，在每个尺度上，从个人开始，景观的统一性都有裂痕。因此，当霍兹沃斯否认个人建筑和传统文化的经验是理解社会变革的不恰当的出发点时，他只是部分地正确。

景观——场景——不可否认地将自己作为一个透明的整体提供给我们，连贯而有始有终。与人类意识和社会行动的短暂性相比，物质世界的连续性及其表面的不可改变性似乎承诺了恒定或确定的意义。然而，物质形式的稳定性错误地证明了意义的稳定性，可能根本就没有意义。但我们不需要回到老式的唯物主义历史的矛盾的反唯物主义中去。相反，我们可以从最近的新马克思主义学术研究中得到启发，将意识形态视为现实被建构的过程中的一部分。

对景观的一种富有成效的研究方法是，从它声称自己是一个完整的证据记录开始，并探究为什么这个声称是有效的——同时证明这个场景要求我们看不到的东西有多少。通过去除看见的和看不见的，我们可以开始以一种打破景观的伪装的方式来了解人类经验的多样性。那么，这种看得见和看不见的结合，使我们注意到景观的经验以及它的最初创造。它强调了视觉和无形因素在解释景观方面的相对作用。它承认档案研究所揭示的裂缝和不连续性，同时将视觉和档案分析所遗漏的景观重新人格化。

鲁本·M. 雷尼在第5章中谈到的那种纪念性景观为密切分析尊重不可见的中心地位的物理场所提供了机会。纪念性景观利用整体性和透明性的视觉主张来支持他们自己关于社会团结和道德共同性的主张。他们要求默许并回避批评。

雷尼接受了这种说法。在讲述葛底斯堡战场转变为纪念性景观的过程中，他得出结论："如果不通过纪念仪式和制作纪念碑来延续其基本价值，任何社会都无法继续繁荣。"但我们要问的是，一个纪念性的战场到底纪念了什么价值，以及它是如何做到的，特别是，葛底斯堡的景观所代表的基本价值具体是什么？基本价值观是否等同于主流的政治意识形态？为奴隶制而战和为反对奴隶制而死，支持某个政府和反叛某个政府，只要是真诚的，是否同样崇高？杀戮和死亡是否有一种与当前问题无关的基本价值？一般来说，战争的经历是否是一种令人陶醉的社会价值？这些都是雷尼描绘的这种纪念性景观所回避的问题。为了打开这些问题，我们需要研究景观是如何框住我们对战争的看法的，并审视我们如何重新规划它。

在浏览本文集第5章雷尼写的葛底斯堡相关文字时，我想到了几个看不见的——物理意义上不存在或想象中的——景观。例如，我们可以问，在战场上对战争的纪念与在其他地方的纪念有什么关系：比如葛底斯堡与里士满（Richmond）的引人注目的、曾被人们称作死去的邦联的香蕉带[①]

---

[①] 香蕉带指气候温暖地带。——译者

的纪念碑大道有什么不同？这类似于问：葛底斯堡的纪念碑所讲述的与众不同的故事是什么？还有什么其他的故事可以讲述？

在雷尼的叙述中，有两件事让我印象深刻。第一件事是他强调大的价值——和平、民族团结、自由。然而，这些词没有内在的意义。它们只有在具体环境中被表现出来时才有内容。雷尼揭示了纪念碑及其创建者对战争的选择性记忆，这种记忆省略了双方的暴行，省略了种族主义的氛围和对双方黑人士兵的谋杀行为，也省略了战争的恣意恶行。雷尼认为这些都是令人遗憾的纰漏，与纪念碑所倡导的自由和团结的理想相矛盾。我说，这些问题必然是看不见的。它们是纪念碑不可或缺的损失，让人看到了纪念碑建造者对和平、民族团结和自由的概念。正如柯克·萨维奇（Kirk Savage）和凯瑟琳·比希尔（Catherine Bishir）在他们最近的关于社会和景观背景下的内战纪念碑的作品中所表明的那样，³ 建造和解纪念碑和通过《吉姆·克劳法》（种族隔离法）并不是一个令人尴尬的矛盾，而是对和平、民族和自由的特殊愿景的实现。

场景中的这种含糊与雷尼关于葛底斯堡的文章中让我印象深刻的第二个因素有关：建造者对物理特性的痴迷——位置的恰到好处，武器和装备的精确描述，以及单个士兵的表现。以这种方式将公民士兵理想化，创造了一种虚假的特殊性，巧妙地（宽泛地说）使关于公民士兵如何被使用和被谁使用的问题变得微不足道。这种方式避免了全球化的视角，将抽象的东西埋藏在分散注意力的特殊性中。就像好扳手先生①、麦当劳叔叔、乔·骆驼②或其他许多企业的虚构人物，公民士兵将大规模的政治权力个人化，将其隐藏在相对无权的个人的行动中。

但这种特殊性是回避的。士兵个人缺乏个人身份、历史、社会地位和远离战场的生活。他的存在只是为了战斗，所以我们不问他是谁，也

---

① Mr. Goodwrench 是通用汽车公司推出的虚拟机械师。——译者
② 乔·骆驼（Joe Camel）是美国雷诺烟草公司推出的一个卡通人物。——译者

不问他是怎么来战斗的。他神话般的个性代表了同样神话般的集体价值。然而，过去20年以来，历史学家的大问题是"谁？"，当我们谈及国家价值时，我们指的是谁的价值；当我们谈到国家行动和决定时，它们代表了谁的行动，谁的决定。

雷尼指出，士兵雕像是由公民士兵自己坚持建造的。战场纪念地寄托了公民士兵个人痛苦的记忆，将注意力从冲突发生地和决策制定地转移开来。它将"谁"从会议室转移到了战场上。这是动员同意的最后一步，从志愿开始，经过玉米棒的经验，最后是正式的记忆。它让我们相信——一种缺乏想象力的文化景观解读也会被接受——这个过程是发自内心的、一致的、自愿的。但是，内战时期的征兵骚乱、买来的替代品和逃兵；士兵们的信件所揭示的对战争的矛盾，至少可以说是对战争的反应；甚至对支持纪念碑建设的定期捐款活动的冷淡反应，都讲述了一个不同的、看不见的故事。它为纪念碑提供了比纪念碑的图像和铭文更丰富的解读。

葛底斯堡代表了一种塑造所谓和解景观的常见策略。同样的策略可以在华盛顿特区的越战老兵纪念馆找到，在那里，那场战争的问题被简化为美国死者的名字，并且用一个声明来掩饰，即这些人是被我们带走的。他们被谁夺走了？是越南人从他们的家里绑架了这些男人和女人吗？如果不是，他们是如何到达那里的？又为了什么？这种和解代表的不是伤口的愈合，而是对某些人伤口的贬低；不是对基本价值的坚持，而是对原则的服从，对一般情况的服从——因此是对信仰的诋毁、对行动的忽视、对批评的偏离。

要以质疑其价值而不是认可其价值的方式来研究纪念性景观，不仅需要关注霍兹沃斯正确强调的那种结构性问题，还需要关注景观本身。霍兹沃斯指出，现代人和地方经常被他们几乎无法控制的过程所边缘化和重组。对葛底斯堡战场等遗址的研究可以帮助我们理解其原因。纪念性景观提供了有形的抽象概念，以替代权力和利益的无形但令人不舒服的具体内容。具体性和特殊性被从人类关系的领域转移到具体的领域。这种迁移导致了理性探究的中止，以及对政治合法性所要求的抽象的信仰。在这种情况下，看得见的东西抹杀了看不见的东西。这对我们来说是很危险的，因为它承诺我们将有机会参观更多像葛底斯堡这样的场景。

## 注释

1. 如果视力确实如此优越，那么学者们在利用它方面的无能令人惋惜。视觉对框架和定义的巨大力量似乎在眼睛和笔之间消失了。因此，学术界对视觉证据的分析仍然是奇怪的、描述性的和不明确的。

2. Anthony D. King, "The Politics of Vision," in Vision, Culture and Landscape: Working Papers from the Berkeley Symposium on Cultural Landscape Interpretation (Berkeley: University of California, Berkeley, Center for Environmental Design Research, 1990).

3. Kirk Eugene Savage. "Blood and Stone: The Memorialization of Two American Nations in Washington, D.C., and Richmond, Virginia" (Ph.D. diss., University of California, Berkeley, 1991); Catherine W. Bishir, "Landmarks of Power: Building a Southern Past, 1885-1915," Southern Cultures (1993): 5-45.

# 第 15 章

# 欧洲景观转型：乡村残余

戴维·洛文塔尔（David Lowenthal）

突然间，景观似乎无处不在——一种组织力量，一种"芝麻开门"的咒语，一种前卫的标志，在小说和音乐、食物和民间传说中都是如此，甚至对教授和政治家也是如此。就像皮埃尔·诺拉（Pierre Nora）的《记忆所系之处》（*Lieux de mémoire*）[1]中集体记忆的记录者一样，那些曾经是唯一的先知和推动者的景观专家现在必须衡量这个运动。

我将景观与《记忆所系之处》结合起来是有目的的。与时间相比，记忆更易固着在地方上。在从集中的历史向分散的遗产的转变中，景观似乎是集体记忆的所在地，因为它扎根于特定的地点，并充满了日常和公共的东西。景观已经成为我们多样化遗产中最受欢迎的方面之一。它们不是作为精英的杰作而被珍视，而是作为日常生活中熟悉的地点，因其包含的个人和部落记忆而显得珍贵。

在欧洲景观的关键时刻，法国在欣赏和保护景观时表现出最显而易见的热情。由于风景和社会变化的规模如此之大，以至于最近有游客被敦促"在法国还在的时候去看一看"，因此那里的景观问题显得十分突出。但是，这种困境并不只发生在法国：类似的变化已经在北欧大部分地区达到顶峰，并且迟早会在南部和东部地区被充分感受到。

乡村景观在整个欧洲吸引了越来越多的关注。规划师和建筑师对选址和环境的关注；市民团体和保护主义者将注意力从具体的物体和建筑转移到整个建筑群和周围环境；生态学家不仅关注稀有物种，还关注整个生态系统的结构；景观设计师超越了公园和花园的范围，关心整个乡村。然而，农业转型危害了所有乡村景观的社会和物理结构。

## 欧洲不断变化的乡村面貌

随着大量人口离开农村地区，大多数国家失去了与作为生计和日常生活场所的土地的亲密关系。变化的速度、旧的联系的持久性、对旧环境的新依恋是多种多样的。但变化的连续体上的三个点揭示了某些关键特征。

在西欧，农村生活仍然盛行的地方现在已经很少了，在东欧，甚至农场的主导地位也受到了挑战。乌克兰和白俄罗斯、保加利亚和波兰看起来仍然主要是农村，土地通常与劳动相联系；但许多人口（或许并非多数），都是工业人口或城市人口。在葡萄牙和希腊、爱尔兰和西班牙、丹麦和芬兰之后，东欧这些国家的农民在一代人的时间里从劳动力总数的一半下降到1/4或更少。仅阿尔巴尼亚和科索沃仍然几乎完全是农村人口。然而，对景观的态度本质上仍然是农业的。农村居民将景观视为炉灶和生计。农民和牧民认为度假者、民俗生活游客和生态崇拜者很奇怪、很陌生。对于丰收景象的自豪感是属于自己的。

在欧洲的许多地方，农村生活仍然是一个最近的记忆。尽管经历了一个多世纪的衰落，农村的遗弃现象在上一次战争[①]后严重打击了西欧。法国、斯堪的纳维亚、希腊、伊比利亚、梅佐乔诺（泛指意大利南部）和瑞士在短短几十年内失去了大部分的农业工人。正如法国人所最清楚的那样，集约化农业是至关重要的，但只有1/4～1/20的法国、丹麦和瑞士工人仍然以农场为工作场所。人口外流的时间如此之短，以至于这些地方的大多数人都保持着与农村的联系。父母或祖父母来自农场；农村的

---

① 上一次战争指第二次世界大战。——译者

景象将个人和集体的遗产结合起来。经常性的访问，每年的假期，童年的记忆，使那些只靠巨额补贴维持的乡村变得神圣。农民被推崇为社会的典范，他们是一个濒临灭绝的类型，被珍视以拯救国家的灵魂。

在长期的城市化和工业化的土地上，农村的民风是比较遥远的记忆。英国是主要的典范，但在意大利北部、荷兰、比利时或德国大部分地区，很少有人保留第一手的农场记忆。英国和低地国家的农村劳动力，甚至在 1960 年还不到劳动力总数的 1/10，在过去的 30 年里已经减少了一半以上。

这些国家的景观遗产仍然维持着国家认同和观光事业。但它没有义务和回报，也没有什么直接记忆。即使是祖父母也不会回想起农村，而是回想起城市和工业的根源。工厂和城市街道是个人回忆的框架。因此，在英国、法国和斯堪的纳维亚，工业考古学、城市遗产中心、工厂和公寓博物馆成倍增加。它们吸引了那些目标感来自工厂、矿场和船厂，而不是草地、田野和牧场的人。这些农村领域保留了一些意义，但它们所象征的东西与日常记忆的联系越来越少。

## 乡村景观的新含义

景观价值与所谓稳定的过去相联系。但景观的概念本身却在不断变化。有五种观念启发了今天的景观角色：

**景观作为生态范式**（Landscape as ecological paradigm）。农村地区现在是人类和自然的绿色理想的焦点。多样性、复杂性、脆弱而不间断的存在链、对无法知晓或控制的事物的谦卑、节俭和吝啬给古老的景观神灵以新的生命。异教徒的自然崇拜、古典牧业、浪漫主义和后工业化的城市疑虑并不新鲜。但它们在乡村崇拜中的融合反映了两个变化：对平衡的高度关注，将自然与美德等同起来；对传统乡村追求和乡村景观之间分裂的认识。

　　景观和农村生活正变得不相干。农村人口减少了，农作物需要的人力投入越来越少。景观被从社会现实中剥离出来——在耕作密集的地方，景观并没有明显的与众不同，而在其他地方，则不那么具有经济可行性。随着景观与农村生活的分离，习惯性的乡村和田园民俗也随之消失。失去了社会意义，景观变得空洞、虚无，没有背景。

　　直到最近，这样的场景还是农民和牧民的固有领域，是景观健康和外观的传统保持者。这种联系现在正在被切断，城市人也是这样看的。我们中的大多数人都是城市居民，农村居民越来越少；在传统照料下的景观越来越少；对农民作为自然管理人的观念根深蒂固，然而景观是我们的全部，且需要我们的悉心关照。

　　农民兼生态学家无疾而终；那些仍在土地上的人往往被如此崇拜。但是，密集的开发、被连根拔起的树篱、商业化肥的大量使用，以及大片土地变成草原和针叶林，都侵蚀了这种形象。农民不再是忠实于保护传统的半神（demigod）；管理权从天生的乡下人转移到了焦虑的城市人手上。

　　**景观是所有人应当追求的领域**。从生态学的角度看，景观也是适宜居住的地方。农村的景象保证了城市中所没有的宽敞的充实感和陪伴性的孤独感。当然，这种观念并不新鲜；田园式神话可以追溯到古罗马。新鲜的是，人们普遍相信它应该被实现。以前，对风景的渴望主要是替代性的，只在假期、周末休闲或生命结束时短暂地放纵一下。昙花一现的情节仍然是规则。但越来越多的镇民认为农村的场景和生活方式是他们的愿望。在1993年的一项调查中，3/4的英国人选择了乡村生活，这预示着将有数百万人会离开乡村。农业的缺失不再阻碍这种前景。汽车、电话、个人电脑和传真使农村生活触手可及。

　　这种转变是令人惊叹的。早在1~2个世纪前，农村生活就经常被斥为犯罪的愚蠢行为。热爱自然和风景是一回事，接受生活在那里的人们是另一回事，更不用说分享这种生活了。愚蠢的农民后来成了乡村里的社会中坚，成了本土智慧和美德的源泉。这两种人物现在都过时了：今天的农民既不是恶魔也不是天使。许多人甚至不是农村人，而只是在乡村工作的城镇居民。由于景观摆脱了社会习惯，任何城镇居民也同样可以在那里大展身手。

城市居民被认为对乡村环境一无所知，他们渴望在欣赏风景的同时摒弃泥浆。但是如果还有风景区的原住民的话，也是知之甚少了。农村居民不再需要感到羞耻，因为他们已经不挤奶、不播种、不收割玉米了。通常也没有人做，或者只有外地的雇工。农村经济可能只剩下砍柴和摘苹果了。农村正在成为一个生活的地方，而不是为了谋生。

**景观作为集体身份**。有三个特征使景观成为群体纽带，首先是本地的和地方的纽带。作为"自然的"（而不是刻意的或精心制作的），景观反映了人们所信任的东西；作为日常生活的场所，景观比那些不经常感受到的联系更重要；作为典型的和常见的，景观表达了大众的意愿。另外两个特征使景观成为反对中央主权的地方自治的标志。景观是可见的、可视的，因此是有界限的、小规模的，而且它们可以追溯到民族国家之前的部落附属关系。

**景观作为艺术**。在文艺复兴时期，"景观"是描绘一个场景的草图。画中的景观使观众"意识到"，并对这样的风景画感到高兴。画出一个场景就是拥有它，因此也就爱上了它。通过描绘，景观本身变得很有吸引力，无论是草地还是山峰，无论是亲密的场景还是宏伟的场景，都是如此。

景观艺术装饰着欧洲最受欢迎的乡村景象。法国和英国的乡村体现了历代业主不加修饰的艺术魅力。新的艺术增强了现有的场景；美学和生态愿景、花园时尚和城市规划、私人和公共的点缀增强了人们的依恋感。在英国，倡导组织（Common Ground）将艺术家推荐给对地方同样敏感的赞助人。这样的改进不是强加的，而是由当地的共识促成的。[2]

欧洲的农村在视觉上仍然是一致的，但又是丰富多样的。未来几年的农村景观将需要满足多方面的需求和品位，包括艺术和农业；用户不仅要采掘可销售的商品，还要采掘社会文化的记忆。

**景观作为遗产**。遗产现在到处都很重要，它包括从化石和家具到民间传说和信仰的一切。不再是只有贵族、超级有钱的古董收藏家、学术界的古董商以及少数博物馆的观众才会迷恋祖先，现在有数百万人在寻找他们的根源，保护心爱的场景，珍惜纪念品，并关注着媒体对过去的看法。

遗产曾经是宏伟的纪念碑、伟大的英雄和独特的珍宝；现在，它赞扬的是乡土和典型。它曾经局限于遥远的过去——1750年以前的建筑，至少有一个世纪历史的文物，可以追溯到戴克里先（Diocletian）的历史——现在，它包括了去年。时间的门槛变得更低：档案不是在50年后开放，而是在30年后开放。"历史性"建筑指的是仅仅一代人以前的建筑。不仅有早已去世的君主的遗物，还有现存的（如果是年老的）流行明星的遗物被拍卖。

遗产在这里以两种方式超越了它旧时代领域的时刻。一个是思想和表达的领域。民间生活早就有了信徒。但语言和民俗是新近与建筑和绘画、锡器和陶器组合在一起的。景观是另一个领域。自然保护有着古老的根基，但景观只是现在才进入遗产的主流。考虑一下英格兰和威尔士全国托管协会（National Trust）的土地财产。20多年前，人们只珍视全国托管协会的大房子和花园；很少有人考虑到庄园耕地的外观，它们被无情地从中牟利来"喂养"这些展品。今天，该托管协会（其成员已增长5倍，超过200万人）拥有同样令人关注的庄园土地。

作为遗产的景观强调三个属性。第一个是**物质性**。景观与我们所有感官的联系增强了其作为遗产的吸引力，是看得见、摸得着的。第二个是**作为容器使用**。景观不仅仅是一个事物本身；它是多种其他事物和用途的容器，从家庭生活到露营和骑自行车，从开采砾石到收获庄稼。综合性的使用使景观比为单一目的制造的人工制品更有分量。第三个是景观意味着**稳定**：与物体和结构不同，景观是固定的，不可移动的，因此是安全的；我们可以依靠景观来保持原状。除季节性的变化外，景观也随着时间的推移保持原有状态。

## 公众对变化中的景观的反应

景观的持续重要作用——作为基本遗产的自然、作为人类活动环境的环境、地方差异和祖先根源的地方感——反映了三个公共关切：保护自然和文化的遗产、改善日常环境、维持独特的社区。

全球环境意识是新近凸显的，但没有稳固的基础；对绿色的政治支持是非常不稳定的。许多绿色倡导似乎对重要的企业怀有敌意；当工作受到威胁时，环境就会被置于次要地位，正如绿党在德国和英国的选举失败所表明的那样。但《寂静的春天》使人们在全球范围内熟悉了对基本面的威胁。很少有人对核风险、全球变暖、臭氧层消耗或物种和生态系统丧失不感到恐惧。[3]

与祖先不同，我们现在将生命视为需要共同照顾的共同遗产。在面临的风险和理解的影响之间，在生态学知识和经济教条之间，在私人贪婪和公共需求之间，在末日论者和盲目乐观者之间，都存在着巨大的鸿沟。这些鸿沟放大了许多景观意识背后的恐惧。

景观遗产是全球遗产，联合国教科文组织的世界遗产地就是一个例子。共同的努力正在开始保护这些风景和自然宝藏。南极洲是一块幸免于难的大陆，全球压力使塔斯马尼亚（Tasmanian）的荒野得以幸免，对空间碎片和海洋污染的关注是全世界共同的。欧洲不是一个独立的岛屿。

布景不仅需要关注孤立的图标，还需要关注更大的景观框架。保护区和国家公园、"保卫空间"（espaces sauvegardés）和"生态学博物馆"

（écomusées）反映了对这种需求的认知。学校教育、艺术和不断增长的休闲活动超越了个体的范围，达到了整体。现代哲学家们强调塑造人性化的领域，强调自然与人类环境的融合。

在一个千篇一律的世界里，独立的地方感对身份认同至关重要。景观代表着每个地方与生俱来的东西；对它的依恋随着照料而增长。在整个欧洲，无名的、昙花一现的地区的居民都在哀悼那些被认为是独特的东西的消失。一些人寻求与他们的祖先所在地或童年环境的联系；另一些人则珍惜或设计风景和社会结构，使地方成为"我们"的地方，而不仅仅是任何地方。

过去的工作景观很少能够恢复；作为风景而存在的东西作为社会实体而消亡，就像过去的记忆随着废弃而萎缩。然而，重拾农村根基的冲动现在正导致一些原始村落得到恢复：重新安置可以使当地的遗产恢复活力。但是新的关注点不是在白纸上勾勒出来的；继承下来的依恋仍然是有力的。旧的习惯反映了每个民族对其祖先塑造的场景的感受。在过去，传统与地形相连；亲属关系将祖先和土地联系在一起。拥有和耕种土地是关键，而耕种是主要的生计。但地方关系被更大的关系所覆盖；景观成为国家的象征，所以我附加了第四个问题：景观和国家。

景观态度与嵌入的文化习惯相联系，其差异比想象的要大。在瑞士的厄堡（Château d'Oex），有一块牌子上用英语写道："请不要摘花。"德文："禁止摘花。"法语："把花留给那些爱着这座山的人。"这些短语都偏向于花，但意味着不同的景观观点——英语的良好礼仪，德语的强制性禁止，法语的审美情趣。

国家依恋是一种凝聚力的刺激，国家通常以景观的方式来描述自己，把国民认为独特的东西神圣化，每一首国歌都赞美特殊的辉煌或独特的财富，爱国的感情建立在空间和地点的护身符上，"丘陵、河流和森林不再仅仅是熟悉的：它们成为意识形态"，[4] 成为国家战争和出生的地点。

民族标志的顽强性使人们对新的区域和地方重点产生了怀疑。国家景观品味植根于民粹主义,正如在语言方面一样,在景观方面,区域权力仍然让人想起强制性的特权和没有土地的劳动力;相比之下,欧洲大部分地区的民族主义意味着农村解放和农民解放。新的民族国家似乎是对地方(与中央相对)和狭隘的束缚的释放,而景观仍然是民族身份的引人注目的标志。

## 欧洲未来的乡村景观

一个世纪前,一位英国人说:"除了像英国这样的小作坊,各地的人类大众必须靠农业生活。"时间扭转了这种情况,自1970年开始的格拉斯顿伯里音乐节(Glastonbury rock festival)需要越来越多的土地,比以往更多的可用的土地。"农民们喜欢这样。现在不值得种植任何东西,不是吗?你从停放三天的汽车上得到的回报要比菜籽油好。"[5]

我们迟早会放弃农村生活,每隔10年,巴黎人就会远离布列塔尼(Breton)和诺曼第(Norman)的根;糖煮水果和苹果白兰地不再来了;叔叔们退休了;农场被卖掉了,欧洲很快就会被那些脱离农村联系和祖传农场的人管理。

欧洲大部分地区现在需要景观居住者。农场机械和飞机被封存,被移出了乡村。要想让农村重新获得投资的共鸣,需要几个信念行动。一是向许多耕地和牧地的退出低头,但又不能因忽视或贪婪而放弃它们。二是将景观遗产中的主要份额留给广大公众。和过去一样,土地的所有权再次由极少数人持有。然而,我们都与它有关系。最随意的使用者也应该分享它的管理权,即使是想要一个安静的、没有气味的、没有猪的乡村的周末游客。

私人占有是障碍。"你们这些燕子来了又走,但我一直在这里,不要告诉我怎么处理我的树。"一个愤怒的英国农民说。"我以为它们是每个人的树,"一个外来者喃喃自语,"但他认为它们是他的。"⁶

农民仍然对他们出售的风景保持控制。从火车上看牛津郡的田野,被推销为"地球上最好的展览之一的私人景观",但土地所有者蔑视"从车窗上支配的农村政策"。⁷然而,大多数人是从汽车上看风景的。尽管数以百万计的公路旅行者对巨石阵只是匆匆一瞥,但他们却被它迷住了。我们需要与那些以景观为家、以景观为生、以景观为灵感的人结盟,无论他们的灵感有多大。

一位社会历史学家总结说:"农村让我们放心,不是所有的东西都是表面的和短暂的……有些东西仍然是稳定的、永久的和持久的。"⁸农村认可现状。英国首相斯坦利·鲍德温(Stanley Baldwin)以农村为根基,称自己不是"街上的人,而是田间小道上的人,一个沉浸在传统中、不受新思想影响的更简单的人"。⁹在其他地方,农村的愚昧导致了窘境;在英国,它带来了稳定。

那是在1924年。愚昧的农村人让位给农村的金融家。200年来,大多数英国人与绿色的田野没有亲密的联系。然而,对景观遗产的持久感情使农场补贴的价值与法国一样不合时宜。许多农场景观在很大程度上是通过旅游业生存的。"20年后,所有莱克伍德的农民都会放弃耕种。"一位当地人预测说,"他们会被称为田园守护者。他们会筑起干燥的石墙,然后再把石墙推倒,以取悦游客……绵羊将成为宠物,永远不会被卖掉或杀死。"¹⁰

我以另外两个关于农村未来的愿景来结束。英国自然保护委员会的负责人蒂莫西·霍恩斯比(Timothy Hornsby)设想在2020年进行一次郊游:

> 中心公园(Center Parc)包含一个奇妙的、巨大的圆顶。在这个圆顶下,私人企业保存着罕见的、有代表性的重新创造的乡村和令人惊叹的、现已失去的浪漫风景的全息照片。在回来的路上,我

参观了小茅草的模拟都铎式小屋……有一些引人注目的建筑的放大照片，这些建筑在被淹没或为美妙的高速公路让路之前，曾经受全国托管协会（the National Trust）管辖。我驶向一个风景优美的高尔夫球场，为那些从微芯片工厂直达地平线的资深日本商人服务。在他们身后，有很多灯芯绒条纹的锡特卡云杉，上面贴着"自己采摘"的邀请函；我在这里看到了一些转基因香蕉。[11]

另一个千年愿景来自著名的布列塔尼（Breton）民俗学家皮埃尔‐雅克兹·赫利亚斯（Pierre-Jakez Hélias）：

> 农民放弃农村后，一切都变成了废墟，但新的主人开始在那里生活。最富有的人获得了整个农场和村庄。但没有人维护他们的庄园或为他们服务。因此，他们被迫自己修剪草坪，修剪树木，照顾动物，并与野生植物作斗争。他们以采摘、收获和食用他们自己种植的东西为荣。他们重新发现了水果甚至是面包的味道。他们的乡村住宅成为他们唯一的家。为了不受现在被关在城市里的普通人的影响，他们组成了专属的地区俱乐部，除普罗旺斯语、巴斯克语和布列塔尼语之外，禁止说任何其他语言。因此，以前的资产阶级变成了职业农民，而以前的农民的孩子则玩着电子玩具。[12]

每张图片都很可怕，因为它假设了农村和城市居民、自然和人工场景之间持续存在的，甚至是加剧的鸿沟。最好是与威廉·克罗农（William Cronon）在《自然的大都市》（Nature's Metropolis）中的认识一样，"我们都生活在城市；我们都生活在乡村。要对得起乡村的自然和人，就必须对得起城市的人"。[13] 而且很快，大多数农村人都会有城市的根。在那样的未来，要成为一个农民，就必须是一个巴黎人。

## 注释

1. Pierre Nora, "Lère de la commemoration," in Nora, ed., Les lieux de mémoire, Les France, vol. 3: De l'archive à l'emblème (Paris: Gallimard, 1992).

2. Joanna Morland, *New Milestones: Sculpture, Community and the Land* (London: Common Ground, 1988); Sue Clifford and Angela King, eds., *Local Distinctiveness: Place, Particularity and Identity* (London. Common Ground, 1993); Sue Clifford and Angela King, eds., *From Place to PLACE: Maps and Parish Maps* (London: Common Ground).

3. Rachel Carson, *Silent Spring* (Harmondsworth: Penguin, 1962); David Lowenthal. "Awareness of Human Impacts: Changing Attitudes and Emphases," in B. L. Turner II, et al., *The Earth as Transformed by Human Action* (New York: Cambridge University Press, 1990): 121-135.

4. Joshua Fishman, "Nationality-Nationalism and Nation-Nationalism," in Joshua Fishman, Charles A. Ferguson, and J. D. Gupta, eds., *Language Problems of Developing Nations* (New York Wiley, 1968): 41.

5. Simon Riser, 转引自 David Toop, "Going down to Eavis's Farm," *The Times* (London), 25 June 1993: 37。

6. 引述自 Sally Brompton. "Seeing Red across the Village Green," *The Times* (London), 29 Aug. 1990: 16。

7. 英国铁路公司关于从伦敦到布里斯托的头等舱座位的广告；英国野外运动协会理事 John Hopkinson，转引自 John Young, "Green Policies May Harm Wildlife," *The Times* (London), 18 Aug. 1990: 7。

8. Howard Newby, "Revitalizing the Countryside: The Opportunities and Pitfalls of Counter-urban Trends," *Royal Society of Aris Journal* 138 (1990): 630-636.

9. Stanley Baldwin, 'The Classics' (1926), in his *On England* (London. Philip Allan, 1926): 101.

10. 转引自 Hunter Davies, "After the Banknote, Where's the Book?" *Independent on Sunday* (London), 29 Sept. 1991: 23。

11. Timothy Hornsby, introductory speech, Royal Society of Arts, Future Countryside Programme, Seminar 1: "A Stake in the Country" (29 Sept. 1989).

12. Pierre-Jakez Hélias, *The Horse of Pride: Life in a Breton Village* (New Haven; Yale University Press, 1978): 335-336.

13. William Cronon, *Nature's Metropolis: Chicago and the Great West* (New York Norton, 1991).

# 第 16 章
# 景观运动的完整性

杰伊·阿普尔顿（Jay Appleton）

毋庸置疑的是，自"二战"以来，人们对景观的兴趣重新抬头，到现在已经达到了值得使用景观运动这个词的程度，或者说，它最突出的特点之一就是它的活动家从众多的利益集团中脱颖而出，形成了共同的事业。本章的目的是对我所认为的这种多学科起源中隐含的主要危险提出警告，并建议景观运动的倡导者采取 1~2 种方法来保护它免受这种危险，哪怕只是基于"有备无患"的原则。

这场运动的特点不是任何特定的发现、理论、突破或哲学立场；而是在不同学科的思维习惯中训练出来的不同头脑的聚集，其中许多学科在传统上被认为只是彼此之间有一点联系。图 16.1 直观地表达了这个想法。每个三角形都代表人类经验的一个领域，可以等同于被认为是某个特定学术学科的领域。我所关心的不是列举这些学科（我们每个人都应该编制一个不同的清单，这里提到的只是例子），但对我来说，它们包括地理学、生物学、艺术史、文学批评，以及其他许多学科。在每个领域中，都有一部分是专门关注景观的。它通常是少数人的兴趣，被大多数人认

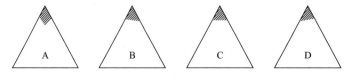

图 16.1　景观兴趣是独立学科中的少数或边缘关注点。杰伊·阿普尔顿绘制。

为是整个学科的外围——边缘活动。我想，景观设计是一个例外，因为它的任何部分都与景观有关。

然而，如果我们将三角形重新排列，使周围区域都是连续的（图16.2），我们将创造一个以景观为统一主题的独特区域。在这个区域周围，将延伸出一连串的同心区，表明景观主题在每个既定学科中的影响在不断减弱。为了整理这个模型，我们可能会被诱惑在这个新的领地周围设置一个围栏，以表明我们已经为自己独占了这个领地，但这是一个我们应该不惜一切代价抵制的诱惑。如果该运动要继续显示其形成时期的显著特征——活力，那么在这一领域和可称为母体的学科之间的思想自由流动是至关重要的。重要的是，我们这些处于运动核心的人应该与我们在每个贡献学科的主流中工作的同事保持密切的个人联系。

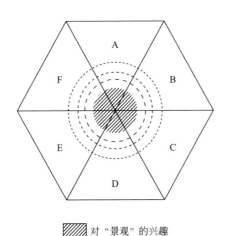

图 16.2　跨学科视野中的景观兴趣。杰伊·阿普尔顿绘制。

然而，危险的是，如果允许这些联系变得过于强烈或在广度上过于有限，可能会证明不利于运动本身的成功。让我从我自己的地理学科中举个例子。我的经验主要来自在英国、澳大利亚和新西兰大学的教学，借用一个地质学术语，这些大学的教学大纲包含一种内在的裂变平面（built-in fissile plane），使它们容易在自然地理和人文地理之间产生分裂。英国大学地理系的绝大多数教师会认为自己很明显地属于这些类别中的一个或另一个。然而在美国，地貌学的教学似乎属于地质学的范畴，而不是地理学的范畴；这可以被认为是表明裂变的危险没有那么严重，或者这个过程已经走得很远。无论是哪种情况，对于一个由自然过程形成的世界的概念，在它被人类干预的连续阶段改变的同时，也无法帮助我们相信，我们只看一个部分就能达到对整个现象的正确理解。

曾几何时，支撑地理学科的核心力量是区域地理学的研究，它引导学生关注所有自然或人为现象的整合，这些现象有助于选定地区的特性。但现在，区域地理学的重要性已经大打折扣，许多地理教学大纲中根本就没有它的位置。今天的许多地理研究关注的是对现象的研究，甚至是对一种现象的特定参数的研究，这些现象被从整体中抽象出来，作为一个孤立的主题进行研究，而这个主题也可以在另一个学科的主持下进行研究，并在另一个学科的文献中发表。当然，当历史地理学家与历史学家交谈，社会地理学家与社会学家交谈，或生物地理学家与生态学家交谈时，人们不能抱怨。这种双边联系被证明是非常有成效的，但是，一旦一个分支学科的地理学家不能再与另一个分支学科的地理学家交谈，这就很难有利于地理学作为一门学科的一致性。[1]

如果我们把同样的批判性分析应用于我们自己，作为景观专业的学生，我们很容易看到危险的迹象。我一开始就提请注意我们的起源的多样性，也许我几乎不需要扩大其中隐含的分裂的可能性。让我简要地提出其他几个二分法，它们似乎体现了同样的潜力。

人们普遍认为，人类知识的特定领域可以通过艺术或科学中的方法进行研究，但不能同时进行。[2] 艺术家已经告诉我们很多关于人们在不同时期对景观的感知方式。例如，对主题的选择在不同时期是不同的，我们可以在过去的展览目录中找到这方面的记录。然而，直到最近，人们才试图对这些信息进行统计分析，从而对不断变化的认知习惯得出科学有效的结论。[3] 许多科学工作涉及对假设的测试，而这些假设本身就是一种直觉的产物，似乎与艺术家的灵感相差无几。我们需要做出更认真的尝试，将那些在人类经验的不同领域工作的学者们的活动整合起来。

几年前，另一种二元论使那些更容易受骗的地理学学生感到困惑，那就是普遍研究（nomothetic studies）和案例研究（idiographic studies）。普遍研究是那些指向形成一般规律的研究。它们在字面意义上指的是法律制定。案例研究是指那些只关注个别案例的研究，从这些案例中无法延伸出这样的一般原则。到目前为止还不错！但地理学不是一门科学吗？难道科学不依赖于一般规律的应用吗？对地理学家来说，似乎研究普遍规律的科学的是好的，而研究个别案例的是坏的！你可能很难相信这一点。你可能很难相信这样一个简单化的论点能在聪明的学生中获得任何信任，但这个论点的实质内容足以为区域地理学的棺材中的至少一颗钉子提供材料。事实上，当然，除对来自个别案例的数据进行研究外，从来没有发现过一般的原则。[4]

我们为建立景观偏好的一般规律而进行的许多研究都落入了这个陷阱。研究人员向许多人提出了非常具体的问题，询问他们对景观的特定类型或组成部分的审美反应，并将个人的回答汇总在一起，形成概括的基础。这很好，这是一个有说服力的综合或一体化的例子。但我们必须认识到这种方法的局限性。这个主题的文献严重缺乏那种支持性的个人案例研究，而人们期望在任何从个人性格的整体中抽象出其原材料的科学分支中找到这种研究。迫切需要弥补这一不足，解决个人层面的完整性问题，发展一种类似医生对病人的整体方法的方法论。[5]

另一个麻烦的二分法是将我们所说的理论与实践分开。我注意到这是英国景观研究小组组织的一些会议的一个明显特征，在这些会议上，与会者认为自己很明显地属于两组中的一组。第一类是景观设计师、景观经理、公园管理员、各类工程师和其他许多人，职业使他们接触到其决定对景观有直接影响的情况。第二类是学者、作家和记者，由于对环境问题的兴趣日益浓厚，记者们发现自己越来越需要报道关于整个景观问题的公众意见。

也许最重要的二分法，即一个可能被证明是危险的分裂，是对景观研究的视觉方法和文化方法的分离。视觉方法涉及景观对观察者的自发视觉影响。它涉及美学欣赏、景观评价和对景观经验的情感反应等问题。它的学术研究主要在环境心理学、美学哲学和艺术理论等学科中进行，尽管其他学科的学者，尤其是地理学和景观规划，越来越关注环境感知的各个方面，因为它影响他们各自的学科。

文化方法主要关注景观的研究，因为它是历代社区在他们所占据的土地上留下印记（无论是出于设计还是意外）的那些进化过程的产物。这是考古学家、人类学家、社会学家、历史地理学家和各种类型的历史学家（包括社会、经济、建筑、农业和园艺）的领域。这些领域的一些研究人员会把自己简单地描述为景观史学家，而其他研究人员则更强调当代影响的重要性。

我们都可以非常清楚地理解接受这种二分法已经是一个事实的原因，但我们不应该接受它是不可避免的。知觉现象是视觉方法的核心，这是不言而喻的，但它对运用文化方法的学生来说也同样重要。半个世纪前，地理学家和其他试图解释景观的进化起源的人，会把"国家的眼睛"（an eye for country）说成是完成他们任务的最基本工具。在研究过程或感知和被感知的现象之间强加一条僵硬的分离线，是很难有成效的。

由于景观在任何时候都代表着一个正在进行的进化过程中的过渡阶段，视觉感知不只是研究当前景观的必要条件。它往往是研究过去景观的一个起点。莫里斯·贝雷斯福德（Maurice Beresford）指出，在第一次和第二次世界大战之间，一些杰出的经济史学家不认为英国中世纪村庄的广泛遗弃曾经发生过，理由是在景观中很少能找到它们的遗迹。[6] 贝雷斯福德仅在约克郡就能列出不少于 118 个这样的遗址。文献证据已经足够知名，但没有人认真地在实地寻找证据。换句话说，事实证明，视觉方法才是理解文化现象的关键。

我自己经历的一个例子可以说明理性理解和情感反应的相互依存关系。我是在东英格兰（East Anglia）长大的，那里是英格兰的一部分，与英国中部地区的主体隔着一大片沼泽平地，我回忆起无数次穿越沼泽的难以描述的旅程，对我来说，这似乎是最沉闷和最无趣的风景。当我成为一名历史地理学家时，我了解到首先是罗马人，然后是中世纪的僧侣，后来是 17 世纪的资本主义冒险家，是如何将这一系列的积水从表面排干的——尽管它们表面上是一致的，但包含着重要的物理对比（泥炭和淤泥，这里和那里是地质上更古老的材料的低岛）。我开始着迷于沼泽，认为它是一个调色板，那些知道如何寻找的人仍然可以在上面辨认出早期阶段的残余细节。作为一个成年人，这种景观在我身上唤起的感觉变得，并且仍然是，与我作为一个小孩子所经历的那些对抗性的感觉一样令人愉快。视觉和文化之间的区别，只要它仍然是一个概念性的区别，就很有用，但如果我们依据这两者将学者分为两类，学者不是研究这一个就是研究另一个，但不会同时研究两者，这必将损害运动的完整性。

另一个潜在的干扰源是近年来学者们通过新的分析技术取得的成功。在人类知识的所有分支中，我们已经能够利用计算机来处理大量的数据，而这些数据在过去是不可能被处理的。对环境感知的研究本身只是一个领域，在这个领域中，我们的理解随着新的分析技术的出现而得到了极大的改善，但这些技术也带来了三个危险。前两个危险是众所周知的。第一个危险是过于专注技术本身，以至于我们失去了对最终问题的关注，而我们正在使用这些技术。第二个危险是假设统计测量的应用会自动以客观性取代主观性。

第三个危险也许不那么明显，但在目前却同样重要。它是没有认识到分析只是调查过程的一部分。查尔斯·达尔文（Charles Darwin）是一位出色的实地数据收集者，虽然是一位糟糕的数学家，却是一位相当称职的分析家；但其他几十位 19 世纪的科学家也是如此。是什么让他站在大多数，甚至可以说是所有的同时代人之上？是他的能力，不是在分析方面，而是在综合方面。达尔文广泛了解其他科学分支的新发现，特别是地质学，以及早期进化论者的工作，他能够彻底改变生物科学，因为他能够从最初可能看起来是巨大的、无定形的、明显遥远的相关现象的集合中看到一个共同的意义。如果我们不能将我们的一些发现与景观的整体解释联系起来，我们就会像一个从马达上拆下一个有问题的部件并将其修好却忘记放回原处的汽车司机一样，这就是今天景观研究的可比性。

这里有一个例子，说明我在谈到"景观运动的完整性"时想到了什么。罗纳德·保尔森（Ronald Paulson）在他关于画家约瑟夫·马洛德·威廉·透纳（Joseph Mallord William Turner）和约翰·康斯特布尔（John Constable）的书中，[7] 提出了我曾向他传达的一些观点，即康斯特布尔对汉普斯特德荒原（Hampstead Heath）景观的兴趣的地理基础。康斯特布尔画了许多风景画，从荒原的边缘向远处的奇特恩斯山（Chilterns）看去，其中至少有 4 幅画（1819 年、1825 年、1828 年和 1836 年）是关于布兰奇山池塘（Branch Hill Pond）的，问题在于这些风景画的地质结构与画作的构成结构之间的联系。汉普斯特德荒原是伦敦市西北部约 5 英里处的一个小的残留高原，由覆盖在厚重的伦敦黏土上的沙质顶部组成。布兰奇山池塘位于这两者交界处的起拱线上。这些不同材料的风化产生了一个扁平的 S 形曲线，凸面和凹面并列的后果是削弱了中间地带的绘画的重要性。

地质也很重要，因为事实证明，前景中的沙子对农业来说太过贫瘠，后来得到法律的保护，免受公共权利或土地所有权的其他怪异行为的影响。在 3 幅布兰奇山池塘的画中，可以看到工人在采砂，这种活动使前景不完全是自然的，尽管有许多特有的植物物种。康斯特布尔和其他大多数仍生活在"如画运动"（picturesque movement）影响下的画家一样，对不适宜耕种的前景表现出一贯的偏爱。当然，有教养的人和没教养的人之间的审美竞争由来已久，至少可以追溯到维吉尔（Virgil）的时代。两者都不能说在本质上是缺乏美感的，但微笑的玉米地和野兽的巢穴在环境美学的历史上扮演了相当不同的角色，并且自从它们分别由克瑞斯①和狄阿娜②主持以来，一直受到惊人的时尚变化的影响。

当我们发现这种现象并不局限于这一个地方时，对康斯特布尔的汉普斯特德荒原画作的这些解释就更加令人信服了。如果我们翻开康斯特布尔在离汉普斯特德约 50 英里的家乡斯托尔河谷（Stour Valley）附近的高地上画的许多风景画，我们会发现一种非常相似的情况。这里的毛岩由广泛分布的冰川砂和砾石组成，而不是汉普斯特德的始新世砂，但砂砾的地貌影响是一样的。它们为谷坡提供了一个开口，其在绘画中的构成功能是通过削弱中间地带的重要性来再次强调前景和距离的分离。凹下的下坡又是在同样的伦敦黏土上形成的，而前景的砂质的、土壤灰化的表面又是不可耕种的。

现在，我们该把这一切放在哪个鸽子笼里呢？它是艺术还是科学？它是说明视觉的还是文化的方法？在过去的几段中，我提到了艺术史、地质学、地貌学、水文学、土壤学、生物地理学、农业理论以及英格兰东南部的区域地理学。这些参考资料中的每一个都可以将论证引向一些相关学科的领域，这样一来，论证的整体凝聚力就会丧失。如果我们想了解画家的艺术与天才之间的关系，我们就不能允许自己被常规的、人

---

① 克瑞斯（Ceres）是罗马神话中的农业和丰收女神。——译者
② 狄阿娜（Diana）即希腊神话中的阿耳忒弥斯，是所有动物的守护女神。——译者

为强加的界限所限制。

当然，我并不是说我们都应该把自身的研究引向整个景观领域，而是说，在追求我们自己在其中的个人兴趣时，应该关注我们的同事在更广泛的领域中的发现，而且，至少要澄清我们自己的工作在这个更广泛的领域中的意义。

在过去的几年里，关于景观的文献已经大量增加，但出版业才开始将景观运动的参与者视为一个可识别的市场。我想，除景观设计师本身之外，我们这些对景观有共同兴趣的人仍然被视为在公认的正统学科体系中追求少数利益的小团体。但是，为了我们自己的利益，我们需要被看作是一个由对景观有共同兴趣的人组成的团体，这些人恰好是景观设计师或地理学家或环境心理学家或艺术史学家，甚至是自由探索者，没有任何学术或专业称号。我们的工作是用后者取代前者的形象。

这将是不容易的，的确，公众现在对环境问题表现出前所未有的兴趣，但他们对污染、温室效应和臭氧层空洞以及濒危物种的困境（以及对我们自己也可能成为其中一员的担忧）的关注程度，往往会将注意力从景观上转移开，而不是转向景观。

1988年，在美国总统选举的一个相对较早的阶段，我在一个潮湿的周日下午看了一个很长的电视节目，其中仍在争夺民主党提名的5位竞争者在整个公共事务领域进行了讨论。他们用了大约25分钟的时间来讨论"环境"：在这个过程中，我不记得有一次提到了环境的视觉层面。"不管视觉上的枯萎发生了什么？"我想。记得在以前访问美国时，我曾被这个词从各方面"轰击"过。

也许我们这些对景观感兴趣的人必须等待公众兴趣的浪潮转向，然后我们才能期望被视为我认为自己已经成为的实体。在此期间，我们有一个很好的机会来审视自己的房子，把它整理好，因为我们还有很长的路要走。当找到灵感时，追求自己的想法，进一步发展个人的研究兴趣，让我们不要忘记，有一些潜在的破坏性力量，如果我们没有意识到这一点，就可能会危及我称之为"景观运动"的未来。

## 注释

1. 例如，英国地理学家协会（the Institute of British Geographers）目前有不少于17个研究小组。它每年举行一次会议，这些小组在会上举行自己的小组会议。一些成员仍然从一个小组转到另一个小组，但许多人认为，唯一适合他们的项目是属于他们自己研究小组的那部分。

   美国地理学家协会（the Association of American Geographers）引入这类专业小组的时间相当晚，但很快就弥补了失去的时间。1978年，该协会只是建议设立此类专业小组，但到了1986年，这些小组的数量不少于37个。见 Michael F. Goodchild and Donald C. Janelle. "Specialization in the Structure and Organization of Geography," *Annals of the Association of American Geographers* 78 (March 1988): 1。

   我不是在诋毁这些研究小组的存在，它们共同完成了一些优秀的工作。我只是请大家注意，作为一个综合实体的学术地理学的形象不可避免地受到了影响，困惑的公众再次询问它是否只是一本从别人的补丁中摘取的零碎的剪贴簿。

2. Jay Appleton, *Landscape in the Arts and Sciences* (Hull: University of Hull Press, 1980); 另见 "The Role of the Arts in Landscape Research" in E. C. Penning-Rowsell and David Lowenthal, *Landscape Meanings and Values* (London: Alien and Unwin, 1986): 26-47.

3. 特别是 Peter Howard. *Landscapes: The Artists' Vision* (London and New York: Routledge, 1991)。

4. 如果我们看一下其他学科，我们会发现它们的文献中往往在一般规律里包含了相当一部分具体的情况。例如，如果你想了解几乎所有的心理障碍，你会发现关于这个问题的文献不仅包含涉及一般规律的作品，而且包括已发表的个别案例研究，因为人们认识到，这种现象本身总是病人整个人格中的一个不正常现象。如果心理学家只从 100 个病人中抽象出可以用普遍适用的法则来表达的信息，而把病人作为个体特征的所有其他情况视为无关紧要，那么，他们对自身要研究的东西的理解就会少得多。

5. 我自己也在这个方向上做了一次小小的尝试。见 Jay Appleton, *How I Made the World Shaping a View of Landscape* (Hull, University of Hull Press, 1994)。

6. Maurice W. Beresford, *The Lost Villages of England* (London: Butterworth, 1954): 79-80, 392-393.

7. Ronald Paulson, *Literary Landscapes: Turner and Constable* (New Haven: Yale University Press, 1982): chap. 17.

# 第 17 章

# 可见的、视觉的、间接的：关于视觉、景观和经验的问题

罗伯特·B. 莱利（Robert B. Riley）

视觉作为景观解释的来源是一个重要的话题，但范围很广，而且令人沮丧地模糊不清。视觉是我们关于环境的主要信息来源。但是，在理解我们的环境如何以及为什么看起来像它们，或者理解人们如何以及为什么对这些环境作出反应方面，它能带我们走多远？视觉这个词是不精确的；解释也同样如此。视觉解释是指认知、影响，还是评价？意义或学术？或者其中任何一个？

我将把解释定义为景观、看到景观和景观经验之间的关系。作为设计师和景观学者，我们该如何开始理解这种关系呢？

一种普遍的方法是将景观作为一种感官刺激，并研究它与人类头脑中的感知、认知、情感、评价、意义和记忆的关系。[1] 这是心理学家的课题，而不是设计师或景观学者的课题。即使如此，如果我们问一个像"情感是否先于认知"这样的基本问题，答案将是"是""不是"或"有时"，取决于我们问的心理学家。在另一个极端，我们可以通过询问具体的景观现象，如对自然元素的偏好或童年时的景观，来零散地将视觉作为景观经验的一个来源，[2] 我们希望对视觉和景观经验的更大作用进行零散的揭示。但是，无论这种学术研究的具体内容多么有价值，我们很少能从这种调查中发现很多可以归纳的东西。

我们可能会通过构建一些关于视觉和景观经验的一般问题而获益更

多。我将提出几个值得我们关注的既不独立也不详尽的问题。

考虑一下视觉和文化这两个概念之间的二分法,这是产生这本论文集的研讨会("视觉、文化和景观")的醒目的宣传用语。这种区分在智力上有效吗?它有用吗?视觉和文化这两个词是广泛而多变的;根据它们的定义,任何一个词都可以完全取代另一个词。事实上,如果没有更精确的定义,这两个词似乎甚至不能指代同一类现象。

为什么视觉与文化会成为如此明显的二分法?答案不在于主题,而在于追求主题的人。视觉和文化之间的对立反映了艺术、设计和规划中形式和内容之间的长期争论,以及美学和社会之间的持续争吵。但它也是我们这个时代的学术亚文化的具体反映。在过去的 1/4 个世纪里,有两个主要的主题主导了景观建筑学的研究。一个是视觉评估的传统,这个传统是在加州大学伯克利分校的小伯顿·利顿和肯尼斯·克雷克(Kenneth Craik)的早期工作中发展起来的,他们试图将景观偏好的量化作为初步了解它的基础;另一个是更加人文主义的传统,在段义孚和约翰·布林克霍夫·杰克逊的景观论文中得到体现,他们对景观的文化方面进行了猜测。[3] 文化与视觉的二分法对于发展有关景观经验的可靠知识来说可能是一个空洞的承诺,但它告诉我们关于美国大学中学科的社会化的很多情况。

对视觉和景观的讨论必须从承认视觉主导了我们对景观的直接感官和认知事务开始。这在其他时代、演变的时期或历史上有多真实,以及在不同文化或职业中有多真实,这些有趣的问题并不影响视觉在当代社会的主导地位。但正是视觉的主导地位使得它与景观的关系成为一个巨大的、不方便的调查对象,而且可能包括人类经验非常不同的类别。为了使讨论更容易管理,更有针对性,并且希望更有成效,让我任意地分离出视觉、景观和景观经验之间的三种关系——区分视觉作为感官和心理信息的来源,视觉作为景观本身的愉悦来源,以及视觉作为构成内部景观幻想或叙述的原材料。我将把这些不同的现象称为"可见的""视觉的"

和"间接的"（vicarious）。

## 可见的

视觉与景观之间的关系并不简单，即使视觉仅被视为真实世界的信息来源，或认为人类对视觉刺激的反应与感知和认知相一致。例如，景观的可见方面作为帮助我们理解景观的起源和理解其在居住者生活中的作用和意义的信息来源有多可靠？在这本文集中，对这个问题有不同的答案，但不一定是矛盾的。没有简单的答案并不奇怪，因为这个问题是人类学和考古学方法论争论的核心，是比设计学科更有智慧的领域。

这个问题的必然结果是：可见的展示——比如说博物馆的展品，建筑或景观的重建——如何充分地传达文化景观的起源和意义？这是一个重要的问题。随着景观考古学领域的发展，以及生活博物馆和景观怀旧的商品化成为主要的社会现象。消费者从这些重构中理解了什么，它与预期的理解是否有关系？

另一个问题是，在一个快速变化和流动性不断增加的世界中，稳定、可见的景观的作用。环境中不断的、不可预测的变化是否会侵蚀文化和个人的身份认同感？环境的连续性，如果不是稳定性，是否支持个人和社会的安全感？

还有一个问题，没有看上去那么抽象，那就是景观是否可以是无形的。杰克逊、丹尼斯·科斯格罗夫[4]以及其他人已经指出，景观这个词的传统用法，在很大程度上具有图画的色彩，是对现实世界的概念和视觉抽象。今天，这个词已经超出了隐喻的范围，变成了泛指和行话。电视上的专家们使用诸如"东欧的经济景观"这样的术语，而我也曾犯过"市民波段电台（CB-radio）的景观"的错误。如果景观意味着人类思想和行为与物理环境的互动，那么它显然包括更多的物理或视觉成分。一个人或一种文化的社会景观，不仅仅是这个人或文化所居住的建筑和外部环境的总和。但范围到底有多大呢？物理的和可见的环境与更全面和广泛的社会景观之间的关系是什么？显然，它必须是可变的。

那么，景观需要在特定的背景下有精确的定义。在这本文集中，对这一术语使用的差异是威尔伯尔·泽林斯基和丽娜·斯文策尔及多洛雷斯·海登之间的分歧的根源：前者以一种方式定义它，后者则以不同方式定义它。前者在坚持认为美国的大多数族裔群体没有留下任何文化景观时，引起了一次小小的政治正确抗议。当然，他的意思并不是说这些群体缺乏他们自己独特的、有生命力的社会景观，而是说它发生在一个由其他群体建造、拥有和主要控制的物理环境（即景观）中。我们应该对景观定义中的不一致和扩张主义保持警惕——它不仅产生了不必要的智力争论，而且在景观设计师中产生了不适当的重要感。他们应该认识到，虽然景观可能比基础种植大，但如果设计师要影响它，它需要比北美的文化景观小一点。

## 视觉的

当我们超越视觉，将其作为景观信息的来源时，我们就进入了景观经验的领域，即视觉刺激超越感知和认知进入情感、评价和意义的领域。这里是景观、视觉和心灵在设计师的传统领域中相互作用的地方。在这里，我们从景点本身和它们在认知上的排序中获得乐趣，包括纹理、形式、图案、颜色、对比度，当然还有意义。视觉愉悦是整个景观经验的一个重要部分，尽管可能并不像设计师假设的那样重要。事实上，景观经验中有多少是视觉的问题可能是我们可能追求的最重要的问题，但我在这篇文章中只能简单地触及这个问题。然而，还有一些关于视觉景观的更有限、更有用的问题。

我们能用二维的视觉表现来实现多好的景观经验的替代物？设计师们虽然意识到了这个问题，却不愿意去研究它。这个问题在一些特定的背景下变得很重要。其中之一就是设计渲染。大多数设计教育都隐含着这样的假设：一个潜在的三维的、在世界范围内的事件可以通过平面图、剖面图、立面图和透视图来捕捉，而这些往往是人类永远无法占据的有利位置。这些图像类别中的一些，如平面图和剖面图，并不打算假装再现参与者的真实世界的经验；其他的，如立面图，提供了一个非常有限的经验范围。有些，如透视或计算机街景浏览，则认为他们几乎完全抓住了这一点。这些视觉惯例是一个设计亚文化所特有的，但它们提出了视觉习惯、假设和惯例的问题——一般来说，在一个图像商品化的社会中，这些问题是很重要的。我们现在把这些假设从画板上带入实验室，赞扬视觉模拟能够产生更多的替代图像，从而改善评估和决策。然而，关于作为现实世界的替代物的有效性的假设仍然是一样的。

没有比被称为视觉评估的定量研究领域更极端的例子来说明视觉的首要地位。读者可以在自己的脑海中追踪从真实的景观经验到视觉评估中使用的图像的提取、抽象和简化的步骤和层次。当然，图像是一个从三维到二维的抽象，但要考虑它的一些其他特征。经验被假定为完全是图像性的和单感官的（感觉就是视觉），视点是任意的和静止固定的，视野同样是任意的。最重要的，也许是视觉分析是完全非时间性的。所描绘的景观被认为是静态的。没有光或天气的短暂元素被描绘出来。接触经验的时间长短被认为是不相关的。最后，它是无时间性的，因为景观、观看者或两者之间的互动，都不被认为有历史或未来。但并非所有这些视觉分析的特征都是景观经验的二维视觉表征所固有的。将这一当代作品与19世纪关于风景画的漫长辩论相比较，其中大部分辩论集中在超越这些假设的方法和问题上，以纳入天气、光线变化、文化背景和情绪。

计算机摄影图像和绘画的比较提出了几个重要的问题。首先，实际景观和图形景观图像之间的区别本身并不简单，特别是对于一个以图像为主导的社会来说，多媒体这个词已经成为一种商品化的老生常谈。景观—媒体和图像—观众之间的真正关系不仅是复杂的，而且在不同的媒介之间也有很大的不同。文学意象和图形图像是如此不同，以至于在思考景观时很少有联系，尽管尼古拉·普桑和克洛德·洛兰的绘画中的世外桃源式的（Arcadian）参照物与英国奥古斯都（Augustan England）的田园诗之间的关系，或者中国书法、卷轴画和学者的花园的相互关系表明这种联系是多么的密切。素描、雕刻、绘画、摄影、电影和计算机模拟都在真实和被观看之间插入了它们自己的约束和格式。

其次，任何媒体的时尚和规范都在变化，而且变化的速度比非专业观众所吸收的甚至认识到的还要快。例如，直到十多年前，严肃的风景摄影都是黑白的，彩色被认为只适合于日历、旅行手册和《国家地理》（*National Geographic*）杂志。当然，观众对每一种媒介都有不同的心理和情感预期，他们对英国风景的电视节目和约翰·康斯特布尔的画展的反应是不同的。

最后，技术越高的媒介往往被认为是越客观的，这是一种隐含观点。尽管事实上，技术越高，在原始物体和最终的观众之间就有越多的过程、转化和操作。这的确是一个漫长的旅程，从古代世外桃源式的贫穷和落后的景观，到维吉尔的田园牧歌（*Eclogues*）、普桑和洛兰的绘画、斯托（Stowe）和斯图尔海德（Stourhead）的风景，再到咖啡桌书籍和关于英国大花园的公共电视特别节目，甚至可能到虚拟现实的漫步。这是一个还没有结束的旅程，但即便如此，在这个旅程中，视觉和文化也很难区分开来。

视觉评估的目的是测量偏好；它的结果是判断某一特定景观在某种程度上比其他景观更好或更讨人喜欢。两个关于"偏好"的基本问题很少被问及，甚至从未被问及。首先，不同个体和不同文化之间的偏好有何差异？当代的许多视觉评估假设，即使是隐含的，在很大程度上都是恒定的。但许多景观作家，从段义孚到布蒂默（Buttimer），都强调了个人或文化的可变性，[5] 这种差异仅仅是方法论上的亚文化的差异吗？推测性地尝试在两种观点的隐含假设中建立桥梁或联系，似乎是一个明显的步骤。其次，偏好的性质、限制和操作目的很少被讨论。偏爱、情感和意义之间的假定关系是什么？事实上，偏好告诉了我们关于干预真实景观或生活在这种景观中的什么？如果摄影和现实世界的偏好之间确实有很高的相关性，那么视觉分析对于定位国家森林路边的风景摄影机会将是非常有用的。但对于作为生活、工作、做爱、养家或享受他人的地方的景观，它能告诉我们什么？

关于视觉的最后一个猜测涉及"局内人的景观"和"局外人的景观"之间的区别。居民和游客的不同体验是戴维·洛文塔尔和爱德华·雷尔夫（Edward Relph）以不同方式研究过的主题。[6] 这种二分法对我们来说也是常识；我们都知道，一个新的城市，比如说在乘飞机到达后的最初2个小时内，与一天后体验的同一景观是非常不同的。一个典型的例子是马克·吐温（Mark Twain）经常引用的关于密西西比河景观的描述，即船客和领航员所经历的不同：前者享受风景，后者则专注于水流、深度和障碍。这两种经验之间最重要的区别是，局外人的，或第一次瞥见的景观几乎完全是视觉的、习惯性的，或局内人的，景观主要以其他术语和其他意义来体验？视觉是否随着接触、经验和参与的增加而枯萎？洛文塔尔和雷尔夫还试图将视觉与文化、个人景观经验与集体联系起来，这项工作通常在小说和新闻随笔中做得更好。[7]

## 间接的

通过局内人的景观视角，我们超越了视觉景观经验，但不一定超越视觉的作用。我为这最后一种景观经验选择了"间接的"一词，在这种经验中，真实的、被观察到的景观导致了一种内部经验的景观，这种景观要比"真实"的景观更丰富、更个人化。对于这种经验来说，"间接的"是一个不恰当的名字，但它确实显著地标志着与"真实"或可观察的景观经验的区别，而且它至少和我想到的其他术语一样恰当——幻想景观或内部景观叙述。

景观学者几乎没有关注这种间接的、具有内部结构的景观——尽管我们对解构主义很着迷，它的信条是文本的不确定性和解释的开放性——证实了这样的景观解读会存在并且会有变化的争论。这些内部景观很可能是一个人生活中的核心景观经验。我们可能没有马塞尔·普鲁斯特（Marcel Proust）或詹姆斯·艾吉（James Agee）那样对记忆中和想象中的风景的敏感，[8] 但我们有这样的风景。我们发现它们在某种程度上令人感到舒适和充实。间接的景观可能塑造了我们对外部景观的体验、愉悦感和偏好。有多少美国男性站在风景优美的眺望台上，观看青草丛生的山脉、美国黄松、高山草甸和落基山脉的山峰，把自己幻想成神话般的美国牛仔？甚至电脑弹球游戏（本质上是对眼—手协调的测试）也提供了基本的视觉景观，大概是作为玩家自己的间接景观的线索。在这两个截然不同的例子中，被观看的东西并不是情感的直接制造者；它是一个提示装置，产生了一种想象的、情感的景观。偏好是否在很大程度上可能是对间接潜力的衡量，是图像作为线索装置的力量的指标？在这种线索中，视觉与其他感官是否不同？想想普鲁斯特的玛德琳蛋糕和茶或华莱士·斯泰格纳的《狼柳》（Wolf Willow），[9] 或想想你自己生活中的气味和声音对于提示记忆中的景观和景观经验的力量。

## 变化中的关系？

将可见的、视觉的和间接的定义为景观经验的要素导致了一个最后的问题。一个全球性的、以图像为主导的社会是否会对可见的、视觉的和间接的角色以及它们之间的关系产生巨大的变化？作为一个社会，我们破坏、改造和创造景观的能力已经增长，以至于许多景观、景观经验，甚至可能是我们的生存都受到了威胁。但是，与早期的生活方式相比，我们大多数人在创造景观方面的个人经验很少。

旅游也许是后现代生存的基本条件。后现代生活也许是局外人的风景对局内人的风景的胜利。虽然我们很少制造景观，也很少是内部人，但我们每天都被数以百计的其他景观的图像轰炸着，无论是真实的还是想象的。

我们已经从一个讲述和听觉的社会转移到一个书写和阅读（以及绘画、悬挂和观看）的社会，到——什么？一个闪电式的文化？我找不到任何词语来描述我们都经历过的现象，这告诉我们关于这种变化的一些情况。1/4 个世纪前，我们迅速采用了马歇尔·麦克卢汉最华丽的词汇，[10] 但我们忽略了他对图像、意义和媒介难以分离的观察。地球村这个词已经成为常见的硬币，而我们却没有考虑到它可能已经产生了一个地球村的景观，在这个景观中，我们对永远不会去的地方的图像和我们自己的村庄或城市的图像一样熟悉。当然，我们可能会想，景观的经验，它的作用，以及它的解释是否正在发生变化。无论 19 世纪的风景画有什么缺点，它都引发了一场关于风景经验的本质、其多样性及其与图像和符号的关系的生动而刺激的辩论。也许一个当代的约翰·罗斯金可以帮助我们理解我们的想象世界。

## 注释

1. 在明确的此类框架内进行专门的景观调查的一个罕见的例子，详见 Joachim Wohlwill, "The Concept of Nature: A Psychologist's View," in Irwin Altman and Joachim F. Wohlwill, eds., *Behavior and the Natural Environment* (New York: Plenum, 1983): 5-34。

2. 关于情感和认知，见 R B. Zajonc, "On the Primacy of Affect" and Richard S. Lazarus, "On the Primacy of Cognition," *American Psychologist* 34: 2 (117-129), 在关于这个问题的冗长辩论中提供了结语。关于视觉作为景观经验的来源，请看卡普兰·雷切尔（Kaplan Rachel）和斯蒂芬·卡普兰（Stephen Kaplan）的著作。尤其是 *The Experience of Nature: A Psychological Perspective* (New York: Cambridge University Press, 1989) 以及 Roger Ulrich, particularly, "Visual Landscapes and Psychological Well Being," *Landscape Research* 4: 1 (17-34)。关于在童年时期的景观，见 Roger Hart, *Children's Experience of Place* (New York: Irvington, 1979)。

3. 视觉评估传统最早的例子有 R. Burton Litton, Jr., *Forest Landscape Description and Inventories* (Berkeley: Pacific Southwest Forest and Range Experiment Station, 1968), 和 Kenneth H. Craik, "The Comprehension of the Everyday Physical Environment," *Journal of the American Institute of Planning* 34:2: 29-37。关于人文主义传统，Yi-Fu Tuan, *Topophilia* (Englewood Cliffs, N.J.: Prentice-Hall, 1974), 以及 John Brinckerhoff Jackson, *Landscapes* (Amherst: University of Massachusetts Press, 1970) 是这些作者早期著作的成熟表达。杰克逊的文集包括过去 15 年里写的文章。

4. John Brinckerhoff Jackson, "The Word Itself," in *Discovering the Vernacular Landscape* (New Haven: Yale University Press, 1984): 1-8. Denis Cosgrove. "The Idea of Landscape," in *Social Formation and Symbolic Landscape* (London: Croom Helm, 1984): 13-38.

5. 在这些庞大的文献中，最广泛的，尽管不一定是最有学术价值的样本仍然是《景观》杂志。

6. David Lowenthal, "The American Scene," *Geographical Review* 58: 61-88, 引用了威廉·詹姆斯（William James）关于局内人—局外人（insider-outsider）景观的观点，并将这种区分应用于美国的态度。Edward Relph, Place and Placelessness (London: Pion, 1976) 在对概念性景观的长篇讨论中归纳了这种区别，他在其中提出了"原真—非原真"的二分法。

7. 关于这一主题的一些最好的非学术性写作集中在美国西部的区域景观。见

Joan Didion, *Slouching toward Bethlehem*(New York: Farrar, Straus, and Giroux, 1968) 和 *The White Album* (New York: Simon and Schuster, 1979), Louise Erdrich, *The Beet Queen* (New York Holt, 1986), William Least Heat-Moon, *PrairyErth (A Deep Map)* (Boston: Houghton Mifflin, 1991), 以及几乎所有华莱士·斯泰格纳的作品。

8. Marcel Proust, *Remembrance of Things Past*, trans. K. C. Scott Moncrief, (New York: Random House, 1934); James Agee, *A Death in the Family* (New York: McDowell, Obolensky, 1957).

9. Wallace Stegner, *Wolf Willow* (New York, Viking, 1962): 18.

10. Marshall McLuhan, *The Medium Is the Massage* (New York: Bantam, 1969).

# 参考书目：文化景观研究的基础著作

保罗·格罗思（Paul Groth）

文化景观研究文献与这项事业本身一样，具有核心主题和文本，但与相关领域的边界是高度可协商的，主要是地理学、历史学、建筑史、美国研究、社会学和规划学。以下列表强调介绍性的、经典的、争议性的，或三者兼而有之的作品。在这里，作品必须表现出以下特点：(1) 对人与周围环境的互动有浓厚的兴趣；(2) 空间上的具体分析，包括建筑、开放空间或定居点的细节；(3) 关注空间的文化意义，而不仅仅是图像、形式、出处或经济位置。作品的基本问题通常是关于人和人类关系的，而不仅仅是关于对象的。所研究的环境通常是通用结构，而不是创作者高格调设计下的空间。

参考资料目录分为四个部分：(1) 概括性工作；(2) 住宅及其庭院；(3) 农村和小城镇景观；(4) 城市和郊区景观。

这些资料主要是学术作品。如果文化景观资料更关注特定的地方，肯定会包括更多的原始资料——散文、导游手册、小说和新闻报道。即使在学术文献中，这些列表也不是详尽无遗的；它们表明了为该领域提供信息的文学作品的范围和交叉点，以及其中一些明显的空白。例如，美国原住民景观（事实上，大多数种族和少数族裔景观）以及"二战"后的郊区和州际公路尽管很重要，却没有得到充分体现。虽然没有小说，但包括了文学中景观的几个指南之一（列在第一部分）。在可获得的和有用的地方，提供了书籍的文章摘要（或节选）以及长篇作品。以下列表不包括本书脚注中引用的所有来源，并且主要集中在北美的主题上，而忽略了涉及其他大陆文化景观的大量英文文献。

六位资深作家——约翰·布林克霍夫·杰克逊、皮尔斯·刘易斯、唐纳德·W. 迈尼格、威尔伯尔·泽林斯基、戴维·洛文塔尔和迈克尔·P. 康岑——对美国文献中心贡献最大。因为杰克逊是如此重要,这些名单让他更加突出,但这绝不是一个完整的名单。杰克逊的所有文集都列在第一部分。当杰克逊在《景观》杂志上首次发表自己的论文时,首先给出引用,以便读者可以找到杰克逊的原始插图(通常在重印时省略),杰克逊后期文集中的重要个人文章也会单独列出。海伦·霍洛维茨(Helen Horowitz)编撰的杰克逊作品选集《视线中的风景》(*Landscape in Sigh*,1997)取材于他的全部作品。除一篇出色的介绍性文章外,她还提供了杰克逊作品的完整目录,包括他在《景观》杂志上用几个笔名撰写的作品。

《景观》杂志的内容仅次于杰克逊自己的作品,是对该领域作品的有效阐述。《景观》杂志的前17年有排版索引,大多数图书馆都有。然而,1980年之前的卷尚未收录在国家检索指南中。其他经常出版文化景观作品的期刊包括《景观期刊》《温特图尔作品集》(*Winterthur Portfolio*)、《地方》《乡土建筑的视角》(*Perspectives in Vernacular Architecture*,其卷册通常不作为一个系列编目,而是作为单独的书籍,以编辑的名字来标识)。

在整个参考资料目录中,还使用了以下缩写:

··= 重要作品

···= 一部经典作品和重要的起点

S = 特别是对学习观察景观的空间方面有帮助

如果文章的标题没有明确说明其主题,则会添加注释。

## 1. 概括性工作:方法、区域研究和国家问题

这些作品在理论和描述之间,以及区域(或国家)趋势和地方景观之间架起了一座桥梁,对于地理学家来说,尤其是对国家和地区的景观

元素提出了重要问题的涉及国家尺度的作品来说，威尔伯尔·泽林斯基的《美国文化地理》是一个基本参考，唐纳德·W.迈尼格的区域研究着眼于该区域的过程和结构；约翰·弗雷泽·哈特研究了一个地区的内部凝聚力。该领域的基础关注点是关于人与自然之间抽象关系的想法。最终的参考文献是克拉伦斯·格拉肯精雕细琢的关于目的论、环境决定论和人类能动性三种思想历史的著作；卡罗琳·麦茜特（Carolyn Merchant）和威廉·克罗农（William Cronon）将讨论扩展到了现代情况。埃德加·安德森（Edgar Anderson）和梅·赛尔加德·瓦兹（Mae Theilgaard Watts）将植物视为文化文本和生态标记。

娱乐，作为一个主题，贯穿了所有类型的景观，因此与概括性作品一起列入；约翰·布林克霍夫·杰克逊的《"热棒"改装车的抽象世界》（*Abstract World of the Hot-Rodder*）考察了作为现代宗教替代品的娱乐，也是对杰克逊的现象学倾向的一个启发性的"瞥见"。

关于文化景观研究的历史，见 Donuld W. Meinig. Reading the Landscape, Helaine Caplan Prentice 以及 Peirce Lewis. Learning from Looking。

还有两部关于杰克逊的公共电视作品，以及更广泛的关于文化景观研究的公共电视作品：Bob Calo, producer, J. B. *Jackson and the Love of Everyday Places*, 1989 (distributed by KQED, 2601 Mariposa, San Francisco, Calif. 04107)；以及 Janet Mendelsohn and Claire Marino, *Figure in a Landscape; A Conversation with J. B. Jackson*, 1988 (distributed by Direct Cinema Limited, P.O. Box 69799, Los Angeles, Calif. 90069)。

Agnew, John A., and James S. Duncan, eds. *The Power of Place: Bringing Together Geographical and Sociological Imaginations*. Boston: Unwin Hyman, 1989.

Anderson, Edgar. "The City Watcher." *Lanrbcape* 8:2 (Winter 1958-1959): 7-8.

——. *Plants, Man and Life*. Boston: Little, Brown, 1952; rpt., Berkeley: University of California Press, 1967.

——. *Lanrbcape Papers*. Berkeley: Turtle Island Foundation, 1976.

Borchert, John R. *America's Northern Heartland: An Economic and Historical Geography of the Upper Midwest*. Minneapolis: University of Minnesota Press, 1987.

Carson, Cruy. "Doing History with Material Culture." In *Material Culture and the Study of American Life*, ed. Ian M. G. Quimby. New York: Norton, 1978.

Conzen, Michael P., ed. *The Making of the American Landscape*. Boston: Unwin Hyman, 1990. · · ·

Conzen, Michael P., Thomas A. Rumney, and Graeme Wynn. eds. *A Scholar's Guide to Geographical Writing on the American and Canadian Past*. Geography Research Paper 235. Chicago, University of Chicago Press, 1993.

Cosgrove. Denis. *Social Formation and SymboliC Landscape*. Totowa, N.J.: Barnes and Noble Books, 1984.

Cronon, William. *Nature's Metropolis: Chicago and the Great West*. New York: Norton, 1991.

Davis, Tim. "Photography and Landscape Studies." *Lanrbcape Journal* 8: 1 (1989): 1-12.

de Certeau, Michel. *The Practice of EverydLly Life*. Berkeley, University of California Press, 1984; first published in 1980.

Deetz, James. *Invitation to Archaeology*. Garden City, N. Y.: Natural History Press, 1967. · · S

——. *In Small Things Forgotten*. Garden City, N.Y.: Doubleday, 1977. · · S

Duncan, lames, and David Ley, eds. *Place/Culture/Representation*. London: Routledge, 1993.

Drucker, Johanna. "Language in the Landscape." *Lanrbcape* 28:1 (1984): 7-13. S

Eliade, Mircea. *The Sacred and the Profane; The Nature of Religion. The Significance of Religious Myth, Symbolism, and Ritual within Life and Culture.* New York: Harper, 1959.

Foote, Kenneth E., Peter J. Hugill, Kent Mathewson, and Jonathan M. Smith, eds. *ReReading Cultural Geography.* Austin: University of Texas Press, 1994.

Foucault, Michel. *The Order of Things: An Archeology of the Human Sciences.* New York, Pantheon, 1971; first published in French in 1966.

Geertz, Clifford. "Thick Description: Toward an Interpretive Theory of Culture." *In The Interpretation of Cultures. Selected Essays*, 3-30. New York: Basic Books, 1973.

Glacken, Clarence. *Traces on the Rhodian Shore: Nature and Culture in Western Thought from Andent Times to the End of the Eighteenth Century.* Berkeley: University of California Press, 1967. · ·

Glassie, Henry. *Folk Housing in Middle Virginia: A Structural Analysis of Historic Artifacts.* Knoxville: University of Tennessee Press, 1975. S

Hall, Edward T. *The Hidden Dimension.* New York Doubleday, 1966.

Harris, Cole. "Power, Modernity, and Historical Geography." *Joumal of the Association of American Geographers* 81: 4 (1991): 671-683. 对人文地理学和近期社会理论之间的联系的讲究的介绍。· ·

Hart, John Fraser, "The Middle West," *Annals of the Association of American Geographers* 62 (1972): 258-282. · ·

Hart, John Fmser, ed. *Regions of America.* New York: Harper and Row, 1972. Republished from a special issue of the *Annals of the Association of the*

*American Geographers* 62:2 (June 1972). ··

Helen LefkowitzRorowitz, "J. B. Jackson and the Discovery of the American Landscape." In John Brinckerlhoff Jackson, *Landscape in Sight: Laoking at America*. New Haven: Yale University Press, 1997.

Huzinga, Johnn. *Homo Luckns." A Study of the Play Element in Culture*. Boston: Beacon Press, 1933.

Jackson, John Brinckerhoff（专著）

——. *American Space. The Centennial Years, 1865-1876*. New York: Norton, 1972. ··

——. *Discovering the Vernacular Landscape*. New Haven: Yale University Press, 1984.

——. *The Essential Landscape: The New Mexico Photographic Survey*. Albuquerque: University of New Mexico Press, 1985.

——. *Landscape in Sight: Looking at America*. Helen Lefkowitz Horowitz, ed. New Haven: Yale University Press, 1997.

——. *Lanrucapes: Collected Writings of John BrinckerhoffJackson*. Erwin H. Zube, ed. Amherst: University of Massachusetts Press, 1975. ···

——. *The Necessity for Ruins and other Essays*. Amherst: University of Massachusetts Press, 1980. ···

——. *A Sense of Place, a Sense of Time*. New Haven: Yale University Press, 1994. ···S

——. *The Southem Landscape Tradition in Texas*. Fort Worth: Amon Carter Museum, 1980. 一部三章的专著，部分内容来自杰克逊的教学讲座。··S

Jackson, John Brinckerhoff（论文）

——. "The Abstract World of the Hot-Rodder," *Landscape* 7: 2 (1957-1958): 22-27. 转载于 *Changing Rural Landscapes and Landscape in Sight*. ···S

——. "Beyond Wilderness." In *A Sense of Place, a Sense of Time*, 71-91. 杰克逊比较了山岳俱乐部（Sierra Club）和乡土的、城市的自然观念。··

——. "By Way of Conclusion: How to Study the Landscape." In *The Necessity for Ruins and Other Essays*, 113-126. 转载于 *Landscape in Sight*。杰克逊描述了他在伯克利和哈佛的调查课程。··S

——. "Concluding with Landscapes." In *Discovering the Vernacular Landscape*, 145-157.··

——. "Goodbye to Evolution." *Landscape* 13:2 (Winter 1963-1964): 1-2. 转载于 *The Essential Landscape and Landscape in Sight*.··

——. "Human, All Too Human, Geography." *Lanrucape* 2: 2 (Autumn 1952): 2-7. 转载于 *Landscape in Sight*.··

——. "Learning about Landscapes." In *The Necessity for Ruins and Other Topics*, 1-18.

——. "Looking into Automobiles." In *A Sense of Place, a Sense of Time*, 165-169.

——. "Notes and Comments: Tenth Anniversary Issue." *Landscape* 10:1 (Fall 1960): 1-2. 转载于 *Landscape in Sight*.

——. "Once More: Man and Nature." *Landscape* 13:1 (Autumn 1963): 1-3. 转载于 *Landscape in Sight*.··

——. "The Word Itself." In *Discovering the Vernacular Landscape*, 1-8. 转载于 *Landscape in Sight*.··

Jackson, Peter. *Maps of Meaning: An Introduction to Cultural Geography*. London: Unwin Hyman, 1989.

Kazin, Alfred. *A Writer's America: Landscape in Literature*, New York: Knopf, 1988.

Kostof, Spiro. *America by Design*. New York: Oxford University Press, 1987.

Layton, Edwin T. *The Revolt of the Engineer: Social Responsibility and the American Engineering Profession*. Cleveland: The Press of Case Western University, 1971.

Lefebvre, Henri. *The Production of Space*. London: Blackwell. 1991; first published in 1974.

Lewis, Peirce. "Axioms for Reading the Landscape: Some Guides to the American Scene," In *The Interpretation of Ordinary Landscapes: Geographical Essays*, 11-32 ( 见 Melnlg. Donald W., ed.)···S

——. "Common Landscapes as Historic Documents." In *History from Things: Essays on Material Culture*. Steven Lubar and W. David Klngery. eds., 115-139. Washington. D.C.: Smithsonian Institution Press, 1993.··

——. "Learning from Looking: Geographic and Other Writing about the American Cultural Landscape." *American Quarterly* 35: 3 (1983): 242-261.···

Lowentbal, David. "The American Scene." *Geographical Review* 58 (1968): 61-88.··

——. "The American Way of History." *Columbia University Forum* 9 (1966): 27-32.···

Lowenthal, David. and Martyn Bowden. eds. *Geographies of the Mind, Essays in Historical Geosophy in Honor of John Kirtland Wright*. New York: Oxford University Press, 1976. 有助于个人和社会对景观的认识。··

Lynch, Kevin. *What Time Is This Place?* Cambridge: MIT Press, 1972.

MacCannell, Dean, *The Tourist: A New Theory of the Leisure Class*, New York: Schocken, 1989; first published in 1976.

McMurry, Sally. "Women in the American Vernacular Landscape." *Material Culture* 20:1 (1989): 33-49.

Meinig, Donald W. "American Wests: Preface to a Geographical Interpretation," In *Regions of the United States*, ed. John Fmser Hart, 159-184.

———. "The Beholding Eye: Ten Versions of the Same Scene." In *The Interpretation of Ordinary Landscapes* ( 见 Meinig, Donald W., ed.): 33-48.

———. "Environmental Appreciation: Localities as Humane Art," *The Western Humanities Review* 25 (1971): 1-11. · ·

———. *Imperial Texas: An Interpretive Essay in Cultural Geography*. Austin: University of Texas Press, 1969. · ·

———. "Reading the Landscape, An Appreciation of W. C. Hoskins and J. B. Jackson." In *The Interpretation of Ordinary Landscapes*, 195-244 ( 见 Meinlg. Donald W., ed.). · · ·

———. "The Mormon Culture Region: Strategies and Patterns in the Geography of the American West, 1847-1964," *Annals of the Association of American Geographers* 55 (1965): 191-220. · ·

Meinig, Donald W., ed, *The Interpretation of Ordinary Landscapes: Geographical Essays*. New York: Oxford University Press, 1979. · · ·

Merchant, Carolyn. *The Death of Nature: Women. Ecology. and the Scientific Revolution*. San Francisco: Harper and Row, 1980.

Norton, William. *Explorations in the Understanding of Landscape: A Cultural Geography*. New York: Greenwood, 1989.

Penning-Rowsell, Edmund C., and David Lowenthal. *Landscape Meanings and Values*. London: Alien and Unwin, 1986.

Prentice, Helaine Kaplan. "John Brinckerhoff Jackson." *Landscape Architecture* 71 (1981): 740-745. · ·

Relph, Edward. *Place and Placelessness*. London: Pion, 1976.

Riley, Robert B. "Speculations on the New American Landscapes," *Landscape*

24:3 (1980): 1-9. · ·

Sack, Robert David. *Human Temtoriality: Its Theory and History*. New York: Cambridge University Press, 1986.

Sauer, Carl Ortwin. "The Education of a Geographer." In *Land and Life: A Selection from the Writings of Carl Ortwin Sauer*. ed. by John Leigbly, 389-404. Berkeley: University of California Press,1963.

———. "The Morphology of Landscape." In *Land and Life: A Selection from the Writings of Carl Ortwin Sauer*, ed. John Leighly, 315-350. Berkeley: University of California Press, 1963.

Schlereth, Thomas J. *Artifacts and the American Past*. Nashville, Tenn.: American Association for State and Local History, 1980.

Sobel, Mechal. *The World They Made Together: Black and White Values in Eighteenth-Century Virginia*. Princeton: Princeton University Press, 1987.

Stewart, George R. *U. S. 40: Cross Section of the United States of America*. Boston: Houghton Mifflin, 1953; rpt. Westport, Conn: Greenwood, 1973. · · S

Stilgoe, John R. *Common Landscape of America, 1580 to 1845*. New Haven: Yale University Press, 1982. · · ·

———. *Metropolitan Corridor: Railroads and the American Scene*. New Haven: Yale University Press, 1983. · ·

Thompson, George F., ed. *Landscape in America*. Austin: University of Texas Press, 1995.

Tuan, Yi-Fu. *Space and Place: The Perspective of Experience*. Minneapolis: University of Minnesota Press, 1977.

———. *Topophtlia: A Study of Environmental Perception, Attitudes, and Values*. Englewood Cliffs, N.J.: Prentice Hall, 1974.

Upton, Dell. "Architectural History or Landscape History?" *Journal of Architecture Education* 44: 4 (August 1991): 195-199.

——. "The Power of Things: Recent Studies in American Vernacular Architecture." *American Quarterly* 35:3 (1983): 262-280.

Watts, May Thielgaard. *Reading the Landscape: An Adventure in Ecology*. New York: Macmillan, 1957. S

Williams, Raymond. *The Country and the City*. New York: Oxford University Press, 1973.

——. *Culture*. Cambridge: Fontana, 1981.

Zelinsky, Wilbur. *The Cultural Geography of the United States*, rev. ed. Englewood Cliffs, N.J.: Prentice Hall, 1992; first published in 1973. · · ·

Zelinsky, Wilbur. *Exploring the Beloved Country: Geographic Forays into American Society and Culture*. Iowa City: University of Iowa Press, 1994. 一部泽林斯基的文集，主题广泛，包括文化景观研究。

Zube, Erwin H., and Margaret Zube, eds. *Changing Rural Landscapes*. Amherst: University of Massachusetts Press, 1970. 包含约翰·布林克霍夫·杰克逊和其他几位《景观》杂志作者的文章。

Zube, Erwin H., ed. *Landscape: Collected Writings of John Brinckerhoff Jackson* [见列在"杰克逊（专著）"下的]。

## 2. 城市和农村的住宅及其庭院

住宅——无论是独栋房屋、公寓、拖车还是农舍——是景观中最普遍的建筑元素，而且它们通常是个人和家庭经验的中心。正如城市地理学家詹姆斯·万斯提醒我们的那样，住宅也代表了景观人工制品中最强烈的文化。当人们认为关于住宅的想法完全是由经济或实际问题驱动的时候，他们忘记了关于住宅的决定在很大程度上也是高度非理性和任意的。

文化景观作家一直强调各种规模和类型的单户住宅和院子。最近，作家们开始研究公寓出租者和廉租公寓居民的景观。与此相关的还有那些没有典型家园的景观——家庭式旅馆和合租房 [ 特别是阿诺德·罗斯（eArnold Rose）]，以及无家可归者的景观 [ 见肯尼斯·艾尔索普（Kenneth Allsop）和里克·比尔德（Rick Beard）。关于特别考察了住宅内部空间的研究，见伊丽莎白·科恩（Lizabeth Cohen）、伊丽莎白·克罗姆利（Elizabeth Cromley）、保罗·格罗特、多洛雷斯·霍伊登（Dolores Hoyden）、伯纳德·L.赫尔曼（Bernard L. Herman）、莎莉·安·麦克默里（Sally Ann McMurry）、艾伯特·艾德·保尔（Albert Eide Paor）、戴尔·厄普顿（"乡土住宅建筑"）、约翰·迈克尔·弗拉赫（John Michael Vlach）、克里斯·威尔逊（Chris Wilson）和格温多林·赖特 [Gwendolyn Wright,《道德主义和模范家庭》（*Moralism and the Model Home*）]。奇怪的是，对于最常见的房屋类型，即"二战"后的郊区牧场房屋，目前还没有严肃的、权威的作品。

Arreola, Daniel D. "Fences as Landscape Taste: Tucson's Barrios." *Journal of Cultural Geography* 2 (1981): 96-105.

Allsop, Kenneth. *Hard Travellin': The Hobo and His History*. New York: New American Library, 1967.

Barrows, Robert G. "Beyond the Tenement: Patterns of American Urban Housing." *Journal of Urban History* 9 (1983): 395-420. 小房子或工人的小屋。

Beard, Rick, ed. *On Being Homeless: Historical Perspectives*. New York: Museum of the City of New York, 1987.··

Bushman, Richard. *The Refinement of America: Persons, Houses, Cities*. New York: Knopf, 1992. 特别参见章节"房屋和花园"以及"家的舒适"。

Chappell, Edward. "Acculturation in the Shenandoah Valley: Rhenish Houses of the Massanutten Settlement." In *Common Places*, ed. Dell Upton and John Michael Vlach, 27-57. S

Cohen, Lizabeth A. "Embellishing a Life of Labor: An Interpretation of the Material Culture of American Working-Class Homes, 1885-1915." *Journal of American Culture* 3 (1980): 752-775. 关于小型住宅的内部结构。··

Cromley, Elizabeth. *Alone Together: A History of New York's Early Apartments*. Ithaca: Cornell University Press, 1990. S

——. "A History of American Beds and Bedrooms, 1890-1930." In *Perspectives in Vernacular Architecture* 4, ed. Thomas Carter and Bernard L. Herman, 177-186. Columbia: University of Missouri Press, 1991.

Cummings, Abbott Lowell. *The Framed Houses of Massachusetts Bay, 1625-1725*. Cambridge: Hurvard University Press, 1979.

Duncan, James. "Landscape Taste as a Symbol of Group Identity: A Westchester County Village." *Geographical Review* 63 (1973): 334-355. S

Edwards. Jay. "The Evolution of a Vernacular Tradition." In *Perspectives in Vernacular Architecture* 4, ed. Thomas Carter and Bernard L. Herman, 75-86. Columbia: University of Missouri Press, 1991.

Foy, Jessica, and Thomas J. Schlereth, eds. *American Home Life, 1880-1930: A Social History of Spaces and Services*. Knoxville: University of Tennessee Press, 1992. ··

Gowans, Alan. *The Comfortable House: North American Suburban Architecture, 1890-1930*. Cambridge: MIT Press, 1986.

Grampp, Christopher. "Gardens for California Living." *Landscape 28:3* (1985):

40-47.

Groth, Paul. *Living Downtown: The History of Residential Hotel Life in the United States*. Berkeley: University of California Press, 1994.··S

——. "Lot, Yard, and Garden: American Distinctions," *Landscape* 30: 3 (1990): 29-35.

——. "Nonpeople: A Case Study of Public Architects and Impaired Social Vision." In *Architects' People*, ed. Russell Ellis and Dana Cuff, 213-237. New York: Oxford University Press, 1989. 关于对单间住房的态度。

Hancock, John. "The Apartment House in Urban America." In *Buildings and Society*, ed. Anthony D. King, 151-189. London: Routledge and Kegan Paul, 1980.

Hayden, Dolores. *The Grand Domestic Revolution: A History of Feminist Designs for American Homes, Neighborhoods, and Cities*. Cambridge: MIT Press, 1981.

Hecht, Melvin. "The Decline of the Grass Lawn Tradition in Tucson." *Landscape* 19: 3 (1975): 3-10.

Herman, Bernard L. "Multiple Materials, Multiple Meanings: The Fortunes of Thomas Mendenhall." *Winterthur Portfolio* 19:1 (Spring 1984): 67-86.

Jackson, John Brinckerhoff, "The Domestication of the Garage." *Landscape* 20: 2 (Winter 1976): 10-19. 转载于 *The Necessity for Ruins and Landscape in Sight*.··

——. "First Comes the House." *Landscape* 9: 2 (Winter 1959-1960): 26-32. 转载于 *The Essential Landscape*.

——. "Ghosts at the Door." *Landscape* 1: 2 (Autumn 1951): 2-9. 转载于 *Changing Rural Landscapes and Landscape in Sight*. About the house yard.··

——. "The Mobile Home on the Range." In *A Sense of Place, a Sense of Time*, 51-70. New Mexico dwellings of the rural poor.··

——. "Nearer than Eden." In *The Necessity for Ruins*, 19-35. 关于院子、花园和田地的关系。···

——. "Pueblo Dwellings and Our Own." *Landscape* 3: 2 (Winter 1953-1954): 20-25. 转载于 *A Sense of Place, a Sense of Time*.

——. "Vernacular Gardens." In *A Sense of Place, a Sense of Time*, 119-133.

——. "The Westward Moving House." *Landscape* 2: 3 (Spring 1953): 8-21. 转载于 *Lanchcapes and Landscape in Sight*.···

——. "Working at Home." In *A Sense of Place, a Sense of Time*, 135-145.··

Jenkins, Virginia Scott. *The Lawn: A History of an American Obsession*. Washington, D.C.: Smithsonian Institution Press, 1994.

King, Anthony D. *The Bungalow: The Productionofa Global Culture*. London: Routledge and Kegan Paul, 1984.··

Kniffen, Fred B. "Folk Housing: Key to Diffusion." *Annals of the Association of Americon Geographers* 55 (1965): 549-577.··

——. "Louisiana House Types," *Annals of the Association of American Geographers* 26 (1936): 173-193.

Kniffen, Fred B. and Henry Classie. "Building in Wood in the Eastern United States: A Time-Place Perspective." *Geographical Review* 56 (1966): 40-66. 对东部原木建筑的出色总结。

Landcaster, Clay. "The American Bungalow." *Art Bulletin* 40 (September 1958): 239-253.

Lewis, Peirce, "Common Houses, Cultural Spoor." *Landscape* 19 (1975): 1-22.···S

Lubove, Ray. *The Progressives and the Slums: Tenement House Reform in New*

*York City, 1890-1917*. Pittsburgh: University of Pittsburgh Press, 1962.

McDannell, Colleen. *The Christian Home in Victorian America, 1840-1900*. Bloomington: Indiana University Press, 1986.

McMurry, Sally Ann. *Families and Farmhouses in Nineteenth-Century America: Vernacular Design and Social Change*. New York: Oxford University Press, 1988.

Martin, Christopher. "'Hope Deferred': The Origin and Development of Alexandria's Flounder House." In *Perspectives in Vernacular Architecture* 2, ed. Camille Wells, 111-119. Columbia: University of Missouri Press, 1986.

Mindeleff, Victor. *A Study of Pueblo Architecture in Tusayan and Cibola*. Peter Nabokov. Washington, D.C.: Smithsonian Institution Press, 1989 的引言；first published in 1891.

Modell, John, and Tamara K. Hareven. "Urbanization and the Malleable Household: An Examination of Boarding and Lodging in American Families." *Journal of Marriage and the Family* 35 (1975): 467-479.

Nabokov, Peter, and Robert Easton. *Native American Architecture*. New York: Oxford University Press, 1989.

Paar, Albert Eide. "Heating, Lighting, Plumbing, and Human Relations." *Landscape* 19:1 (Winter 1970): 28-29. 一篇对家庭生活和室内空间充满了洞察力的短文。···

Peel, Mark. "On the Margins: Lodgers and Boarders in Boston, 1860-1900." *The Journal of American Htstory* 72: 4 (1986): 813-834.

Peterson, Fred W. *Homes in the Heartland: Balloon Frame Farmhouses of the Upper Midwest, 1850-1920*. Lawrence: University Press of Kansas, 1992. S

Plunz, Richard. *A History of Housing in New York City: Dwelling Type and Social Change in the American Metropolis*. New York: Columbia University

Press, 1990.

Rose, Arnold M. "Living Arrangements of Unattached Persons." *American Sociological Review* 12 (1947): 429-435.

Sandweiss, Eric. "Building for Downtown Living: The Residential Architecture of San Francisco's Tenderloin." In *Perspectives in Vernacular Architecture* 3, ed. Thomas Carter and Bemard L. Herman, 160-175. Columbia: University of Missouri Press, 1989. S

Simpson, Pamela H. "Cheap, Quick, and Easy: The Early History of Rockfaced Concrete Block Building." In *Perspectives in Vernacular Architecture* 3, ed. Thomas Carter and Bernard L. Herman, 108-119. Columbia: University of Missouri Press, 1989.

Stewart, Janet Ann. *Arizona Ranch Houses: Southern Territorial Styles*, 1867-1900. Tucson: Arizona Historical Society, 1974.

Upton, Dell. "Vernacular Domestic Architecture in Eighteenth~Centwy Virginia." *Winterthur Portfolio* 17: 2-3 (Summer-Autumn 1982): 220-244. 厄普顿将房间用途和名称的三室的"分子"与四室的结构挑战进行了比较。··

———. "Outside the Academy: A Century of Vernacular Architecture Studies, 1890-1990," In *The Architectural Historian in America: Studies in the History of Art* 33, ed. Elizabeth Blair MacDougall, 199-213. Washington, D.C.: National Gallery of Art, 1990.

Upton, Dell, and John Michael Vlach, eds. *Common Places: Readings in American Vernacular Architedure*. Athens, Ca.: University of Georgia Press, 1986.···

Vlach, John Michael. "The Shotgun House: An African Architectural Legacy." *Pioneer America: Journal of Historic American Material Culture 8* (january-

July 1976): 47-70. · · ·

Watts, May Thielgaard. "The Stylish Yard." In *Reading the Landscape.* · · S

West, Pamela. "The Rise and Fall of the American Porch." *Landscape* 20: 3 (Spring 1976): 42-47.

Westmacott, Richard. "Pattern and Practice in Traditional African-American Gardens in Rural Georgia." *Landscape Journal* 10: 2 (Fall 1991): 87-104. · · S

Westmacott, Richard. *African American Gardens and Yards in the Rural South.* Knoxville: University of Tennessee Press, 1992. · · S

Williams, Michael Ann. *Homeplace: The Social Use and Meaning of the Folk Dwelling In Southwestern North Carolina.* Athens: University of Georgia Press, 1991.

Wilson, Chris. "When a Room Is the Hall." *Mass* 2 (Summer 1984): 17-23. · · S

Wright, Gwendolyn. *Building the Dream: The Social History of Housing in America.* New York: Pantheon, 1982.

Wright, Gwendolyn. *Moralism and the Model Home: Domestic Architecture and Cultural Conflict in Chicago*, 1873-1913. Chicago: University of Chicago Press, 1980.

## 3. 农村和小城镇景观：住宅以外的元素

如果住宅是最常见的景观元素，那么田地、农村道路或公路以及孤立的农庄就是最普遍的文化景观元素。同样普遍的还有农村社会机构的标志，如教堂、十字路口、商店、集市以及数以千计的小型农业服务城镇和县城。它们形成了几个连在一起的区域性和全国性的景观，对那些学会解释它们的人来说是可见的。

约翰·布林克霍夫·杰克逊的《近乎完美的城镇》(*Almost Perfect Town*)对南部大平原上典型的县城进行了精辟的分析描述。这与描写城市的《陌生人之路》(*Stranger's Path*)一样,是杰克逊最著名的文章之一。汤姆·哈维(Tom Harvey)和约翰·哈德逊(John Hudson)提供了一个不同类型的地方,即北部大平原的铁路小镇。同样,由于其重要性,工程师的道路、工厂和通信工程在文化景观研究中至关重要(但研究仍然太少);见玛格丽特·普尔瑟(Margaret Purser)和阿尔伯特·C. 罗斯(Albert C. Rose)及主要消息来源戴维·史蒂文森(David Stevenson)。

关于农场主的乡村景观和农业经营,最容易了解的介绍是约翰·弗雷泽·哈特的《土地的面貌》(*Look of the Land*)。尽管卡罗尔·布莱(Carol Bly)的文章生动地描述了在明尼苏达州一片巨大的田地里,在拖拉机上工作的临时工人的感受,但对城里或农场里的雇佣工人的景观没有类似的介绍。许多乡村文学,无论好坏,都是围绕着民俗学家和地理学家对少数民族土地所有者在普通农庄建筑中留下的印记的迷恋而组织的;见戴尔·厄普顿的书目调查和对民族建筑的简短指南。卡里·卡森(Cary Carson)等人的作品是一部强调临时殖民建筑的修正主义作品。请注意,关于农舍的作品,单独列在第 2 部分"关于住宅"中。此处列出了包括农舍和谷仓(或其他附属建筑或田地)的工程。另见第 1 部分中列出的区域性作品。

Blackmar, Betsy. "Going to the Mountains: A Social History." In *Resorts of the Catskills*, ed. Alf Evers, Elizabeth Cromley, Betsy Blackmar, and Neil Harris, 71-98. New York: St. Martin's, 1979.

Bly, Carol. "Getting Tired." In *Letters from the Country*, 8-13. New York: Penguin, 1981.

Brody, Hugh. *Maps and Dreams*. New York: Pantheon, 1981. 关于最近在加拿大的美洲土著猎人以及他们对时间、空间和狩猎场的感觉。

Brown, Mary Ann. "Vanished Black Rural Communities in Western Ohio." In *Perspectives in Vernacular Architecture* 1, ed. Camille Wells, 97-113. Columbia: University of Missouri Press, 1982.

Campanella. Thomas J. "Sanctuary in the Wilderness: Deborah Moody and the Town Plan of Colonial Gravesend." *Landscape Journal* 12: 2 (Fall 1983): 107-130. 长岛（Long Island）上一个殖民地农业村庄的街道规划沿用到今天的郊区状态。S

Carson, Cory, Norman F. Barka, William M. Keiso, Garry Wheeler Stone, and Dell Upton. "Impermanent Architecture in the Southern American Colonies," *Winterthur Portfolio* 16 (1981). · · S

Daniel, Pete. *Breaking the Land: The Transformation of Cotton, Tobacco, and Rice Cultures since 1880*. Urbana: University of Illinois Press, 1985.

Cronon, William. *Changes in the Land: Indians, Colonists, and the Ecology of New England*. New York: Hill and Wang, 1983.

Darnell, M. J. "The American Cemetery as Picturesque Landscape." *Winterthur Portfolio* 18: 4 (Winter 1983): 249-269.

Ellis, Cliff. "Visions of Urban Freeways, 1930-1970." Ph.D. diss., Department of City and Regional Planning, University of California, Berkeley, 1990.

Fite, Gilbert C. *The Farmers' Frontier, 1865-1900*. Norman: University of Oklahoma Press, 1966.

Francaviglia, Richard V. "The Cemetery as Evolving Cultural Landscape." *Annals of the Association of American Geographers* 61: 3 (September 1971): 501-509. S

Gallatin, Albert. "Report on Roads and Canals." In *Writings*, 3 vols., ed. Henry

Adams. New York: Antiquarian Press, 1960.

Glassie, Henry. "Eighteenth-Century Cultural Process in Delaware Valley Folk Building." *Winterlhur Portfolio* 7 (1972): 29-57. S

——. *Pattern in the Material Folk Culture of the Eastern United States*. Philadelphia: University of Pennsylvania Press, 1968. ··

Goldschmidt, Walter. *As You Sow: Three Studies in the Social Consequences of Agribusiness*. Montclair, N. J.: Allanheld, Osmun, 1978. 关于与主街商业生活的联系。

Hart, John Fraser. *The Look of the Land*. Englewood Cliffs, N. J.: Prentice Hall, 1973. ···

Hart, John Fraser. "Field Patterns in Indiana," *Geographical Review* 58 (1968): 450-571.

Harvey, Thomas. "Railroad Towns: Urban Form on the Prairie," *Landscape* 27: 3 (1983): 26-34. S

Heath, Kingston. "False-Front Architecture on Montana's Urban Frontier." In *Perspectives in Vernacular Architecture* 3, ed. Thomas Carter and Bernard L. Herman, 199-213. Columbia: University of Missouri Press, 1989. S

Helphand, Kenneth I., and Ellen Manchester. *Colorado: Visions of an American Landscape*. Niwot, Colo.: Roberts Rinehart, 1991. S

Herman, Bemard L. *The Stolen House*. Charlottesville: University Press of Virginia, 1992. ··

Hill, Forest. *Roads, Railways. and Waterways: The Army Engineers and Early Transportation*. Norman: University of Oklahoma Press, 1957.

Hilliard, Sam B. "Headright Grants and Surveying in Northeastern Georgia," *Geographical Review* 82 (1982): 416-426.

Hubka, Thomas C. *Big House, Little House, Back House, Barn: The Connected*

*Farm Buildings of New England.* Hanover, N.H., University Press of New England, 1984.

Hudson, John C. *Plains Gountry Towns.* Minneapolis: University of Minnesota Press, 1985.

Interrante, Joseph, "You Can't Go to Town in a Bathtub: Automobile Movement and the Reorganization of American Rural Space, 1900-1930." *Radical History Review* 21 (Fall 1979): 151-168.

Issac, Rhys. *The Transformation of Virginia, 1740-1790.* Chapel Hill: University of North Carolina Press, 1982. 例如见 pp. 43-87.···S

Jackson, John Brinckerhoff. "The Almost Perfect Town." *Landscape* 2: 1 (1952): 2-8. 转载于 *Landscapes and Landscape in Sight.*···S

——. "Design for Travel." *Landscape* 11: 3 (Spring 1962): 6-8. 汽车旅馆设计的各个阶段。S

——. "The New American Countryside: An Engineered Environment." *Landscape* 16: 1 (Autumn 1966): 16-20. 转载于 *Landscape in Sight and Changing Rural Landscapes* ( 见 Zube, Erwin H. and Margaret).···S

——. "The Four Corners Country." *Landscape* 10:1 (Fall 1960): 20-25. 转载于 *Changing Rural Landscapes* ( 见 Zube. Erwin H. and Margaret). 繁荣的景观、移动性和拖车。

——. "From Monument to Place." *Landscape* 17: 2 (Winter 1967-1968): 22-26. About cemeteries.

——. "A New Kind of Space." *Landscape* 18 (Winter 1968-1969): 33-35. 转载于 *Changing Rural Landscapes* ( 见 Zube. Erwin H. and Margaret).···S

——. "The Nineteenth-Century Rural Landscap" The Courthouse. the Small College, the Mineral Spring, and the Country Store," In *The Southern Landscape Tradition in Texas*, 13-24. 转载于 *Landscape in Sight.*··

——. "The Sacred Grove in America," In *The Necessity for Ruins*, 77-88. ··

——. "The Virginian Heritage: Fencing, Farming, and Cattle Raising." In *The Southern Landscape Tradition in Texas*, 1-13. 转载于 *LAndscape in Sight*.

Jakle, John. *The American Small Town*. Hamden, Conn.: Archon, 1982. S

Johnson, Hildegard Binder. *Orderupon the Land, The U.S. Rectangular Land Survey and the Upper Mississippi Country*. New York, Oxford University Press. 1976. S

Johnson, Hildegard Binder, and Gerald R. Pitzl. "Viewing nnd Perceiving the Rural Scene: Visualization in Human Geography." *Progress in Human Geography* 5 (1981): 211-233. S

Jordan, Terry. "The Imprint of the Upper and Lower South on Mid-Nineteenth Century Texas." *Annals of the Association of American Geographers* 57 (1967): 667-690.

——. *Texas Log Buildings: A Folk Architecture*. Austin: University of Texas Press, 1978.

Kernp, Louis Ward. "Aesthetes and Engineers: The Occupntional Ideology of Highway Design." *Technology and Culture* 27: 4 (October 1886): 759-797.

Kniffen, Fred. "The American Agricultural Fair," *Annals of the Association of American Geographers* 39: 4 (1949): 264-282. S

Lemon, James T. *The Best Poor Man's Country: A Geographical Study of Early Southeastern Pennsylvania*. Baltimore: Johns Hopkins University Press, 1972.

——. "Early Americans and Their Social Environment," *Journal of Historical Geography* 6 (1980): 115-131. Lemon 重读了他早期的作品。

Lounsbury, Carlo. "The Structure of Justice: The Courthouses of Colonial Virginia," In *Perspectives in Vernacular Architecture* 3, ed. Thomas Carter and Bernard L. Herman, 214-226. Columbia: University of Missouri Press, 1989. S

Mattson, Richard L. "The Cultural Landscape of a Southern Black Community: East Wilson, North Carolina, 1890 to 1930." *Landscape Journal* 11: 2 (Fall 1992): 145-159. S

Newton, Milton B., Jr. "Settlement Patterns as Artifacts of Social Structure," Chap. 14 in *The Human Mirror: Material and Spatial Images of Man*, ed. Miles Richardson. Baton Rouge: Louisiana State University Press, 1974.

Noble, Alien. "The Diffusion of Silos." *Landscape* 25: 1 (1981): 11-14. S

Pare, Richard, ed. *Courthouse: A Photographic Document*. New York: Horizon, 1978. 这是一部面向大众的文集，包含图片和文章。

Purser, Margaret. "All Roads Lead to Winnemucca: Local Road Systems and Community Material Culture in Nineteenth-Century Nevada." In *Perspectives in Vernacular Architecture* 3, ed. Thomas Carter and Bemard L. Herman, 120-134. Columbia: University of Missouri Press, 1989.

Rose, Albert C. *Historic American Roads: From Frontier Trails to Superhighways*. New York: Crown, 1976. 形式平易近人，但内容无价。··S

Sauer, Carl. "Homestead and Community on the Middle Border." *Landscape* 20: 2 (Winter 1976): 3-7.

Seely, Bruce E. *Building the American Highway System, Engineers as Policy Makers*. Philadelphia: Temple University Press, 1987.

Sobel, Mochal. *The World They Made Together: Black and White Values in Eighteenth-Century Virginia*. Princeton: Princeton University Press, 1987.

Stevenson, David. *Sketch of the Civil Engineering of North America*. London: J. Weale, 1838.

Upton, Dell. "Black and White Landscapes in Eighteenth-Century Virginia,"

*Places* 2: 2 (1985): 59-72. · ·

Upton, Dell, ed. *America's Architectural Roots: Ethnic Groups that Built America.* Washington, D.C.: National Trust for Historic Preservation, 1986. 族裔建筑文献的介绍性索引。S

Wallach, Bret. "The Potato Landscape, Aroostook County, Maine." *Landscape* 23: 1 (1979): 15-22.

——. "The West Side Oil Fields of California," *Geographical Review* 70 (1980): 50-59.

Wells, Camille. "The Planter's Prospect: Houses, Outbuildings, and Rural Landscapes in Eighteenth-Century Virginia." *Winterthur Portfolio* 28: 1 (1993): 1-31.

Wood, Joseph S. "The New England Village as an American Vernacular Form." In *Perspectives in Vernacular Architecture* 2, ed. Camille Wells, 54-63. Columbia: University of Missouri Press, 1986. S

Worster, Donald. "Transformations of the Earth: Toward an Agroecological Perspective in History." *Journal of American History* 76: 4 (1990): 1087-1106.

Wright, Cavin. *The Political Economy of the Cotton South: Household, Markets, and Wealth in the Nineteenth Century.* New York: Norton, 1978.

Wycoff, William. *The Developer's Frontier, The Making of the Western New York Landscape.* New Haven: Yale University Press, 1988. · ·

Zelinsky, Wilbur, "The Pennsylvania Town: An Overdue Geographical Account." *Geographical Review* 67 (1977): 127-147. · · S

Zube, Ervin H., and Margaret Zube, eds., *Changing Rural Landscapes.* Amherst: University of Massachusetts Press, 1977. · ·

## 4. 城市、郊区和城市区域

城市景观分析是迄今为止景观研究中最不发达的领域。约翰·布林克霍夫·杰克逊在这一领域的领导地位不如他在乡村景观方面的工作那样完整；迈克尔·P. 康岑和皮尔斯·刘易斯已经率先行动起来。特别是刘易斯关于新奥尔良（New Orleans）的专著，是对美国城市空间秩序和建筑的最好介绍之一。琼·狄迪恩的自传《一位土生土长的女儿的笔记》（*Notes from a National Daughter*）是一篇构思丰富、空间上敏锐的文章，描述了一位小说家对富有的圣公会教徒的相互交织及其城市空间意义的敏感。迈克·戴维斯、约翰·M. 芬德利（John M. Findlay）和芭芭拉·鲁宾为最近的城市景观提供了更多精辟的样本。

尽管一些城市历史学家和历史地理学家已经把郊区作为一个主题进行研究，但还没有任何一部作品是针对特定空间的文化景观研究；最接近的可能是迈克尔·H. 埃布纳（Michael H. Ebner）对芝加哥北岸的日常和优雅方面的折中观点，并得到罗伯特·菲什曼、肯尼斯·T. 杰克逊（Kenneth T. Jackson）、理查德·沃克和马克·魏斯（Marc Weiss）的支持。正如博尔顿（Bolton）的文章所示，对于研究美国城市在进步时期的官方重建和重组的学生来说，《美国城市》（*American City*）杂志是一份宝贵的介绍性资料。

尽管杰克逊在城市景观分析方面并不处于领先地位，但他还是明确表示了对城市性和城市公共景观的兴趣。他在1967年的文章《可惜羽毛却忘了垂死的鸟》（*To Pity the Plumage but Forget the Dying Bird*）中呼吁对中等规模的城市进行研究——至今仍未完成。他的《陌生人之路》从一个乘坐公共汽车、火车或停在市中心外的汽车到达的人的角度来看待一个"2万~5万人口"的普通城市。在拉斯维加斯学习之前，杰克逊发表了他关于商业公路地带的深思熟虑的文章[见《其他方向的房屋》（*Other-Directed Houses*）]，扩大了建筑师对这一主题的兴趣。杰克逊继续研究公共街道和街道生活的不断变化的性质［特别是见《发现街道》（*The Discovery of the Street*）和《卡车城》（*Truck City*）］。

Averbach, Alvin. "San Francisco's South of Market District, 1850-1950: The Emergence of a Skid Row," *California Historical Quarterly* 52 (1973): 197-223.

Banham, Reyner. *Los Angeles: The Architecture of Four Ecologies*. New York: Harper nnd Row, 1971.・・S

Bamett, Roger. "The Libertarian Suburb." *Landscape* 22: 3 (1978): 44-48. S

Barih, Cunther. *City People: The Rise of Modern City Culture in Nineteenth-Century America*. New York: Oxford University Press, 1980. 包括关于公寓、百货公司和体育的章节。

Blackmar, Elizabeth. *Manhattan for Rent, 1789-1850*. Ithaca: Cornell University Press, 1989.

——. "Re-Walking the 'Walking City': Housing and Property Relations in New York City, 1780-1840." *Radical History Review* 21 (Fall 1979): 131-148.

Bluestone, Daniel. *Constructing Chicago*. New Haven: Yale University Press, 1991. S

——. "The Pushcart Evil." In *The Landscape of Modernity: New York City's Built Environment, 1900-1990*, ed. David Ward and Olivier Zunz, 287-312.

Blumin, Stuart M. *The Emergence of the Middle Class: Social Experience in the American City*. New York: Cambridge University Press, 1989.

Bolton, Kate. "The Great Awakening of the Night: Lighting America's Streets." *Landscape* 23: 3 (1979): 41-47.・・S

Borchert, James. "Alley Landscapes of Washington." *Landsccape* 23：3 (Spring

1979): 3-10.

——. *Alley Life in Washington: Family, Community, Religion, and Folklife in the City, 1850-1970*. Urbana: University of Illinois Press,1980. · · S

Byington, Margaret F. *Homestead: The Households of a Mills Town*. Pittsburgh: University Center for International Studies, 1974; first published in 1910.

Cybriwsky, Romao A. "Social Aspects of Neighborhood Change." *Annals of the Association of American Geographers* 68: 1 (March 1978): 17-33.

Clay, Grady. *Close Up: How to Read the American City*. Chicago: University of Chicago Press, 1980; first published in 1973. · · S

Conzen, Kathleen Neils. "Community Studies, Urban History, and American Local History." In *The Past Before Us*, ed. Michael Kammen, 270-291. Ithaca Comell University Press, 1981.

——. *Immigrant Milwaukee, 1836-1860: Accommodation and Community in a Frontier City*. Cambridge: Harvard University Press, 1976.

Conzen, MichaeI P. "Analytical Approaches to the Urban Landscape." In *Dimensions in Human Geography*, Geography Research Paper 186, ed. Karl W. Butzer, 128-165. Chicago: University of Chicago Press, 1978. · ·

——. "Ethnicity on the Land." In *The Making of the American Landscape*, 221-248. Boston: Unwin Hyman, 1990. 调查了农村和城市的族裔景观。S

——. "The Morphology of Nineteenth-Century Cities in the United States." In *Urbanization in the Americas*, ed. Woodrow Borah et al. Ottawa: National Museum of Man, 1980. · · S

Cranz, Calen. "Changing Roles of Urban Parks: From Pleasure Garden to Open Space." *Landscape* 22: 3 (Summer 1978): 9-18.

——. *The Politics of Park Design: A History of Urban Parks in America*. Cambridge: MIT Press, 1982.

Cutler. Phoebe. "On Recognizing a WPA Rose Garden or a CCC Privy." *Landscape* 20: 2 (Winter 1976): 3-9.··S

Cutler, Phoebe. *The Public Landscape of the New Deal*. New Haven: Yale University Press, 1985.··S

Davis, Mike. *City of Quariz, Excavating the Future in Las Angeles*. New York: Vintage, 1990.··

Didion, Joan. "Notes from a Native Daughter." In *Slouching Towarm Bethlehem*, 171-186. New York: Simon and Schuster, 1979. 关于20世纪50年代初在萨克拉门托（Sacramento）的成长经历。··

Ebner, Michael H. *Creating Chicago's North Shore: A Suburban History*. Chicago: University of Chicago Press, 1988.

——. "Re-reading Suburban America: Urban Population Deconcentration, 1810-1980." *American Quarterly* 37: 3 (1985): 368-381. 书目文章。

Findlay, John M. *Magic Lands: Western Cityscapes and American Cultures after 1940*. Berkeley: University of California Press, 1992.

Fogelson, Robert M. *America's Amories: Architecture, Society, and Public Order*. Cambridge: Harvard University Press, 1989.

——. *The Fragmented Metropolis: Las Angeles, 1850-1930*. Berkeley: University of California Press, 1967.

Garner, John S., ed. *The Company Town: Architecture and Society in the Early Industrial Age*. New York: Oxford University Press, 1992.

Groth, Paul. "Parking Gardens." In *The Meaning of Gardens*, ed. Mark Francis and Randolph T. Hester, Jr., 130-137. Cambridge: MIT Press, 1990. 停车空间的重要性。

——. "Streetgnds as Frameworks for Urban Variety," *Harvard Architecture Review* 2 (1981): 68-75.··

——. "Vernacular Parks." In *Denatured Visions: Landscape and Culture in the Twentieth Century*, ed. Stunrt Wrede and William Howard Adam, 135-137. New York: Museum of Modern Art, 1991.

Hales, Peter Bacon. *Silver Cities: The Photography of American Urbanization, 1839-1915*. Philadelphia: Temple University Press, 1984.

Hall, Millicent. "The Park at the End of the Trolley." *Landscape* 22: 1 (Autumn 1977): 11-18.

Horowitz, Helen Lefkowitz. *Culture and the City, Cultural Philanthropy in Chicago from the 1880s to 1917*. Chicago: University of Chicago Press, 1976.

Jackson, John Brinckerhoff. "The Discovery of the Street." *In The Necessity for Ruins*, 57-66.···S

——. "Other-Directed Houses," *Landscape* 6: 2 (Winter 1956-1957): 29-35. 转载于 *Landscapes and Landscape in Sight*. 关于商业公路地带。··

——. "The Past and Future Park." In *A Sense of Place, a Sense of Time*, 107-116.

——. "The Public Landscape." In *Landscapes*（见杰克逊[专著]）, 153-160.··

——. "The Stranger's Path." *Landscape* 7: 1 (Autumn 1957): 11-15. 转载于 *Landscapes and Landscape in Sight*.···S

——. "The Sunbelt City: The Modern City, the Strip, and the Civic Center." In *The Southern Landscape Tradition in Texas*, 25-35.

——. "To Pity the Plumage but Forget the Dying Bird." *Landscape* 17: 1 (Autumn 1967): 1-3. 转载于 *Landscapes*。··

——. "Truck City." In *A Sense of Piace, a Sense of Time*, 171-184. 转载于 *Landscape in Sight*。··

——. "Urban Circumstances." *Design Quarterly* 128 (1985): 1-32.

Jackson, Kenneth T. *Crabgrass Frontier: The Suburbanization of the United*

*States*. New York: Oxford University Press, 1985. ···

Johnson, Paul E. *A Shopkeeper's Millennium: Society and Revivals in Rochester, New York, 1815-1837*. New York: Hill and Wang, 1978. ··

Kulik, Gary, et al. *The New England Mill Village, 1790-1860*. Cambridge: MIT Press, 982. S

Lai, David Chuenyan. *Chinatowns: Towns within Cities in Canada*. Vancouver: University of British Columbia Press, 1988. S

Ley, David, and Roman Cybriwsky. "Urban Graffiti as Territorial Markers." *Annals of the Association of American Geographers 64* (1974): 491-505. S

Lewis, Peirce. *New Orleans: The Making of an Urban Landscape*. Cambridge, Mass.: Ballinger, 1976. ( 也可见 John Adams, ed., *Contemporary Metropolitan America*, 4 vols.). ··· S

——. "Small Town in Pennsylvania." In *Regions of the United States*, ed. John Fraser Hart, 323-351. S

Liebs, Chester H. *Main Street to Miracle Mile: American Roadside Architecture*. Boston: Little, Brown, 1985. ··

Mulcher, Fritz. "A Traffic Planner Imagines a City." *American City* (March 1931): 134-135. S

Marsh, Margaret. *Suburban Lives*. New Brunswick, N.J.: Rutgers University Press, 1990.

Mayer, Harold, and Richard Wade. *Chicago: Growth of a Metropolis*. Chicago: University of Chicago Press, 1969. ·· S

McShane, Clay. "Transforming the Use of Urban Space: A Look at the Revolution in Street Pavements, 1880-1924," *Journal of Urban History* 5: 3 (1979): 279-307. ··

Muller, Edward K. "The Americanization of the City." In *The Making of the*

  *American Landscape*, 269-292 (见 Conzen, Michael P., ed.).

Nelson, Daniel. *Managers and Workers: Origins of the New Factory System in the United States*, 1880-1920. Madison: University of Wisconsin Press, 1975. 是关于工厂环境的优秀章节。

Olson, Sherry H. "Baltimore Imitates the Spider." *Annals of the Association of American Geographers*, 69: 4 (1979): 557-574."

Owens, Bill. *Suburbia*. San Francisco: Straight Arrow, 1973. S

Paar, Albert Eide. "The Child in the City, Urbanity and the Urban Scene." *Landscape* 16: 3 (Spring 1967): 3-5.

Reps, John W. *The Making of Urban America: A History of City Planning in the United States*. Princeton: Princeton University Press, 1965.

Relph, Edward. *The Modern Urban Landscape*. Baltimore: Johns Hopkins University Press, 1987.

Richardson, Dorothy. *The Lang Day: The Story of a New York Working Girl* (frrst published in 1905). In *Women at Work*, ed. William O'Neill, 1-270. Chicago: Quadrangle Books, 1972.

Riis, Jacob. *How the Other Half Lives: Studies among the Tenements of New York*. New York: Dover, 1971; first published in 1890.

Rosenzweig, Roy. *Eight Hours for What We Will: Workers and Leisure in an Industrial City, 1870-1920*. New York: Cambridge University Press, 1983.

——. "Middle-Class Parks and Working-Class Play: The Struggle over Recreational Space in Worchester, Massachusetts, 1870-1910." *Radical History Review* 21 (Fall 1979): 31-46.

Rosenzweig, Roy, and Elizabeth Blackmar. *The Park and the People: A History of Central Park*. Ithaca: Cornell University Press, 1992.

Rubin, Barbara. "Aesthetic Ideology and Urban Design." *Annals of the*

*Association of American Geographers* 69: 3 (1979): 339-361. 比较了博览会中速和高速公路地带。··

Upton, Dell. "The City as Material Culture." In *The Art and Mystery of Historical Archaeology: Essays in Honor of James Deetz*, ed. Anne Elizabeth Yentsch and Mary C. Beaudry, 51-74. Boca Raton, Fl., CRC Press, 1992.

Vance, James K, Jr. *The Continuing City: Urban Morphology in Western Civilization*. Baltimore: Johns Hopkins University Press, 1990. ··S

Walker, Richard. "A Theory of Suburbanization: Capitalism and the Construction of Urban Space in the United States." In *Umanization and Urban Planning in Capitalist Society*, ed. Michael Dear and Alien Scott, 383-410. New York: Methuen, 1981.··

Warner, Sam Bass. Jr. *The Urban Wilderness: A History of the American City*. New York: Harper and Row. 1972. S

——. *Streetcar Suburbs: The Process of Growth in Boston, 1870-1900*. Cambridge, Harvard University Press, 1962.

Weightman, Barbara. "Gay Bars as Private Places." *Landscape* 24: 1 (1980): 9-16.

Weiss, Marc. *The Rise of the Community Builders: The American Real Estate Industry and Urban Land Planning*. New York: Columbia University Press, 1987. 关于20世纪20年代的分区和大规模郊区开发。

Wolfe. Albert Benediet. *The Ladging House Problem in Boston*. Boston: Houghton Mifflin, 1906. S

Yip, Christopher Lee. "San Francisco's Chinatown: An Architectural and Urban History," Ph.D. diss., University of California, Berkeley, 1985.

Zube. Erwin H., ed. *Landscape: Collected Writings of John Brinckerhoff Jackson*. Amherst: University of Massachusetts Press, 1975. ···

Zunz, Olivier. *The Changing Face of Inequality: Urbanization, Industrial Development, and Immigrants in Detroit, 1880-1920*. Chicago: University of Chicago Press, 1982.

Zunz, Olivier. "Inside the Skyscraper." In *Making America Corporate, 1870-1920*, 103-112. Chicago: University of Chicago Press, 1990.

# 作者简介

### 杰伊·阿普尔顿（Jay Appleton）

杰伊·阿普尔顿是一位地理学家，也是景观欣赏的倡导者。他曾通过许多渠道倡导对该主题采取跨学科的研究方法，并在1976—1978年和1981—1984年担任了景观研究小组的主席。他关于景观的书籍包括：《景观的体验》（*Experience of Landscape*，1975），该书介绍了他著名的瞭望—庇护（prospect-refuge）理论；《栖息地之诗》（*Poetry of Habitat*，1978）；文集《景观美学》（*Aesthetics of Landscape*，1980）和《栖息地的象征主义：艺术中的景观诠释》（*The Symbolism of Habitat: An Interpretation of Landscape in the Arts*，1990）。他还写过关于交通和历史地理的文章。他是赫尔大学地理学的名誉教授，在那里工作了35年，直到1985年退休。

### 詹姆斯·博切特（James Borchert）

克利夫兰州立大学历史学教授詹姆斯·博切特是一位社会历史学家，他的研究重点是城市和郊区社区的社会生活和景观。他撰写了《1850—1970年华盛顿的巷子生活：城市的家庭、社区、宗教和民俗》一书（*Alley Life in Washington: Family, Community, Religion, and Folklife in the City, 1850-1970*，1980），还是《莱克伍德：1889—1989 第一个一百年》（*Lakewood: The First Hundred Years, 1889-1989*，1989）的合著者。他的文章曾发表在《景观》、《视觉传播研究》（*Studies in Visual Communication*）、《社会》（*Society*）、《跨学科史期刊》（*Journal of Interdisciplinary History*）、《城市史

期刊》(*Journal of Urban History*) 和《历史方法》(*Historical Methods*)。

### 托德·W. 布雷西 ( Todd W. Bressi )

托德·W. 布雷西是纽约市的一名编辑、作家和教师。他是环境设计杂志《地方》的执行编辑和《纽约市规划与分区》(*Planning and Zoning New York City*, 1993) 的编辑。他曾在亨特学院、纽约大学和普拉特学院教授城市设计。他关于设计和环境的文章出现在许多报纸和杂志上。

### 丹尼斯·科斯格罗夫 ( Denis Cosgrove )

丹尼斯·科斯格罗夫是一位文化地理学家，他对社会和景观之间的理论关系有大量论述，经常以 16 世纪的威尼斯景观作为典范。他与 S.J. 丹尼尔斯 ( S. J. Daniels ) 合作出版了《社会形成与象征性景观》(*Social Formation and Symbolic Landscape*, 1984) 和《景观的图像学：关于过去环境的象征性表征、设计和使用的论文》(*The Iconography of Landscape: Essays on the Symbolic Representation, Design, and Use of Past Environments*, 1988)；他还与 G. 彼得斯 ( G. Petts ) 合作出版了《水、工程和景观》(*Water, Engineering, and Landscape*, 1990)。他的最新著作《帕拉第奥景观》(*The Palladian Landscape*, 1993) 总结了他在威尼斯的工作，他目前是《永久栖居区》(*Ecumene*)——一本关于环境、文化和意义的跨学科杂志——的编辑，同时也是伦敦大学皇家霍洛威学院人文地理学教授。

### 保罗·格罗思 ( Paul Groth )

保罗·格罗思是一位文化景观历史学家。他发表了对城市街道网格、停车场、乡土公园以及美国工厂空间和住宅空间的相似之处的解释。他的著作《住在市中心：美国住宅酒店的历史》(*Living Downtown: The History of Residential Hotels in the United States*) 于 1994 年由加利福尼亚大学出版社出版。他是乡土建筑论坛的前任主席，也是加州大学伯克利分校建筑和地理学的副教授，教授美国文化景观的历史。

### 多洛雷斯·海登（Dolores Hayden）

多洛雷斯·海登是耶鲁大学的建筑、城市化和美国研究教授。她是《七个美国乌托邦》(*Seven American Utopias*, 1976)、《伟大的家庭革命》(*The Grand Domestic Revolution*, 1981) 和《重新设计美国梦：住房、工作和家庭生活的未来》(*Redesigning the American Dream: The Future of Housing, Work, and Family Life*, 1984) 的作者。《城市景观史：地方感与空间政治》(本文集第 9 章) 摘自她的书《地方的力量：作为公共史的城市景观》(1995)。

### 德里克·W. 霍兹沃斯（Deryck W. Holdsworth）

德里克·W. 霍兹沃斯是一位地理学家，他的研究兴趣包括住房形式和社会认同、办公区的长期动态、原工业景观，以及 19 世纪宾夕法尼亚州的历史地理。他的文章出现在《城市历史评论》(*Urban History Review*)、《公共历史学家》(*Public Historian*) 和《美国加拿大研究评论》(*American Review of Canadian Studies*) 上，此外还出现在许多地理学杂志上。他撰写了《1952—1987 年多伦多停车管理局》(*The Parking Authority of Toronto, 1952-1987*, 1987) 一书，编辑了《复兴大街》(*Reviving Main Street*, 1985)，并且是《加拿大历史地图集，1891—1961》(*Historical Atlas of Canada, Addressing the Twentieth Century, 1891-1961*, 1990) 第三卷的联合编辑 [与 D. 克尔（D. Kerr）合编]。他曾在多伦多大学和不列颠哥伦比亚大学任教，现任宾夕法尼亚州立大学地理学教授。

### 凯瑟琳·M. 豪威特（Catherine M. Howett）

凯瑟琳·M. 豪威特是佐治亚大学环境设计学院的一名景观建筑师、

历史学家和评论家。她将历史观带入她对 19 世纪和 20 世纪美国景观设计的研究和写作中。她曾为多个环境艺术和景观设计的展览策划和撰写文献目录，并为《地方》《景观》和《景观杂志》等期刊撰稿。她目前是华盛顿特区邓巴顿橡树园的景观建筑研究项目的高级研究员。

**约翰·布林克霍夫·杰克逊（John Brinckerhoff Jackson）**

约翰·布林克霍夫·杰克逊于 1996 年去世，他是一位作家和哲学家，他的作品在美国文化景观研究中占主导地位。他最出名的是他关于美国人类环境及欧洲历史意义的博学和推测性文章。他在哈佛大学学习历史和文学，并在 1951 年创办了《景观》杂志，他出版和编辑该杂志长达 17 年。他出版了 6 本论文集，并在加利福尼亚大学、伯克利和哈佛大学开设了美国文化景观史课程。

**安东尼·D. 金（Anthony D. King）**

安东尼·D. 金的工作背景包括历史、建筑、文化研究和社会学。最近出版的他的书籍包括：《全球城市：伦敦的后帝国主义和国际化》（*Global Cities: Post-Imperialism and the Internationalization of London*，1990）、《城市主义、殖民主义和世界经济：世界城市体系的文化和空间基础》（*Urbanism, Colonialism, and the World-Economy: Cultural and Spatial Foundations of the World Urban System*，1990），以及两本编辑集《文化、全球化和世界体系》（*Culture, Gobalization, and the World-System*，1990）和《城市再现：21 世纪大都市的种族、资本和文化》（*Re-presenting the City: Ethnicity, Capital, and Culture in the Twenty-first-Century Metropolis*，1996）。自 1988 年以来，他一直担任纽约州立大学宾汉姆顿分校艺术史系艺术史和社会学教授。

### 黎全恩（David Chuenyan Lai）

黎全恩在香港大学和伦敦经济学院学习地理学。他是不列颠哥伦比亚省维多利亚大学的地理学教授，自 1968 年以来一直在那里任教。他已经出版了 6 本书。他对北美的唐人街和华人社区的兴趣，使他在社区服务、历史保护和城市设计方面发挥了积极作用。

### 戴维·洛文塔尔（David Lowenthal）

戴维·洛文塔尔，美国地理学会前秘书，现任伦敦大学学院的地理学名誉教授，也是英国特威克纳姆草莓山的圣玛丽大学学院的遗产研究客座教授。他在哈佛大学教授景观建筑学（1966—1968），主持英国景观研究小组（1984—1989），并联合编辑了《景观的意义和价值》（*Landscape Meanings and Values*，1981）。他的专著有：《乔治·帕金斯·马什》（*George Perkins Marsh*，1958；1997 年修订）、《西印第安社会》（*West Indian Societies*，1972）、《过去是一个异国》（*The Past Is a Foreign Country*，1985）和《被过去占有：遗产十字军和历史的掠夺》（*Possessed by the Past, The Heritage Crusade and the Spoils of History*，1996）。

### 鲁本·M. 雷尼（Reuben M. Rainey）

鲁本·M. 雷尼是弗吉尼亚大学的景观建筑学教授，教授景观建筑的历史和理论。在接受景观设计师的专业教育之前，他在哥伦比亚大学和米德尔伯里学院教授比较宗教和宗教心理学。他的出版物包括对 19 世纪美国公园和纪念碑的研究，以及对 20 世纪美国主要景观建筑师作品的批评性调查。

### 罗伯特·B. 莱利（Robert B. Riley）

罗伯特·B. 莱利是伊利诺伊大学厄巴纳-尚佩恩分校的景观建筑和

建筑学教授。从 1970 年到 1985 年，他担任该大学景观建筑系的主任。他的主要学术兴趣是人类景观的发展和感知、设计的文化方面，以及景观设计的理论。他的文章曾发表在《景观》《景观杂志》和《地方》上。他是环境设计研究协会景观建筑教育者委员会的前任主席，并活跃在美国建筑师协会。他曾在新墨西哥州和马里兰州从事建筑工作。从 1966 年到 1970 年，他担任《景观》杂志的副编辑，从 1988 年到 1995 年担任《景观杂志》的编辑。

### 丽娜·斯文策尔（Rina Swentzell）

丽娜·斯文策尔是新墨西哥州的圣克拉拉普韦布洛人。她拥有新墨西哥大学建筑设计硕士学位和美国研究的博士学位。她曾在母校圣达菲学院和美国印第安艺术学院任教。她是参与美洲土著建筑和教育项目的组织、机构和私人公司的顾问。她的学术工作集中于普韦布洛世界的哲学和文化基础及其教育、艺术和建筑表现。她住在圣克拉拉普韦布洛和圣达菲。她是《黏土的孩子》（*Children of Clay*，1991）的作者，也是《触摸过去》（*To Touch the Past*，1996）的合著者。

### 戴尔·厄普顿（Dell Upton）

戴尔·厄普顿是加州大学伯克利分校的建筑史副教授，他从 1983 年起就在那里任教。他的研究和写作奠定了他在本地建筑、物质文化和美国研究领域的领先地位。他也是乡土建筑论坛的创始人之一，并担任该论坛通讯编辑长达 10 年。他是《圣物与亵渎：弗吉尼亚殖民地圣公会教区教堂》（*Holy Things and Profane: Anglican Parish Churches in Colonial Virginia*，1986）和《马达林：南北战争前新奥尔良的爱与生存》（*Madaline: Love and Survival in Antebellum New Orleans*，1996）的作者，也是《美洲建筑之根：建立美国的族裔群体》（*Americas Architectural Roots: Ethnic*

Groups that Built America，1986）和《公共场所：美国本土建筑读物》（Common Places: Readings in American Vernacular Architecture，1985）的编辑（与约翰·迈克尔·弗拉赫一起）。

**理查德·沃克（Richard Walker）**

理查德·沃克是加州大学伯克利分校的地理学教授，他从1975年起就在那里任教。他的著作涉及郊区发展、城市历史、环境政策、农业综合企业、哲学、工业区位和加利福尼亚。他与迈克尔·斯托珀尔（Michael Storper）合著《资本主义的命令：领土、技术和工业增长》（The Capitalist Imperative: Territory, Technology and Industrial Growth，1989），并与安德鲁·塞尔（Andrew Sayer）合著《新社会经济：改造劳动分工》（The New Social Economy: Reworking the Division of Labor，1992）。他是一位长期从事公共事务的活动家，与诸如萨尔瓦多和中美洲的阻止外围运河联盟（Coalition to Stop the Peripheral Canal）和人权学院等组织合作。

**威尔伯尔·泽林斯基（Wilbur Zelinsky）**

威尔伯尔·泽林斯基是宾夕法尼亚州立大学的地理学家和名誉教授，他于1963年开始在该校任教。他的第一篇文章是关于拉丁美洲黑人人口的历史地理学的，于1949年发表在《黑人历史杂志》（Journal of Negro History）上。他的研究兴趣一直包括北美社会和历史地理学、地理学和社会政策、人口学和文化地理学的多样性。他的书包括《美国的文化地理》（The Cultural Geography of the United States，1973；1992年重印）和《国族到国家：美国民族主义的象征基础的转变》（Nation into State: The Shifting Symbolic Foundations of American Nationalism，1988）。他是《基础地理图书馆》（A Basic Geographical Library，1966、1985年重印）、《这片非凡的大陆：北美社会和文化地图集》（This Remarkable Continent: An

*Atlas of North American Society and Cultures*, 1982）和《宾夕法尼亚地图集》（*The Atlas of Pennsylvania*, 1989）的合著者。他曾获得古根汉姆奖以及美国国家科学基金会和美国卫生、教育和福利中心对人口研究的主要研究资助。

# 索 引

（条目后的数字为原书页码，见本书边码）

academic disciplines 学术学科，在景观研究中，3-4，139，227n7；architecture 建筑，214n30；criticism of 对…的批评，167-168；cultural geography 文化地理学（见 cultural geography 文化地理学）；geography 地理学（见 geographers 地理学家；geography 地理学）；interdisciplinary nature of …的跨学科性质，189-191，190；and publications 出版物，9-10，137，198-199；and theory 理论，14，20，49-55

aesthetics 美学，90，92-94，96，100

Africa 非洲，influence of …的影响，159

African-Americans 非裔美国人，27，118，120。另见 ethnicity 族裔性

Agriculture 农业，见 rural landscapes 乡村景观

Alberti, Leone Battista 阿尔贝蒂，莱昂内·巴蒂斯塔，169

Alpers, Svetlana 阿尔珀斯，斯韦特兰娜，166

Altman, Irwin 阿特曼，欧文，112

American Association of Geographers 美国地理学家协会，10

Amphitheaters 露天剧院，109。另见 public space 公共空间

anatomy theaters 解剖剧院，102。另见 public space 公共空间

Anderson, Kay 安德森，凯，51

anthropology, and vision 人类学和视觉，4，135-136，139

apartment landscapes 公寓景观，30，39-41，41，42

Appleton, Jay 阿普尔顿，杰伊，5，10，14

Arches 牌坊，84

Architects, landscape 景观建筑师，见 landscape architecture 景观建筑，以及 architects 建筑师

Architecture 建筑，96-97；criticism of 对…的批评，97；departments of, and cultural landscape studies 文化景观研究的部门，214n30；postmodern 后现代，164，237n31；and proportions 和比例，64；of resistance 与—对抗，97，238n57；revisionism in 一中的修正主义，96；vernacular 乡土，122，124-126

archival research 档案研究，in landscape analysis 在景观分析中，17，42-55，166，218n4；materials for …的材料，45-47，55，71，216n4，217n23，219n15，220n23；and memorial landscapes 纪念景观，70-71；morphological approach 形态学方法，218n4

art 艺术，landscape as 景观作为，183，195-197。另见 paintings 绘画

assessment records 评估记录，45

Association of American Geographers 美国地理学家协会，240n1

attachment theory 依恋理论，112，186。另见 place 地方

automotive space (auto-vernacular landscape) 汽车空间（汽车景观），132，152-154。另见 transportation, influence of 交通的影响

back houses 后院，34
balconies, recessed 内凹式阳台，82
Baldwin, Stanley 鲍德温，斯坦利，187
Barbaro, Daniele 巴尔巴罗，达尼埃莱，109
Baroque period 巴洛克时期，88，236n28
Barrell, John 巴雷尔，约翰，167
Bastian, Robert 巴斯蒂安，罗伯特，46
Bellini, Gentile 贝利尼，贞提尔，104-106，166
Bender, Barbara 本德，芭芭拉，13，14
Beresford, Maurice 贝雷斯福德，莫里斯，193-194
Berger, John 伯格，约翰，170
Berkeley school 伯克利学派，13，162，172，221053。另见 Sauer, Carl 索尔，卡尔
"Birdtown" "鸟城"，217n 18
*The Birth and Rebirth of Pictorial Space* (White)《绘画空间的诞生与重生》（怀特），87
Bishir, Catherine 比希尔，凯瑟琳，177
Blackmar, Elizabeth 布莱克玛，伊丽莎白，122
Borchert, James 博切特，詹姆斯，12，14，122，174-175，216n11
*Bourgeois Utopias* (Fishman)《布尔乔亚的乌托邦》（菲什曼），164
Bowditch, Emest W. 鲍迪奇，欧内斯特 W.，30
Boyd, Blair 博伊德，布莱尔，9
*Branch Hill Pond, Hampstead* (Constable)《布兰奇山池塘，汉普斯特德》（康斯特布尔），196
British Landscape Research Group 英国景观研究小组，13
Brueghel, Pieter 勃鲁盖尔，彼得，101
Bryson, Norman 布赖森，诺曼，166
building permits 建筑许可证，45，217n23
buildings 建筑物，219n23；commercial, 商业的，40（另见 capitalist space 资本主义空间）；global production form of ⋯的全球生产形式，143；in landscape analysis 在景观分析中，35，230n34；political meaning of ⋯的政治意义，122，124-126，143
built environment 建成环境，54；context of ⋯的背景，143；and ideology 和意识形态，166-167；interdisciplinary nature of ⋯的跨学科性质，11-12；regulation of ⋯ 的管控，124；and theater 及剧院，160-161；and visual culture 及视觉文化，137
*Bungalow* (King)《平房》（金），165
Burke, Edmund 伯克，埃德蒙，90

Caillois, Roger 凯鲁瓦，罗杰，20
Camillo, Giulio 卡米洛，朱利奥，101
cannery workers 罐头厂工人，11
capitalism 资本主义，141，144，168-169
capitalist space 资本主义空间，36，40，114-115，132。另见 consumption, landscapes of ⋯ 景观的消费；production landscapes 生产景观
carnival 狂欢节，102。另见 public space 公共空间
Carter, Thomas 卡特，托马斯，51
Cartesian-Newtonian paradigm, and nature 笛卡尔－牛顿范式与自然，89，96，238n64
casita 卡西塔小屋，127-128，128

Castells, Manuel 卡斯特尔斯，曼努埃尔，132-133，138
census records 人口普查记录，45，216n4
children, and landmarks 儿童和地标，112
China Camp Historic Site 华人营地历史遗址，9
Chinatown 唐人街，81-84，82，160
Chinese-Americans 美籍华人，9，116，116，160
Churches 教堂，36。另见 public space 公共空间
Circuses 马戏团，109。另见 public space 公共空间
Cities 城市。见 suburbs 郊区；urban landscapes 城市景观
*The City and the Grassroots* (Castells)《城市与草根》(卡斯特尔斯)，132
*The City in Cultural Context* (Agnew et al.)《文化背景下的城市》(安格纽等)，137
City Investing Building 城市投资大厦，219n21
city-suburbs 城市－郊区，216n11
Clare, John 克莱尔，约翰，167
class, as variable in human geography 阶级，在人类地理学中作为变量，27-32，51，164，167
Cleveland (Ohio) 克利夫兰（俄亥俄州），26
Clifford, James 克利福德，詹姆斯，135
Clifton Park (Lakewood, Ohio) 克利夫顿公园（俄亥俄州莱克伍德），25，30-32，31
cognitive mapping 认知地图，120-122，122，123
Cole, Thomas 柯尔，托马斯，93
collective identity, landscape as 景观作为集体认同。见 identity 身份

colonialism 殖民主义，139
colonial period 殖民时期，6，10
color, symbolism of 象征主义的颜色，83
commemorative landscapes 纪念性景观。见 memorial landscapes 纪念性景观
commercial landscapes 商业景观。见 capitalist space 资本主义空间
commonality, in landscape 景观中的共性，169-170
common corridors 公共走廊，35，217n26
common houses 公共房屋，46
*Common Landscape of America* (Stilgoe)《美国的共同景观》(斯蒂尔戈)，14
community involvement 社区参与：of elites 精英的，29-30，32；of middle class 中产阶级的，38；of workers 工人的，36
*Complexity and Contradiction in Architecture* (Venturi)《建筑的复杂性与矛盾性》(文丘里)，96-97
*Condition of Postmodernity* (Harvey)《后现代的状况》(哈维)，163，236n22
conservation movement 保护运动，92，181，185，189-199
Constable, John 康斯特布尔，约翰，195-197，196，198
consumption, landscapes of 景观的消费，5，19，102，164，171-172。另见 capitalist space 资本主义空间
Conzen, Michael P. 康岑，迈克尔·P.，10，218n4，228n7
Cosgrove, Denis 科斯格罗夫，丹尼斯：criticism of 对…的批评，34，2371132；definition of landscape of …对景观的定义，14，166，203，236n22；and Harvey 和哈维，162-163；influence of …的影响 52，54，Walker on 沃克对…的看法，163-166，168-

171，173
Craik, Kenneth 克雷克，肯尼思，201
Cronon, William 克罗农，威廉，113，188
cultural geography 文化地理学：criticism of 对…的批评，221n53；methodology for …的方法论，16-17，50-51，53；revisionism in …中的修正主义，95-98，138-140，170-172；university departments with studies in 对…有研究的大学部门，213n23，214n30。另见 landscape analysis 景观分析
*Cultural Geography of the United States* (Zelinsky)《美国文化地理》(泽林斯基)，13
cultural identity 文化身份。见 identity 身份
cultural landscape approach 文化景观方法。见 landscape analysis 景观分析，cultural approach of …的文化方法
culture 文化，45；concept of …的概念，10-11，53，213n20，233n1B；dominant 主导，157-161；and ethnicity 和族裔性，137-142；impact on aesthetics 对美学的影响，86；Sauer on 索尔关于…，227n7；vs. vision 与视觉，201

Daniels, Stephen 丹尼尔斯，斯蒂芬，51
Darwin, Charles 达尔文，查尔斯，194
Davis, Mike 戴维斯，迈克，54
Davis, Susan 戴维斯，苏珊，130
Dear, Michael 迪尔，迈克尔，118
Debord, Guy 德波，居伊，163
Deetz, James 迪兹，詹姆斯，10
Dennis, Richard 丹尼斯，理查德，55
Descartes, René 笛卡尔，勒内，88-89，169
design and designers 设计与设计师，73-78，88-91，127，203-204
Deutsch, Rosalind 多伊奇，罗莎琳德，

237n31
Deutsch, Sarah 多伊奇，莎拉，51
Developers 开发商，36-38，133，150
Diffusion 扩散，concept of …的概念，49
Diversity 多样性，5-8，27，216n2。另见 ethnicity 族裔性
dominant culture 主导文化，157-161
Domosh, Mona 多莫什，莫娜，219n23，220n32
double-family homes 双户住宅，39
Downing, Andrew Jackson 唐宁，安德鲁·杰克逊，93-94
Downtowns 市中心，formation of …的形成，48-49
Duncan, James 邓肯，詹姆斯，52，221n53，236n22
Duncum, Paul 邓肯姆，保罗，52-53
dwellings 住宅，126-130，147，150，152，231n45。另见 housing 住房

economy 经济，impact of …的影响。见 political economy 政治经济
Edgewater Cove Apartments 滨水湾公寓，42
elites 精英，27-32，164
English cottage garden 英国村舍花园，208
entertaining 娱乐，impact on architecture 对建筑的影响。见 hospitality 款待
environmental conservation 环境保护。见 conservation movement 保护运动
ethnicity 族裔性，157-161，217n23；and culture 与文化，137-142；definition of …的定义，157；impact on landscape 对景观的影响，6-7，19，34，47，51，81-84，82，115-117，126-132，160；meaning of 意义，232n55；and

race 与种族，140-141
ethnie 民族，157
ethnography 民族志学，135-136
Europe 欧洲，99-110，163，169-170，180-188，194-198
Evans, Estyn 埃文斯，埃斯廷，46
Everett, Edward 埃弗雷特，爱德华，224n23
*Explorations in the Understanding of Landscape* (Norton)《理解景观的探索》（诺顿），13

Fabian, Johannes 法比安，约翰内斯，135
factory space 工厂空间，16。见 capitalist space 资本主义空间；production landscapes 生产景观
Fainstein, Susan and Norman 费恩斯坦，苏珊和诺曼，138
Family 家庭，extended 扩展的概念，148
fantasy landscapes 幻想景观，207-208
farmers 农民。见 rural landsca 乡村景观，and farmers 和农民
feature landscapes 特色景观，95
feminist scholarship 女性主义学者，on landscape 关于景观，50-51，220n32
fences 围栏，63
Fens 沼泽，194，195
festivals 节日，130。另见 public space 公共空间
feudalism 封建制度，147-150，169，237n44
fieldwork 田野调查，17，47-48。另见 landscape analysis 景观分析，methodology for 方法论
Filler, Martin 费勒，马丁，97
fire insurance atlases 火灾保险地图册，47

Fishman, Robert 菲什曼，罗伯特，164
Ford, Larry R. 福特，拉里·R.，48-49
formal landscape 正式景观，169
Foucault, Michel 福柯，米歇尔，20
Frampton, Kenneth 弗兰普顿，肯尼思，97
France 法国，180
Freeways 高速公路，132
front houses 前屋，34

Galileo 伽利略，88
Gans, Herbert 甘斯，赫伯特，216n3
gardening 园艺，landscape 景观，92-93
Garreau, Joe 加罗，乔尔，228n11
gas stations 加油站，153
gateways 门户，84
Geertz, Clifford 吉尔茨，克利福德，213n20
Gehry, Frank 盖里，弗兰克，167
gender 性别：and landscape 与景观，112，117，131-132；segregation by 按…隔离，119-120，121，126
geographers 地理学家，influence of …的影响，4，12-14，49-50
geography 地理学：cultural (see cultural geography)；文化（见文化地理学）；departments of …的部门，213n23，214n30；humanistic 人文主义的，13，50-52；Marxist social 马克思主义社会学的，45-46，53-54，137，162，170-171；regional 区域的，51-52，191-192；social 社会的，50
George, Lynnell 乔治，林内尔，118
Gettysburg 葛底斯堡，67-80，177-178，223n11；phases of preservation of 保卫…的阶段，68-70；reasons for preservation of 保卫…的原因，68-69。另见 monuments 纪念碑

Gettysburg Battlefield Memorial Association 葛底斯堡战场纪念协会, 68, 70-71

Glacken, Clarence 格拉肯, 克拉伦斯, 234n1

Glassberg, David 格拉斯伯格, 戴维, 130

Glidden Varnish 格利登清漆, 33

Globalism 全球主义, 139, 171, 172, 209, 238n57

Goss, Jon 戈斯, 乔恩, 53-54

Gottmann, Jean 戈特曼, 让, 19

Great Depression 大萧条, influence of… 的影响, 30

Green movement 绿色运动, 181, 185。另见 conservation movement 保护运动

Gregory, Derek 格雷戈里, 德里克, 52, 53

Groth, Paul 格罗斯, 保罗, 162, 163, 230n38

Hägerstrand, Torsten 海格斯特兰, 托尔斯滕, 44-45

Hall, Stuart 霍尔, 斯图尔特, 139

Hamaxobii 住在马车上的人, 149

Harris, Cole 哈瑞斯, 科尔, 54

Harry and Mabel Hanna Parsons Home 哈里和梅贝尔·汉娜·帕森斯之家, 32

Hart, John Fraser 哈特, 约翰·弗雷泽, 52

Harvey, David 哈维, 大卫, 52, 138; and capitalist manipulation of urban landscapes 对城市景观的资本主义操纵, 166; on continuity 关于一致性, 237n32; and Cosgrove 与科斯格罗夫, 163; on postmodern architecture 关于后现代建筑, 237n31; on postmodern landscape 关于后现代景观, 99-100, 110; on production landscape 关于生产景观, 133, 236n22; Walker on 沃克对…的看法, 164, 166-167

Haussmann, Georges-Eugène 奥斯曼, 乔治-欧仁, 167, 236n30

Hayden, Dolores 海登, 多洛雷斯, 7, 13, 161, 203

Heidegger, Martin 海德格尔, 马丁, 97

Hélias, Pierre-Jakez 赫利亚斯, 皮埃尔-雅克兹, 188

Heritage 遗产, landscape as 作为景观, 99, 183-184

Herman, Bernard 赫尔曼, 伯纳德, 219n15

Historians 历史学家, 4, 14, 113, 132

History 历史, in landscape analysis 在景观分析中, 53, 111-133, 166。另见 archival research 档案研究

Hoggart, Richard 霍加特, 理查德, 139

Holdsworth, Deryck W. 霍兹沃斯, 德里·W., 17; antivisualism of …的反视觉主义, 5, 167; on common people 关于普通人, 162, 165, 238n62; on social processes 关于社会进程, 179; Upton on 厄普顿对…的看法, 175-176

Homelessness 无家可归, 230n38, 231n45

Homeownership 住房所有权, 34, 45-46

Hornsby, Stephen 霍恩斯比, 斯蒂芬, 55

Hornsby, Timothy 霍恩斯比, 蒂莫西, 187

Hoskins, W. G. 霍斯金斯, W. G., 13

hospitality 款待, space for 待客空间, 29, 31, 146-147

housing 住房: cannery workers' 罐头厂工

人的⋯, 11; common 普通⋯, 46; elite 精英⋯, 28-32; generic 通用⋯, 8; lower-income gmups 低收入群体的⋯, 32-36, 35, 125, 127-128, 128, 152（也见 tenements 廉租公寓）; medieval period 中世纪时期⋯, 147-148; middle-class 中产阶级⋯, 36-39, 146-148; in Santa Clara Pueblo 在圣克拉普韦布洛的⋯, 59, 59; vernacular 乡土⋯（见 vernacular architecture 本土建筑）; workers' 工人的⋯, 15, 32-36, 40, 46, 117, 148。另见 apartment landscapes 公寓景观; dwellings 住宅

Howett, Catherine 豪威特, 凯瑟琳, 18, 236n28, 238n57

Hubbard, William 哈伯德, 威廉, 68

Humana hospital corporation 医院公司, 12

humanism 人文主义, 13, 49-50, 106-108, 169

Hungarian Hall 匈牙利大厅, 29

Huyck, Heather 胡克, 海瑟, 51

identity 身份。125-130, 181, 183, 186。另见 ethnicity 种族

ideology 意识形态, 34, 166-167, 176, 237n31

idiographic studies 人口统计研究, 192, 240n4

immigrants 移民, 46; as elites 作为精英, 28; impact on landscape 对景观的影响, 157-160; living conditions of ⋯的生活条件, 126; as soldiers 作为士兵, 224n24; as workers 作为工人, 33-34。另见 ethnicity 族裔性

indoor space vs. outdoor space 室内空间与室外空间, 57

industrialization 工业化, impact of ⋯的影响, 33-36, 45-46

information age 信息时代。见 knowledge production 知识生产, influence of ⋯的影响

inner city 内城, 216n3。另见 tenements 廉租公寓; urban landscapes 城市景观

"insider's landscape," "局内人的景观", 206, 207, 241n6

Institute of British Geographers 英国地理学家研究所, 239-240n1

internal landscape narrative 内部景观叙事, 207-208

International Style 国际主义风格, 96

*The Interpretation of Ordinary Landscapes* (Meinig)《日常景观的解释》（迈尼格）, 9, 50

Irwin, Robert 欧文, 罗伯特, 96

Italian Americans 意大利裔美国人, 128。另见 ethnicity 族裔性

Jackson, John Brinckerhoff 杰克逊, 约翰·布林克霍夫, 2-3, 7, 201; and abstract landscape orders 与抽象景观秩序, 215n52; on academic writings 关于学术著作, 19-20; criticism of 对⋯的批评, 54, 172; definition of landscape 对景观的定义, 203; influence of ⋯的影响, 18-21, 163, 167, 212n11; on landscape as theater 关于景观作为剧院, 88; limitations of ⋯的局限性, 54; as scholar of landscape stumes 作为景观研究学者, 227n7; teaching by ⋯的教学, 214n29; on tramtional monuments 关于传统纪念碑, 69; on vernacular landscape 关于本土景观, 111, 145-154

Jackson, Peter 杰克逊, 彼得, 13, 51-

53，139-140，172
Jakle, John 雅克勒，约翰，46
James, William 詹姆斯，威廉，241n6
Jameson, Fredric 詹姆逊，弗雷德里克，114，121
Japanese-American 日裔美国人，119
Jefferson, Thomas 杰斐逊，托马斯，164
"Jeffersonian ideal" "杰斐逊理想"，164，235n16

Kay, Jeanne 凯，珍妮，55
Kent, William 肯特，威廉，90，91
King, Anthony D. 金，安东尼·D，5-6；on "antipersonalist orientation" 关于"反人格主义取向"，176；on bungalow 关于平房，54，165；on common cultures 关于普遍文化的看法，238n57；criticism of 对…的批评，166；on political changes 关于政治变革，171
Kniffen, Fred 克尼芬，弗雷德，46
knowledge production 知识生产，influence of …的影响，141-142
Knox, Paul 诺克斯，保罗，51，54
Kolodny, Annette 科洛德尼，安妮特，214n33
Kroeber, Alfred 克罗伯，阿尔弗雷德，139-140
Kundtz, Theodor 昆兹，西奥多，28，29
Kunstler, James Howard 昆斯特勒，詹姆斯·霍华德，228n11

Labor 劳动力：influence of …的影响，32-39，116，116，132；migrations of …的迁移，138-140
Lai, David Chuenyan 黎全恩，7，160
lakefront estates 湖畔庄园，28，28-30。另见 elites 精英

Lakewood Home Owners' Protective Association 莱克伍德业主保护协会，40
Lakewood (Ohio) 莱克伍德（俄亥俄州）。25-43，26
landlessness 没有土地的人，148
landowners 土地所有者，as developers 作为开发者的…，36-37，150
landscape 景观：analysis of (see landscape analysis) …的分析（见景观分析）；British study of 英国的研究，13-14；and Cartesian-Newtonian paradigm 与笛卡尔－牛顿范式，89-90；definitions of 定义，1-2，13-14，44，101，163，166，175，182-184，203，215-216n1，236n22；dualisms in study of 研究中的二元论，191-193，201；frameworks for study of 研究框架，1-21；as identity 作为身份，181，183，186；as ideological condept 作为意识形态概念，166-167；images of future 对未来的想象，187-188；painted (see paintings) 绘制的…（见绘画）；public attitudes toward 公众对…的态度，1，184-186；roles of 扮演…的角色，16，65-66，184；scholars of (see academic diSciplines) 学者（见学术学科）；as source of self-knowledge 作为自我认知的源头，4-5，46；as theater (see theater) 作为剧院（见剧院）；writings on 关于…的文献，8-15，137，198-199
landscape analysis 景观分析：cultural approach of 文化方法，49，113-114，137-138，164，170-172，193，227n7；interdiSciplinary nature of 跨学科性质，10-15；limitations of 局限性，44，218n35；logocentric view

of 逻各斯中心主义观点, 16-17; 方法, 14, 17, 47-48, 125-126, 176, 192-198, 197, 215n53(see also archival research) 另见档案研究; synthesis in 综合, 194-195; tenets of 原则, 3-18; and visual assessment (see visual assessment) 与视觉评估（见视觉评估）

landscape architecture 景观建筑: and architects 与建筑师, 14, 30, 90, 228n7; departments of … 的部门, 214n30; themes and scholarship of 主题和学术研究, 201

*Landscape* (magazine)《景观》（杂志）, 2-3, 8-9, 19

*Landscape Journal*《景观期刊》, 9

Landscape Movement 景观运动, 189-199。另见 conservation movement 保护运动

Landscape Research Group 景观研究小组, 192

Lefebvre, Henri 列斐伏尔，亨利, 13, 114-115, 117, 132, 136

leisure landscapes 休闲景观, study of … 的研究, 5

Lewis, Peirce 刘易斯，皮尔斯, 4-5, 10, 235n16; and humanistic geography 与人文主义地理学, 50; on landscape studies 关于景观研究, 52; on the visual 关于视觉, 15

Ley, David 莱，大卫, 52

*Lieux de mémoire* (Nora)《记忆所系之处》（诺拉）, 180

Limerick, Patricia Nelson 里默利克，帕特里夏·内尔森, 115-117

Lincoln, Abraham 林肯，亚伯拉罕, 68-69

Litton, R. Burton, Jr. 小利顿, R. 伯顿, 94-95, 95, 201

Locality 地方性, as variable in humanistic geography 作为人文主义地理学中的变量, 51-52, 101-102。另见 regionalism 地方主义

logocentric view 逻各斯中心主义观, 16-17

Lorrain, Claude 洛兰，克洛德, 90, 166, 205

Louisville (Ky.) 路易斯维尔（肯塔基州）, 12

Low, Setha M. 洛，塞塔·M., 112

Lowenthal, David 洛文塔尔，戴维, 5, 10, 11; and humanistic Geography 与人文主义地理学, 50; on landscape and memory 关于景观和记忆, 67; on the visual 关于视觉, 15, 206

Lynch, Kevin 林奇，凯文, 120-121

*The Making of the American Landscape* (Conzen)《美国景观的形成》（康岑）, 10

Marris, Peter 马里斯，彼得, 112

Marsh, Margaret 马什，玛格丽特, 216n5

Marx, Leo 马克思，利奥, 214n33

Marxist social geography 马克思主义社会地理学, 45-46, 53-54, 137, 162, 170-171

material culture approach 物质文化方法, 125-126, 137-138, 164, 170-172

McConaughy, David 麦考诺伊，戴维, 68

McLuhan, Marshall 麦克卢汉，马歇尔, 85-87, 98, 209

medieval period 中世纪时期, 147-150

*Megalopolis* (Gottmann)《大都市》（戈特曼）, 19

Meinig, Donald W. 迈尼格，唐纳德·W.,

9，211n6，227n7；and humanistic geography 与人文主义地理学，50；on Jackson 关于杰克逊，20；on the visual 对视觉的看法，15

memorial landscapes 纪念景观，67-80，176-179

memory 记忆，and landscape 与景观，67-80，181

methodology 方法论，for landscape analysis 用于景观分析。见 landscape analysis 景观分析，methodology for 方法论

Metropolitan Life 都市生活，219n20，220n23

Metropolitan Life Building 大都会人寿保险大楼，48

Meyer, Douglas 迈耶，道格拉斯，46

Middle Lakewood (Ohio) 中莱克伍德（俄亥俄州），36-40，37

migrations 迁徙，labor 劳动力，138-140

Miller, Loren, Jr. 小米勒，洛伦，118

minority landscapes 少数民族景观，25-26。另见 ethnicity 族裔性

Mitchell, Donald M. 米切尔，唐纳德·M.，51

Mobility 流动性，impact of …的影响，148-149，150

Monk, Janice 蒙克，珍妮丝，51

Monterey (Calif.) 蒙特雷（加利福尼亚州），11

Monument Avenue (Richmond, Va.) 纪念大道（里士满，弗吉尼亚州），177

monuments 纪念碑，9，11，74-78，223n3，224n18；dedication of …的致辞，79-80；design of …的设计，72-78，177-178；role of …扮演的角色，70；state commissions for 州委员会，71。另见 Gettysburg 葛底斯堡

Monument Valley 纪念碑谷，207

moral unit 道德单位：dwelling as 作为住宅，147，150；gas station as 作为加油站，153

mortgage indebtedness 抵押债务，46

multimedia 多媒体，and visual assessment 与视觉评估，205

Nosh, John 诺什，约翰，164

National Carbon Company 国家碳公司，33

National Geographic Society 国家地理学会，10

National Register of Historic Places 国家历史遗迹名录，231n42

National Soldiers' Cemetery 国家士兵公墓。参见 Gettysburg 葛底斯堡

National Trust for England and Wales 英格兰与威尔士国家信托，184

National Trust for Scotland 苏格兰国家信托，231n42

Native Americans 美洲原住民，158。另见 ethnicity 族裔性；Santa Clara Pueblo 圣克拉拉普韦布罗

nature (environment) 自然（环境）：objectification 客体化，92；and separation from humans 与人类的分离，59，61，64-65，89-90，95-96；view of philosophers on 哲学家对…的看法，88-89

Nature's Metropolis (Cronon)《自然的大都市》（克罗农），188

neighborhoods 社区：formation 形成，34-35，38-39，126-130，160，226n18；study of …的研究，228n18，230n34

neo-Marxism 新马克思主义，53

Newton, Isaae 牛顿，艾萨克，89

New Yorker《纽约客》，215n48
nomothetic studies 普遍研究，192，240n4
Nora, Pierre 诺拉，皮埃尔，180
Norton, William 诺顿，威廉，13
Noyes, Dorothy 诺伊斯，多萝西，128

Olmsted, Frederick Law 奥姆斯特德，弗雷德里克·劳，164
Ong, Waiter 翁，沃尔特，135
On Leong Chinese Merchants Association Building 安梁中国商会大楼，83
oral culture 口头文化，141，209
*Order of Thing* (Foucault)《词与物》（福柯），20
ordinary landscapes 日常景观，reasons for study 研究原因，3-5，49-50
Ortelius, Abraham 奥特柳斯，亚伯拉罕，101
the Other 他者，135，140-141
"outsider's landscape" "局外人的景观"，206，241n6

Paintings 绘画，landscape 景观，89-91，93，101，104-109，183，195-197，205
parades 游行，130。另见 public space 公共空间
Parsons, James 帕森斯，詹姆斯，51
Patrimony 遗产。见 heritage 遗产
Paulson, Ronald 保尔森，罗纳德，195
perspective 视角，impact of …的影响，86-88，87，91，105，165-166
*Perspective Das ist Die Weit beruemhte Kunst* (de Vries)《透视是著名的艺术》（德弗里斯），87
Phenomenology 现象学，97
*A Philosophical Inquiry into the Origins of Our Ideas of the Sublime and the Beautiful* (Burke)《关于我们崇高与美观念之根源的哲学探讨》（伯克），90
Photography 摄影，136，205
physics 物理学，role of theoretical 理论物理学的作用，95-96
place 地方，sense of 地方感，97，102，112-114，117-121。另见 theater 剧院
*Les plaisirs de l'isle enchantée* (Silvestre)《魔法岛的乐趣》（西尔维斯特），88
planned villages 规划后的村庄，150
political economy 政治经济学，impact of …的影响，5，30，109-110，138-141，170-172
politics 政治：impact of buildings on 建筑对…的影响，122，124-126，199；influence of …的影响，108-109，117
population density 人口密度，34
populism 民粹主义，172，175，186
postmodernism 后现代主义，91，99-100，110，164，168，237n31
Poussin, Gaspard 普桑，加斯帕德，90
Poussin, Nicolas 普桑，尼古拉斯，90，205
Power of Place project 地方的力量项目，161
Pred, Allen 普雷德，艾伦，53
preservation 保护，of landscape 景观保护，68-70，161
privacy 隐私，59，146
*Procession in the Piazza di San Marco* (Bellini)《圣马可广场上的游行》（贝里尼），104-106，105，166
production landscapes 生产景观，5，16，19，115-117，138-142。另见 capitalist space 资本主义空间；consumption 消费，landscapes of 景观
proportions 比例，in architecture 建筑中

的…，64
Prosperi, Robert H. 普罗斯佩里，罗伯特·H.，223n12
public space 公共空间，228n11；and fantasy 与幻想，160-161；161；J. B. Jackson on J. B. 杰克逊关于…，149-151；play areas 游乐区域，64；Renaissance 文艺复兴，102-106；and street culture 与街头文化，35，145，149-150，151

race 种族，140-141；ethnicity 与族裔性，140-141；spatial barriers 与空间障碍（见 residential discrimination 住宅歧视）；as variable in humanistic geography 作为人文主义地理学的变量，51
Rainey, Reuben M. 雷尼，鲁本·M.，5，14，176-118
reconciliatory landscapes 和解景观，178。见 memorial landscapes 纪念景观；monuments 纪念碑
regionalism 区域主义，51-52，151-161，191-192
Relph, Ted 雷尔夫，特德，54，206
Renaissance 文艺复兴，86-87，100-110，168-169，237-238n47
Repton, Humphrey 雷普顿，汉弗莱，51
residential discrimination 住宅歧视，117-122，122-123，140
revisionism 修正主义，49-54，95-98，138-140，170-172
Rhodes, Robert 罗兹，罗伯特，28
Riis, Jacob 里斯，雅各布，217n26
Riley, Robert 莱利，罗伯特，10
*River in the Catskills* (Cole)《卡特斯基尔山上的河流》（科尔），93
Robertson, Roland 罗伯逊，罗兰，139

Rajas, James 拉贾斯，詹姆斯，127
Roman Empire 罗马帝国，147
Roofs 屋顶，65
Root, Charles W. 鲁特，查尔斯·W，31
Rosa, Salvator 罗萨，萨尔瓦多，90
Rose, Gillian 罗斯，吉莉安，51
Rubin, Barbara 鲁宾，芭芭拉，52
rural landscapes 乡村景观：and agriculture 与农业，147，181；changes in 变化，186-188；and collision with urban 与城市冲突，6；and farmers 与农民，181，182，186-188；meaning of …的意义，1，124-125，181-184

Santa Clara Pueblo 圣克拉拉普韦布洛，56-66，57，59；evolution of …的演变，50；interior room arrangements in …的内部房间布置，61；school plan 学校规划，62，63；use of space in …的空间利用，62-65
Sauer, Carl 索尔，卡尔，13，19，113-114，211n6，227n7，233n15。另见 Berkeley school 伯克利学派
Sauk Center (Minn.) 索克森特（明尼苏达州），2
Saunders, William 桑德斯，威廉，68
Savage, Kirk 萨维奇，柯克，177
Schlereth, Thomas 施勒思，托马斯，214n33
scriptocentric culture 文本中心的文化，141-142，209
self-knowledge 自我认知，4-5，46
shopping 购物，impact of need for 需求对…的影响，39-40
Silvestre, Israel 西尔维斯特，伊斯雷尔，88
Singer Building 胜家大楼，48
skyscrapers 摩天大楼，48-49

Smith, Neil 史密斯，尼尔，52
Smith, Seymour 史密斯，西摩，141
Smithson, Alison and Peter 史密森，艾莉森和彼得，96
*Social Formation and Symbolic Landscape* (Cosgrove)《社会形成与象征景观》（科斯格罗夫），162-163
social processes 社会过程，influence on landscape 对景观的影响。见 culture 文化
social space 社会空间，production of …的生产。见 space 空间，production of social 社会空间的生产
"society of the spectacle" "奇观社会"，163。另见 theater 剧院
Soja, Edward 索亚，爱德华，163
Sorkin, Michael 索，迈克尔，228n11
the South 南方，158
South Africa 南非，10
Southern Alps (New Zealand) 南阿尔卑斯山（新西兰），209
Space 空间，117-121；automotive 汽车…，132，152-154；capitalist 资本主义…，36，40，114-115，132；hospitality 待客…，29，31，146-147；production (see production landscapes) 生产…（见生产景观）；production of social 社会…的生产，111-133，179；public 公共…，103-106，151；relationship to visual order 与视觉秩序的关系，174-175
Spectacles 奇观，101。另见 theater 剧院
Speed, John 斯皮德，约翰，102
Spence, Joseph 斯彭斯，约瑟夫，90-91
Spirn, Anne Whiston 斯宾，安妮·惠斯顿，228n7
Steinitz, Michael 斯坦尼茨，迈克尔，47-48
Stilgoe, John R. 斯蒂尔戈，约翰·R.，14，117，214n33，216n5
Stourhead 斯托海德园，204
*Stour Valley and Dedham Church* (Constable)《斯托沃河谷和德达姆教堂》（康斯特布尔），198
street culture 街头文化，35，145，149-150，151
strips 街区，commercial 商业…，52，151-152
subcultures 亚文化，youth 青年…，171。另见 ethnicity 族裔性
suburbs 郊区，11，25-43，164，216n5。另见 urban landscapes 城市景观
Swentzell, Rina 斯文策尔，丽娜，7，158，203
symbolic places 象征性地方，56
symbolism 符号学，54，76-77，63

Tafuri, Manfredo 塔夫里，曼弗雷多，96
*Team 10 Primer* (Smithson)《第10小组入门》（史密森），96
Television 电视，85
Tenements 廉租公寓，32-36，35，125，125，231n42。另见 ethnicity 族裔性
Territoriality 领土，118-121，119-123，130，147
text vs. image 文字与图像，16-17，100-103，106-109，165-170，193-194。另见 vision 视觉；visual assessment 视觉评估
theater 剧院：landscape as 景观作为…，88-90，92，109，160-161；as landscape metaphor 作为景观隐喻，91-92，100-102，110，163-165
theory 理论，role of systematic 系统化…的作用，14，20，49-54
TIntoretto, Jacopo 丁托列托，雅各布，104，166

Tourism 旅游业, 181, 186-187, 208-209

*Translation of St. Mark's Body* (Tintoretto)《圣马可遗体的运送》(丁托列托), 104, 106-109, 107, 166

transportation 交通, influence of …的影响, 36, 116-117, 132。另见 automotive space 汽车空间

Tuan, Yi-Fu 段义孚, 13, 112, 201, 227n2

Tylor, Edward B. 泰勒, 爱德·B., 233n18

Uniformity 一致性, in landscape 景观中的…, 6-8

Union Iron Works 联合钢铁厂, 16

Upton, Dell 厄普顿, 戴尔, 17, 127, 176-17B, 230n37

urban landscapes 城市景观, 164; analysis of 对…的分析, 5-6, 19, 111-133, 228n18; and collision with rural 与乡村的冲突, 6; Jackson on 杰克逊关于…, 153-154。另见 suburbs 郊区

urban village 城中村, 216n3

U.S. National Park Service 美国国家公园管理局, 10

values 价值观, in landscape 在景观中的…, 177-178

Vance, James E. 万斯, 小詹姆斯·E., 211n6, 218n4

Venice 威尼斯。见 Renaissance 文艺复兴

Venturi, Robert 文丘里, 罗伯特, 96

vernacular architecture 乡土建筑, 145-154; changes in …的变化, 150-151; definition of …的定义, 152; functions of …的功能, 230n38; and housing 与住房, 152, 164-165; and street culture 与街头文化, 149, 151; urban 城市…, 124, 124-130, 125, 129, 164; veterans' 退伍军人的, 72。另见 Jackson, John Brinckerhoff 杰克逊, 约翰·布林克霍夫, on vernacular landscape 关于乡土景观

Vernacular Architecture Forum 乡土建筑论坛, 14

the vicarious 间接的, 207-208

Vietnam Veterans' Memorial 越战退伍军人纪念碑, 178

the Village (Lakewood, Ohio) "村"(俄亥俄州的莱克伍德), 25, 32-36, 33, 217n18

the visible 可见的, 202-203

vision 视觉, 4, 139; definition of 的定义, 134-136, 200; and ethnography 与民族志学, 136; and landscape interpretation 与景观解读, 200, 202-208; and photography 与摄影, 136, 205; power of …的力量, 239n1

visual assessment 视觉评估, 15, 42-43, 135-137, 175-176; criticism of 对…的批评, 17, 162-173(另见 Holdsworth, Deryck W. 霍兹沃斯, 德里·W.); and ethnography 与民族志学, 135-136; Jackson on 杰克逊关于…, 20-21; 21; limitations of as tool for social historian 作为社会历史学…工具的局限性, 47; methodology for 方法论(见 landscape analysis 景观分析, methodology for 方法论); primacy of …的首要性, 17-18, 86, 193; publications 出版物, 240-241n3; and tension with text 与文本的紧张关系(见 text vs. image 文本与图像); vs. cultural approach 与文化方法, 15-18, 42-43, 139, 176, 193, 202-207

Vries, Hans Vredeman de 弗里斯, 汉斯·弗雷德曼·德, 87

Waldo Block 瓦尔多街区，82
Walker, Richard 沃克，理查德，16，52，54，235n16
Wallerstein, Immanuel 沃勒斯坦，伊曼纽尔，141
Warf, Barney 沃夫，巴尼，53
Warner, Sam Bass, Jr. 华纳，小萨姆·巴斯，122，216n2，230n35
Washington, D.C. 华盛顿特区，6
Watts, Michael 沃茨，迈克尔，53
Wells, Camille 威尔斯，卡米尔，122，230n34
White, John 怀特，约翰，87
Whitehand, W. R. 怀特汉德，W. R.，218n4
Whiteness 白人，131。另见 ethnicity 族裔性
Williams, Raymond 威廉姆斯，雷蒙德，98；influence of …的影响，13，51.52，139，164；Marxist theories of …的马克思主义理论，162，170；on objectification 关于客体化，92
Willis, Paul 威利斯，保罗，171-172
Wills, Garry 威尔斯，加里，224n23
windshield surveys 挡风玻璃调查，17，215n53
Wines, James 瓦恩斯，詹姆斯，96
Winton, Alexander 温顿，亚历山大，28
Winton Motor 温顿汽车，33
Wolch, Jennifer 沃尔奇，詹妮弗，118
women 妇女；and history 与历史，131-132；and space 与空间，117-120，121，126，231n52。另见 feminist scholarship 女性主义学者，on landscape 景观上的…
Woods, Denis 伍兹，丹尼斯，228n18
Woolworth Building 伍尔沃斯大楼，48
working-class housing 工人阶级住房。见 housing 住房，workers' 工人…
World Heritage Sites (UNESCO) 世界遗产公约（联合国教科文组织），185

Young, Arthur 扬，阿瑟，167

Zelinsky, Wilbur 泽林斯基，威尔伯，7，13，203，233n15
Zukin, Sharon 祖金，莎伦，54
Zunz, Oliver 尊兹，奥利弗，220n23

# 译后记

文化景观研究是一个跨学科领域，涉及地理学、历史学、社会学等多个学科，翻译时需要译者能够把握这种跨学科的特点，确保不同学科的术语和概念得到恰当的表达。因此，在翻译之前，我们阅读了大量文献，深入研究了原文的内容和背景，确保对作者的意图和文本的文化语境有充分的理解。例如，翻译第 2 章 "一个有轨电车郊区的视觉景观"，需要我们对美国 20 世纪初的郊区文化和历史背景有深入的理解，以确保翻译的准确性和文化适应性。

在翻译过程中，平衡原文的忠实度和译文的可读性是一项极具挑战性的任务。译文努力传达原文的核心思想和情感色彩，我们尊重原作者的文笔和选择，避免过度解读或擅自改动原文内容。当然，在不改变原文意义的前提下，我们对语言进行了适当的调整，以确保中译本自然流畅，避免生硬的直译。以第 4 章 "景观价值的冲突：圣克拉拉普韦布洛和日间学校" 为例，通过阅读文献，我们对圣克拉拉普韦布洛文化有所了解，以确保翻译能够相对准确地传达原文一些生僻词语，包括 "Pueblo" "nansipu" "Tewa" 等。

文化适应性同样是一个大问题。对于原文中的文化特定元素，我们寻找了中文语境中相应的对等物，或者提供了必要的注释，以减少文化差异带来的障碍。例如，面对原文中的文化特定元素，如特定的节日、习俗或历史事件，我们通过添加脚注或在译文中进行简要解释，帮助读者理解这些元素的文化背景。以第 5 章 "神圣的土地和纪念的仪式：葛底斯堡的联邦军团纪念碑"为例，通过阅读文献，我们深入了解了美国内战史及其在19世纪美国文化中的意义。

同样，对于原文中难以直接翻译的部分，我们选择了适当的翻译策略，如意译或加注，让读者能够追溯原文。这一点尤其体现在对隐喻和比喻的处理上。原文中包含丰富的隐喻和比喻，直接翻译可能无法传达相同的情感和文化色彩。我们通过寻找中文语境中类似的表达方式，或者适当地调整隐喻，以保留原文的意境。例如，第8章"奇观与社会：前现代和后现代城市中作为剧院的景观"探讨了在文艺复兴时期，景观和戏剧如何作为空间隐喻，反映了视觉和文本真实性之间的冲突。

此外，原文中包含批判、诗意、幽默感的语言，我们尝试通过调整句子结构和用词，来复现原文的力量、韵律和美感。面对原文中的长句和复杂结构，我们通过拆分句子或重新组织信息，使译文更加清晰易懂。以第3章"作为文本的景观和档案"为例，原作者的写作风格包含批判性和反思性，我们努力传达这种风格，同时使其便于中文读者理解。

翻译初稿完成后，我们和编辑进行了多次修订，以确保语言的准确性和流畅性，同时保持原文的风格和语调。当然，限于能力，译文的缺陷在所难免，请各位读者不吝赐教。

最后，我们特别感谢张阳编辑的辛苦工作和清华大学出版社的大力支持。

黄　旭

2024年6月于南京